Pflanzenernährung und Düngung

in Stichworten

von

Arnold Finck

6. völlig neu bearbeitete Auflage

capio lumen 1790

Gebrüder Borntraeger Verlagsbuchhandlung
Berlin · Stuttgart 2007

Über den Verfasser

Prof. Dr. Dr. h.c. Arnold Finck, geb. 1925; Studium der Landwirtschaft; Dr. agr. 1951. Forschung über Spurennährstoffe, dann drei Jahre als Experte für Bodenfruchtbarkeit/Düngung im Sudan/Afrika. Nach Habilitation Dozent für Pflanzenernährung. 1970 Ordinarius und Direktor des Instituts für Pflanzenernährung und Bodenkunde der Universität Kiel. Forschung über Nährstoffversorgung von Pflanzen und Böden, Düngung, Bodenfruchtbarkeit, Nahrungsqualität.

Von 1975-79 Vorsitzender der Deutschen Gesellschaft für Pflanzenernährung, ferner viele Jahre Vorsitz des Beirats für Düngungsfragen am Bundesministerium für Landwirtschaft. Seit 1992 Emeritus; Vorlesung über Tropische Landwirtschaft und Welternährung. Berater bei internationalen Organisationen (FAO u.a.).

Bücher (außer diesem): Dünger und Düngung (1979/92), Düngung (f. Praxis) (1991), Nahrung für Europa (1999), (Agricultural) Research Progress in the USA (1999), Plant Nutrition for (global) Food Security (Co-Autor; FAO, 2006).

ISBN 978-3-443-03116-9

http://www.schweizerbart.de

Gedruckt auf alterungsbeständigem Papier nach ISO 9706-1994

Verlag: Gebrüder Borntraeger, Johannesstr. 3A, D-70176 Stuttgart
Satz: DTP + TEXT Eva Burri, Stuttgart
Druck: Druckerei Gulde GmbH, Tübingen
Printed in Germany

(Gekürztes) Vorwort zur 1. Auflage

Es erscheint heute notwendiger denn je, aus der Fülle der Fachliteratur das Wesentliche in kurzer, übersichtlicher und einprägsamer Form zusammenzufassen. HIRTs Stichwortbücher bieten die Möglichkeit, einem weiten Interessentenkreis das Grundwissen der Pflanzenernährung nahe zu bringen: die grundlegenden Konzepte, die wichtigsten Fakten in Übersichten, Tabellen und Abbildungen, ferner Rückblicke und Ausblicke.

Da dies Buch mehrschichtig geschrieben ist, kann es bei entsprechender Auswahl der Kapitel sowohl zur schnellen Information über die wichtigsten Fragen als auch zum vertieften Studium dienen. Bei der gebotenen Kürze muss verständlicherweise für zahlreiche Einzelheiten auf Spezialliteratur verwiesen werden, von der allerdings (außer notwendigen Quellenangaben) nur neuere Lehrbücher angeführt werden können. Da das Fach *Pflanzenernährung* (wie alle Wissenschaften) zwar durch Standort und Fragestellung bestimmt ist, aber keine feste Begrenzung aufweist, und da die Zusammenhänge zwischen Boden – Pflanze – Tier – Mensch heute mehr und mehr in den Vordergrund treten und angesichts der Welt-Nahrungsknappheit besondere Bedeutung erlangen, scheint es notwendig, auch die Grenzgebiete zu Nachbarfächern einzubeziehen.

Mein besonderer Dank gebührt dem Verlag Ferdinand Hirt für Anlage und Ausstattung dieses Buches.

Kiel, im Januar 1969 Arnold FINCK

Vorwort zur 6. Auflage

Diese Neubearbeitung berücksichtigt neue Erkenntnisse im physiologischen Grundlagenbereich und moderne Entwicklungen bei der Düngung, ferner Umweltprobleme des Nährstoff-Managements sowie Ernährungs-Aspekte der Gesundheit von Mensch und Tier. Jedoch auch in Anbetracht zahlreicher und immer weiter verfeinerter (in Lehrbüchern umfassend dargestellter) Forschungsergebnisse bleiben die Grundprinzipien dieses Faches weitgehend unverändert.

Daher erscheint das Ziel einer orientierenden Übersicht, stichwortartig und stark strukturiert dargestellt, nicht nur weiterhin möglich, sondern als erste Orientierung und Ergänzung zur umfangreichen Spezial-Literatur sogar notwendig.

Der (aus didaktischen Gründen) gewählte neue Titel *Pflanzenernährung/Düngung* bedeutet sachlich keine Erweiterung, da die Düngung ohnehin angewandte Pflanzenernährungslehre ist. Der bisherige Text ist sowohl erweitert als auch gekürzt, um den bewährten Umfang zu erhalten.

Vielen Kollegen im In- und Ausland danke ich für wertvolle Anregungen. Besonders zu Dank verpflichtet bin ich dem Borntraeger-Verlag für die Weiterführung dieses Buches als Neuauflage.

Kiel, im März 2006 Arnold FINCK

Inhalt

Maßeinheiten, Abkürzungen etc.

Längenmaße:	m	Meter	
	mm	Millimeter	μ (mü) = μm Mikrometer (10^{-6}m)
			mμ = nm Nanometer (10^{-9} m)
Flächenmaße :	ha	Hektar (10.000 m^2)	
Volumen (Vol.) :	l	Liter	ml Milliliter (10^{-3} l)
Gewichte (Gew.) :	t	Tonne (1000 kg)	dt Dezitonne (100 kg)
	g	Gramm	μg Mikrogramm (10^{-6} g)
	mol	Molekulargewicht in g	
	val	Äquivalentgewicht $\left(\frac{\text{Atomgewicht}}{\text{Wertigkeit}}\right)$ in g	
	mval	Milliäquivalent ($^{1}/_{1000}$ val)	
Gehalte (Konzentration) :	‰	Promille	(Teile pro 10^3 Teile)
	ppm	„parts per million“	(Teile pro 10^6 Teile)
	ppb	„parts per billion“	(Teile pro 10^9 Teile)
Wärmemenge:	kcal	Kilokalorie (1000 cal)	1 cal = 4,2 Joule
Druck:	at	Atmosphäre (1 kg/cm^2) = 1,013 Bar	

Abkürzungen:

anorg.	anorganisch	T.S.	Trockensubstanz
m (M)	molar (siehe mol)	wert.	wertig
mineral.	mineralisch	Ø	Durchschnitt
n (N)	normal (hier *klein*!)	≈	nahezu gleich, entspricht
org.	organisch	~	ähnlich
konz.	konzentriert	>	größer als
R	org. Radikal	<	kleiner als
rel.	relativ		

Symbole und Atomgewichte wichtiger Elemente :

Al	= Aluminium (26,98)	Mg	= Magnesium (24,31)
B	= Bor (10,81)	Mn	= Mangan (54,94)
C	= Kohlenstoff, Carboneum (12,01)	Mo	= Molybdän (95,94)
Ca	= Calcium (40,08)	N	= Stickstoff, Nitrogenium (14,01)
Cl	= Chlor (35,45)	Na	= Natrium (22,99)
Co	= Kobalt (58,93)	O	= Sauerstoff, Oxygenium (16,00)
Cu	= Kupfer (63,54)	P	= Phosphor (30,97)
Fe	= Eisen, Ferrum (55,85)	S	= Schwefel (32,06)
H	= Wasserstoff, Hydrogenium (1,01)	Si	= Silicium (28,09)
K	= Kalium (39,10)	Zn	= Zink (65,37)

Umrechnungsfaktoren :

$P \underset{\times 0{,}44}{\overset{\times 2{,}3}{\rightleftharpoons}} P_2O_5$ $\quad$ $K \underset{\times 0{,}83}{\overset{\times 1{,}20}{\rightleftharpoons}} K_2O$ $\quad$ $Ca \underset{\times 0{,}72}{\overset{\times 1{,}40}{\rightleftharpoons}} CaO$ $\quad$ $Mg \underset{\times 0{,}60}{\overset{\times 1{,}66}{\rightleftharpoons}} MgO$

1 Einführung

1.1 Definition, Abgrenzung, Bedeutung

Die um 1850 begründete Agrikulturchemie (Landwirtschaftliche Chemie) ist heute aufgeteilt in Pflanzenernährung, Tierernährung, Bodenkunde u.a.

Pflanzenernährungslehre (kurz: Pflanzenernährung) behandelt sowohl die Ernährung der Pflanzen als Grundlage ihres Wachstums, als auch die Beeinflussung der Ernährung zur Steigerung von Ertrag und Qualität der Produkte. Sie ist ein Fach der Landbauwissenschaften (Landwirtschaft, Gartenbau, Forstwirtschaft) und Ernährungswissenschaft – aber auch für manche andere Fachgebiete bedeutsam.

> Die Pflanzenernährungslehre einschließlich der Düngung behandelt die Ernährung der Kulturpflanzen mit dem Ziel einer Verbesserung des Ertrages in Menge und Qualität (zur richtigen Ernährung von Pflanze, Tier und Mensch).

Diese kurze Definition als Zentralkonzept der Pflanzenernährung* umfasst:

- *Ernährungsphysiologische Aspekte*: Aufnahme, Verteilung und Gehalte von Nährstoffen sowie ihre Funktionen für biochemische Prozesse zur Synthese pflanzlicher Produkte; Ernährungsansprüche von Pflanzen. (*Ernährung* soll hier allgemein als Zufuhr der zur Lebenserhaltung und Leistung sowie zum Wachstum notwendigen „Stoffe" verstanden werden).
- *Ökologische Aspekte der Ernährung am Standort*: Bodenfruchtbarkeit, Bodennährstoffe und ihre Aneignung, Nährstoffkreisläufe; Nebenwirkungen von überschüssigen Nährstoffen auf die Umwelt (vor allem Wasser und Luft), Einfluss von Schadstoffen auf die Pflanzen.
- *Agrologische, d.h. landwirtschaftliche Aspekte*: Steigerung der Produktionsleistung von Kulturpflanzen („Urproduktion") durch Zufuhr von Nährstoffen in Form organischer und mineralischer

* *Phytotrophologie* (griech. *phyton* Pflanze; *Trophologie* Ernährungslehre)

Düngemittel und deren sachgerechte Anwendung je nach Anbaubedingungen.

Trotz Überschneidung in Grenzgebieten zu anderen Fächern ergeben sich wegen der Zielsetzung und eigenständiger Konzepte der Pflanzenernährungslehre deutliche Abgrenzungen zur botanischen Pflanzenphysiologie, zur Pflanzenökologie, zur Bodenkunde und zum Acker- und Pflanzenbau. Unabhängig davon gibt es auch unter den *„Pflanzenernährern“* unterschiedliche Auffassungen über Hauptschwerpunkte und Umfang ihres Faches.

> Richtige, sachgerechte Ernährung der Kulturpflanzen aus Bodenvorräten und Düngern ist eine wichtige Vorbedingung für zügiges Wachstum, hohe Erträge und gute Qualität von Nahrung, Futter und Rohstoffen im Rahmen nachhaltiger und umweltschonender landwirtschaftlicher Produktion.

Was heißt und warum studiert man Pflanzenernährung/Düngung?

Die Notwendigkeit, sich näher mit der Ernährung von Pflanzen zu befassen, entstand durch eine große Herausforderung. Die Geschichte der Menschheit ist (auf der Negativseite) durch Hungersnöte, Krankheiten sowie Kämpfe um Lebensraum gekennzeichnet. Auch in Europa waren die Ernten jahrhundertelang niedrig, während die Bevölkerung wuchs. Die Ausdehnung der Nutzfläche durch die Ostsiedlung im Mittelalter und später nach Amerika sowie durch *Innere Kolonisation* (Urbarmachung von Wäldern, Sümpfen, Ödland) wirkten jedoch meist nur begrenzte Zeit, lösten das Problem steigenden Nahrungsbedarfs aber nicht grundsätzlich.

Immer wieder kam es in Europa gebietsweise zu *Hungersnöten*, meist bedingt durch schlechte Ernten in zu nassen oder zu trockenen Sommern. Für die Bevölkerung bedeutete dies zusätzlich eine große *Teuerung*, wobei viele Menschen darbten und verzweifelt Not litten. Die letzte große natürliche Hungersnot herrschte 1845/46. Hunger bedeutet Schwächung des Körpers (sowie des Geistes) und hat negative Auswirkungen auf Leistung und Gesundheit. So waren in Notzeiten durch die geschwächten Abwehrkräfte viele Mangelkrankheiten bei Menschen und Tieren verbreitet – und gerade deshalb wüteten manche Seuchen besonders schlimm, z.B. Lungentuberkulose als Volkskrankheit über

Jahrhunderte. Die Cholera-Epidemie 1849 forderte nach den Hungerjahren besonders viele Opfer.

Der Kampf gegen den Hunger und damit auch gegen viele Krankheiten führte zwar zu großen, aber früher wenig erfolgreichen Anstrengungen um die Steigerung der Nahrungsproduktion (durch mehr Kompost usw.). Vergeblich versuchte man den uralten Wunsch zu erfüllen, nämlich *„Zwei Halme wachsen zu lassen, wo bisher nur einer wuchs."*

Heute weiß man: Eine wesentliche Ursache schlechter Erträge war die ungenügende Versorgung der Böden mit Nährstoffen – die Pflanzen hungerten. Zur Abhilfe stellte sich die Frage: Was brauchen die Pflanzen eigentlich alles zum optimalen Wachstum? Welche Stoffe fehlen auf welchen Böden und womit und wie kann man sie (durch Düngung) gezielt ergänzen?

Erst als um 1850 entdeckt wurde, was die Pflanzen zum Wachstum benötigen, konnten durch entsprechende Düngung und andere Maßnahmen die Erträge um ein Vielfaches gesteigert werden (wobei von der gesamten Ertragssteigerung etwa die Hälfte durch Düngung bedingt ist). Ferner wurde dadurch die Nahrungsqualität deutlich verbessert, wodurch man vielen (Mangel-bedingten) Krankheiten gewissermaßen „aus dem Wege ging". Deshalb kann man die Landwirtschaft mit Recht auch als „Hüterin der Gesundheit" bezeichnen.

Bessere Ernährung der Pflanzen bedeutet zusätzlich auch gesündere Pflanzen wegen erhöhter *Resistenz* gegen extreme Klima-Einflüsse (Kälte, Hitze, Trockenheit) sowie gegen Krankheitsbefall, was den Aufwand für Maßnahmen zum Pflanzenschutz verringert.

Jedoch auch die *Rentabilität* des landwirtschaftlichen Betriebs wird durch sachgerechte Pflanzenernährung verbessert. Der Aufwand für den Anbau mit hohem Einsatz an Arbeit und Kapital ist nur dann ergiebig, wenn keine Minimumfaktoren der Nährstoffversorgung den Ertrag begrenzen. Richtige Düngung steigert somit nicht nur die Produktion und Produktqualität, sondern eindeutig auch den Reinertrag und damit die notwendige Rentabilität.

Von der Verbesserung der Produktionsfaktoren seit etwa 100 Jahren profitierte die *Urproduktion* (Landwirtschaft und Gartenbau) mit z.B. bei Weizen zehnfach höheren Erträgen (von 1 auf 10 t/ha). Den Verbrauchern kam dies über deutlich niedrigere Ausgaben für Lebensmittel zugute. Dennoch kann die (in gewissem Grade unvermeidliche) Belastung der Umweltbereiche Boden, Wasser und Luft weitgehend im Bereich der Bedeutungslosigkeit gehalten werden.

Während in Europa längst die Selbstversorgung mit Nahrungsmitteln erreicht ist (und eher Überschüsse Probleme verursachen), liegen noch große Aufgaben der Pflanzenernährung/Düngung in der tropischen Zone, vor allem in Entwicklungsländern mit starkem Bevölkerungsanstieg. Hunger, Krankheit, Armut und daraus resultierende Hoffnungslosigkeit sind tiefere Ursachen des „Terrorismus" als religiöse Zwistigkeiten. Deshalb ist weitere Erhöhung der Bodenproduktivität gefordert, sowohl auf guten Böden als auch auf vielen „Problem-Böden", die z. B. zu nährstoffarm, sauer, salzig oder belastet sind.

Bei richtiger Nutzung der vorhandenen Möglichkeiten kann der Planet Erde mehr Menschen ernähren als ertragen. Auf die Frage der *optimalen Bevölkerungszahl* eines Landes, schon von CONFUZIUS und PLATO diskutiert, sei nur verwiesen.

Auf jeden Fall erfordert die Lösung alter und neuer Probleme eine gründliche Kenntnis von Fakten und Zusammenhängen. Deshalb sollte das Studium des weiten Feldes der Agrarproduktion, und insbesondere auch der Pflanzenernährung, als Voraussetzung für optimale Nutzanwendung auf chemischer und biologischer Basis gut fundiert sein. Jedoch ist Lernen und Forschen allein nicht ausreichend; das Wissen muss auch in die Tat umgesetzt werden – um mit *Goethe* zu sprechen:

„Es ist nicht genug zu wissen, man muss es auch anwenden.
Es ist nicht genug zu wollen, man muss es auch tun!"

1.2 Geschichtliche Entwicklung

Unterteilung in Grundlagen der Pflanzenernährungslehre und angewandten Teil (Düngerlehre, Düngung).

1.2.1 Geschichte der Pflanzenernährungslehre

Wachstum der Pflanzen ist auffällige Naturerscheinung, deren Ursachen und Bedingungen denkende Menschen seit jeher beschäftigt haben.

1. Periode: Spekulation über das Wachstum der Pflanze
(Altertum bis Ende Mittelalter)

ARISTOTELES (um 350 v. Z.), Begründer der *Humustheorie:* Pflanze ernährt sich von Humusstoffen, die sie mit den Wurzeln aus dem Boden aufnimmt.

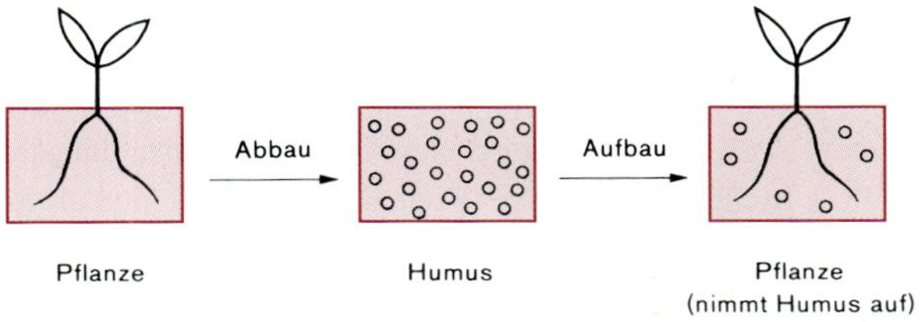

Fig. 1.1. Humustheorie des Aristoteles.

Nach dem Absterben wird Pflanze wieder zu Humus — ein ewiger Kreislauf (Fig. 1.1.).

2. Periode: Suche nach dem Wachstumsprinzip (1500–1750)

Mehrere Ansätze zur Suche nach dem entscheidenden Nährstoff der Pflanze führten meist zu unvollständigen Hypothesen. Jedch auch teilweise richtige Ansätze blieben wirkungslos, weil es mangels chemischen Verständnisses an klaren experimentellen Beweisen fehlte.

PALISSY (1563): Entscheidend ist das Salz, welches die Pflanze aufnimmt und welches als Asche zum Boden zurückkehrt.

VAN HELMONT (1620): Pflanze nimmt Wasser auf und bildet daraus ihre Substanz. Seine Hypothese basiert auf dem ersten klassischen Vegetationsversuch, bei dem ein Weidenschößling in einem Gefäß mit Boden zum Baum heranwuchs und dabei offenbar nur Wasser benötigte (Fehler: Bedeutung von Luft und Salzen übersehen).

GLAUBER (1656): Prinzip des Wachstums ist Salpeter.

WOODWARD (1699): Entscheidend sind erdige Substanzen, da Pflanzen mit schmutzigem Gießwasser besser gedeihen als in sauberem.

HALES (1727): Auch Luft ist für Pflanzen von Bedeutung.

TÜLL (1731): Zusammenfassung der Ansichten: Pflanzen brauchen in gewisser Weise mehrere Stoffe, von denen man aber noch nicht weiß, welcher der entscheidende Nährstoff ist: Wasser, Erde, Salpeter, Luft, etc.

3. Periode: Aufklärung der chemischen und physiologischen Grundlagen (1770–1810)

Mit dem Fortschreiten der Chemie wird Ende des 18.Jh. der Gas-Stoffwechsel der Pflanzen entdeckt.

SCHEELE (1770): Pflanzen scheiden Kohlensäure aus (machen somit die Luft zum Atmen „schlechter“).

Priestley (1775): Pflanzen scheiden Sauerstoff aus (machen damit die Luft „besser“).

Ingen-Housz (1779): Einfluss des Lichtes auf den Gas-Stoffwechsel geklärt: Pflanzen erzeugen nur bei Belichtung Sauerstoff und scheiden ihn aus.

Senebier (1782): Richtige Deutung der Kohlenstoff-Assimilation als Reduktion der Kohlensäure (CO_2) mit Hilfe des Lichts.

de Saussure (1804): Quantitative Aufklärung der Fotosynthese. Pflanzen benötigen Kohlensäure der Luft und Wasser, daneben offenbar auch Aschebestandteile (Salze) aus dem Boden.

Die neuen Erkenntnisse setzen sich aber zunächst weder in der Wissenschaft noch in landwirtschaftlicher Praxis durch. Es herrscht vielmehr die alte *Humustheorie,* die immer neue Anhänger findet:

Thaer (1809): Humus allein gibt (außer Wasser) den Pflanzen die Nahrung. Salze sind bestenfalls Reizstoffe.

Berzelius (1838): Kohlenstoff als wesentlicher Baustein der Pflanzen stammt aus dem Humus und wird in löslicher Form von den Wurzeln aufgenommen.

4. Periode: Begründung der Agrikulturchemie (1825–1840)

Nach Entdeckung des Gas-Stoffwechsels war die Rolle der Mineralstoffe (Salze) zu klären. Drei Forscher entwickelten die *Mineralstofftheorie* und widerlegten damit die Humustheorie:

Jean Baptiste **BOUSSINGAULT** (1802–1887) entwickelte seine Theorie als Professor an der Sorbonne (Paris) von 1836–1839. Er gilt im Ausland vielfach als Begründer der Agrikulturchemie, weil er die Methodik des exakten Nährstoffversuchs einführte und seine Theorie später durch zahlreiche Untersuchungen auf seinem Gut Pechelbronn im Elsaß belegte.

Carl **SPRENGEL** (1787–1859) entwickelte seine Theorie als Dozent für Agrikulturchemie in Göttingen und Braunschweig von 1825–1835. Er publizierte als erster die Grundzüge der Mineralstofftheorie, die allerdings zunächst noch nicht durch genügend Untersuchungen gesichert war und sich nicht durchsetzte.

Justus von **LIEBIG** (1803–1873): entwickelte als bekannter Professor für Chemie in Gießen seine Theorie von 1835–1840. Er verhalf der Mineralstofftheorie zum Durchbruch mit seinem Buch (1840): „Die Chemie in ihrer Anwendung auf Agrikultur und Physiologie“ (kurz „Agrikulturchemie“ genannt).

Mineralstofftheorie von 1840, ergänzt 1852, in Kurzform (Fig. 1.2.):

1. Mineralstoffe sind nicht zufällig in der Pflanze, sondern notwendige Bestandteile.
2. Pflanzen benötigen zehn Elemente (C, O, H, N, P, S, K, Ca, Mg, Fe), die (außer C, O, H) aus den Salzen des Bodens stammen.

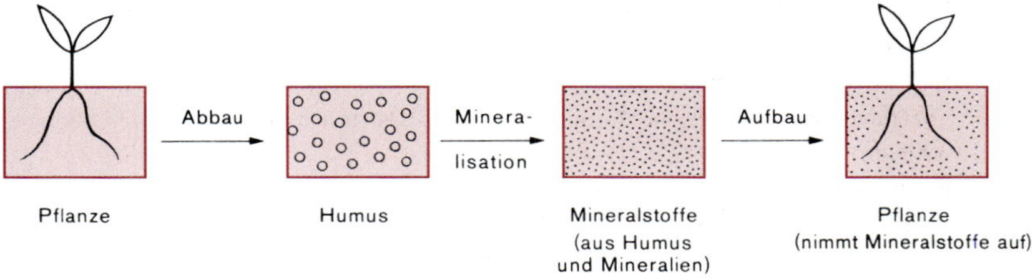

Fig. 1.2. Mineralstofftheorie.

3. Verschiedene Pflanzen brauchen unterschiedliche Nährstoffmengen.
4. Manche Böden weisen Mangel an Nährstoffen auf, den man durch Düngung beheben kann.
5. Humus ist kein Nährstoff, aber organische Stoffe sind für die Bodenfruchtbarkeit und als Nährstofflieferant von Bedeutung.

5. Periode : Ausbau der Agrikulturchemie, Teil Pflanzenernährung (1840–1900)

Innerhalb weniger Jahrzehnte erfolgt Ausbau der Mineralstofftheorie durch namhafte Wissenschaftler, z.B.:

WIEGMANN, POLSTORFF: exakte Sandkulturversuche,

KNOP, SACHS : exakte Wasserkulturversuche,

v. WOLFF, PFEFFER: Analysen der Mineralstoffgehalte in Pflanzen,

LAWES, GILBERT: Erste Dauerfeldversuche mit Mineraldüngung in Rothamsted, England,

WAGNER, MAERCKER u.a.: zahlreiche Gefäß- und Feldversuche.

Weitere Fortschritte durch Untersuchung der Nährstoffe im Boden, z.B.: WAY (1850): Entdeckung der Sorptionskraft des Bodens, womit die Anwendung wasserlöslicher Dünger ermöglicht wurde.

SCHLOESING und MÜNTZ (1877): Beginn der Bodenbakteriologie: Sie entdecken die Nitrifikation als wichtigen Prozess des Stickstoffkreislaufs.

HELLRIEGEL und WILLFAHRT (1886): Bindung des Luftstickstoffs durch Knöllchenbakterien der Leguminosen.

WOLLNY (1878): Betonung physikalischer Bodeneigenschaften (Struktur usw.) in ihrer Bedeutung für die Pflanzenernährung.

6. Periode : Verfeinerung der Pflanzenernährungslehre (ab 1920)

Mit Verbesserung der Analytik und der Nährlösungen (z.B. von HOAGLAND in USA) erfolgte zunehmende Verfeinerung der Mineralstofftheorie. Von 1920 bis 1960 wurden sechs neue Elemente als (in Spuren) lebensnotwendig nachgewiesen.

Entdeckung der Notwendigkeit von Spurenelementen

Nährelement	Jahr	Nachweis durch
Eisen	1860	SACHS, Deutschland
Mangan	1922	MCHARGUE, USA
Bor	1923	WARINGTON, England
Zink	1926	SOMMER und LIPMAN, USA
Kupfer	1931	LIPMAN und MCKINNEY, USA
Molybdän	1939	ARNON und STOUT, USA
Chlor	1954	BROYER u.a., USA

Ferner wurde gezeigt, dass auch *organische Stoffe* in kleinen Mengen direkt von den Wurzeln aufgenommen werden und in der Pflanze Wirkungen entfalten können. Dies bedeutet jedoch keine Rückkehr zur Humustheorie, da direkt aufgenommener Anteil sehr gering ist (Kap. 6).

Die zunehmende Kenntnis der *Biochemie* der höheren Pflanze bildet die Voraussetzung für eine verstärkte Anwendung von natürlichen und synthetischen chemischen Substanzen in der Pflanzenproduktion. Diese Entwicklung, negativ auch „Chemisierung" bezeichnet, ermöglicht einerseits erhebliche Ertragssteigerungen, bedarf aber andererseits im Hinblick auf Nahrungsqualität und Umweltprobleme zunehmender Kontrolle.

1.2.2 Geschichte der Düngung

Verbesserung der Düngung und Entwicklung neuer Düngemittel vollzogen sich entsprechend dem chemischen und technologischen Fortschritt.

1. Periode: Düngung auf empirischer Basis (Altertum bis 1800)

Seit Einführung des Ackerbaus in den alten Kulturen der Menschheit wurden zur Erhaltung der Bodenfruchtbarkeit viele Naturprodukte zur Düngung angewendet: pflanzliche Abfälle, Gründünger, Stallmist, Kompost, Exkremente, Asche, Mergel, Gips, Schlamm, etc. Diese Düngung erfolgte meist aufgrund örtlicher Erfahrung nach überlieferten Rezepten (gelegentlich in Büchern verbreitet). Mit dieser primitiven Düngung konnten jahrhundertelang nur geringe Erträge erzielt werden.

2. Periode : Entwicklung der modernen Düngemittel (1830–1920)

Die Anwendung von Handelsdüngern begann sporadisch ab 1830, aber in statistisch erfassbarem Ausmaß etwa ab 1880 (etwa 5 kg Reinnährstoff/ha).

Chronologie der Entwicklung neuer Düngemittel

1830	Erste Salpeterladung aus Chile nach Europa
1840	Beginn regelmäßiger Einfuhr von Guano aus Peru
1843	Superphosphat als erstes Düngemittel aus der Fabrik (England)
1860	Kalisalze aus den Abraumhalden der Salzbergwerke
1879	Entwicklung des Thomasphosphat-Verfahrens
1890	Ammoniumsulfat aus Kokereien
1903	Salpeter nach dem Lichtbogen-Verfahren
1905	Stickstoffbindung nach dem Kalkstickstoff-Verfahren
1913	Synthetisches Ammoniak nach dem HABER-BOSCH-Verfahren
1921	Harnstoff (Carbamid) aus Ammoniak
1927	Nitrophoska als erster NPK-Dünger.

3. Periode Ausweitung des Düngerverbrauchs (ab 1920; stärker ab 1950)

Mit der Entwicklung neuer Mineraldünger stieg deren Verbrauch innerhalb weniger Jahrzehnte ganz erheblich an (Fig. 1.3.). Ferner wurde Nährstoffzufuhr durch Düngung dadurch erhöht, dass infolge besserer Ernten sich auch die Menge an organischen Düngern (Stroh, Stallmist usw.) vergrößerte.

Düngerverbrauch variiert heute in weitem Bereich. Intensiv-Kulturen erfordern hohe Mengen, z.B. etwa 250 kg/ha N für Weizen mit hohen Erträgen oder für einige tropische Nutzpflanzen bis über 500 kg/ha N pro Jahr. Andererseits gibt es „leider" immer noch weite Nutzflächen der Welt ohne Mineraldünger; im Bio-Landbau aus ideologischen Gründen sogar „verboten" oder stark eingeschränkt.

Die Weltproduktion an mineralischen Düngemitteln im Jahr 2000: fast 100 Mio. Tonnen N (Stickstoffdünger bezogen auf N), etwa 35 Mio. t P_2O_5 (15 P) und 25 Mio. t K_2O (21 K); jährliche Zunahme der N-Düngung vor 20 Jahren etwa 5 %, heute 2 %.

Erfolge der Düngung zeigen sich in höheren Erträgen: Ertragsteigerung war etwa zur Hälfte durch (min. und org.) Düngung bedingt, ansonsten durch Verbesserung von Sorten, Anbaumethoden, Pflanzenschutz.

Ausgehend vom jahrhundertelang geringen Ertragsniveau (z.B. in Deutschland bis um 1800 nur etwa 8 dt/ha Getreide) wurden die Ernten von 1880–1940 etwa verdoppelt. Von 1940–2000 Ertragssteigerung um das 3fache, auf vielen Feldern 4fach, also auf 100 dt/ha Korn und noch darüber. Brutto-Bodenproduktion (gesamte Pflanzenmenge) von 1950–1990 etwa verdoppelt.

Düngung somit entscheidende Maßnahme im „Kampf gegen den Hunger" in der Welt. Bei richtigem Einsatz in Kombination mit den übrigen Produktionsmitteln ist es (ohne Raubbau an der Bodenfruchtbarkeit) möglich, nicht nur

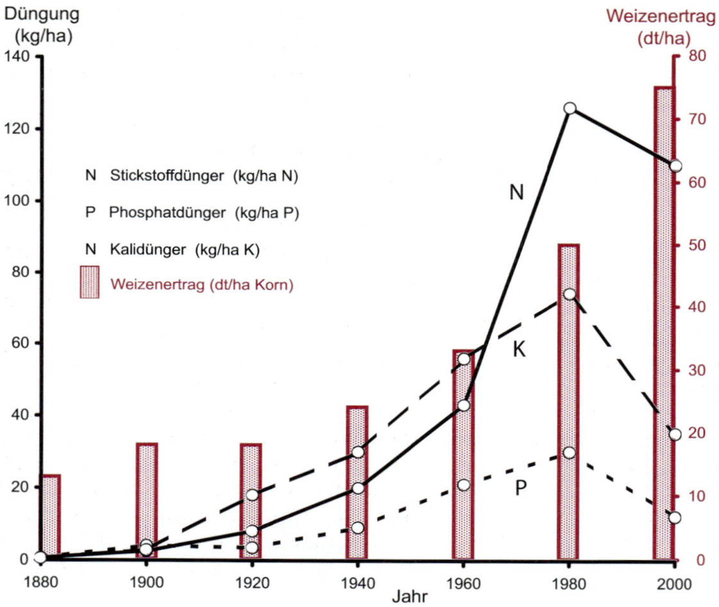

Fig. 1.3. Mineraldüngung und Weizenerträge (Für Deutschland bzw. BRD, 1880–2000; Hinweis: Düngung zu Weizen ist höher als angegebene Durchschnittsdüngung für landw. Nutzfläche; Daten nach L. Schmitt, 1954, und Statist. Jahrbuch f. Ernährung, Landw.)

die derzeitige Weltbevölkerung von 6 Milliarden Menschen zu ernähren, sondern noch wesentlich mehr (Kap. 9.3). Jedoch werden Umweltprobleme engere Grenzen ziehen – denn der Plante *Erde* kann mehr Menschen ernähren als „ertragen".

1.2.3 Historische Beispiele

Bedeutung der Pflanzenernährung im Rahmen der landwirtschaftlichen Produktion sei an zwei Beispielen aus dem Bereich der Spurenelemente illustriert.

Molybdän: von der biochemischen Kuriosität zum „Wunderdünger"

Um 1930 experimentiert der deutsche Mikrobiologie BORTELS mit *Bakterium azotobacter* und findet eine bessere Stickstoffbindung nach Zusatz von Bodenextrakt zum Nährsubstrat. Als Ursache erweist sich eine im Boden enthaltene Spur von Molybdän, welche offenbar als Katalysator erforderlich ist. Einige Jahre später zeigt STEINBERG (USA), dass auch andere Mikroben unabhängig von der Stickstoffbindung Molybdän benötigen. Die Vermutung, dass Molybdän auch für höhere Pflanzen lebensnotwendig sein könnte, wird 1939 von ARNON und STOUT in Californien zunächst für Tomaten, dann für viele andere Pflanzen bestätigt. Diese Entdeckung bleibt aber für die Landwirtschaft weitgehend belanglos. Die Erforschung des Molybdäns erscheint zunächst mit Recht als biochemische Kuriosität ohne jeden praktischen Wert, da alle Böden die erforderlichen geringen Mengen offenbar stets zur Verfügung stellen.

Um 1940 werden in Australien erhebliche Anstrengungen zur Steigerung der Produktion von Schafwolle auf minderwertigen Grasflächen unternommen. Dies ist aber nur dort erfolgreich, wo Leguminosen gedeihen können, die den Gräsern Stickstoff liefern. Auf vielen Flächen schlägt jedoch die Ansaat von Klee immer wieder fehl und mit keinem bekannten Düngemittel ist Abhilfe zu schaffen. Der Klee keimt zwar, wächst aber nur kümmerlich und geht bald wieder ein. Lediglich auf einigen kleinen, verstreuten „Flecken" kommt es zu üppigem Wuchs. Die einheimischen Farmer äußern nur vage Vermutungen, z.B. dass dort einmal ein größerer Baum abgebrannt sein könnte. Ein unbekannter Düngerstoff in der Asche?

In mühevoller Kleinarbeit gelingt es ANDERSON 1942 durch Analyse von Aschen auf viele, bis dahin noch kaum in Lehrbüchern erwähnte Elemente das Molybdän als den entscheidenden Bestandteil zu ermitteln. Diese Erkenntnis wird nun umgehend zur gezielten Düngung ausgenutzt. Der Erfolg übertrifft alle Erwartungen. In kürzester Zeit ist es möglich, minderwertige Weiden durch Zugabe von nur wenigen hundert Gramm Molybdän pro Hektar, bei entsprechender sonstiger Pflege, in hochwertige Weiden zu verwandeln. Wo früher ein mageres Schaf kaum genug Nahrung fand, grasen nun zehn fette Tiere. Kein anderes Spurenelement hat eine solch erhebliche Umwälzung der Landwirtschaft weiter Gebiete bewirkt wie Molybdän innerhalb weniger Jahre in Australien.

Die Ananaskrise von Hawaii (nach J. A. MICHENER, „Hawaii", 1960)

Das Unheil begann, als im Jahre 1953 ein Feldaufseher auf einem entfernt liegenden Ananasfeld entdeckte, dass die sonst blaugrünen Ananaspflanzen nun kränklich und vergilbt aussahen. Er dachte zunächst, es sei vergessen worden, die wurzelfressenden Nematoden zu bekämpfen. Aus den Feldbüchern ging jedoch hervor, dass richtig gespritzt worden war. Daraufhin wurde aus der Forschungsstation ein Wissenschaftler herangeholt. Er konnte aber keine Nematoden entdecken und war ratlos.

In der zweiten Woche der Krankheit fielen die einst aufrechten Pflanzen langsam um, als ob irgendein innerer Feind ihre Vitalität ausgesogen hätte, aber es waren keine Wunden sichtbar, keine bohrenden Insekten, nichts. Mittlerweile mehrten sich Meldungen über die Ausbreitung der Krankheit auf viele weitere Felder.

Es ist zu wenig gesagt, dass die Ananas-Industrie von Panik ergriffen wurde. Ein Taumel der Furcht flutete von den kranken Feldern zu den Zentralbüros in der Stadt. Die großen Firmen zitterten. Der Verlust drohte in einem Jahr bereits viele Millionen Dollar zu überschreiten, und immer noch fehlte den Wissenschaftlern der Schlüssel zur Ursache. Eifrig suchten sie in alten Aufzeichnungen nach Berichten über ähnliche Seuchen. Früher konnte die Ursache immer gefunden werden: einmal waren es kleine Käfer, dann Eisenmangel und dann Nematoden. Aber aus den alten Büchern erhielt man keinen Anhalt über die jetzige Krankheit. Offenbar waren Hunderttausende von Pflanzen zum Absterben verurteilt.

In Verzweiflung überlegte sich der Direktor der größten Firma: Der Angriff kommt entweder von einem unsichtbaren Virus oder einem chemischen Mangel. Da es kein Virus zu sein scheint, müsste es also ein Mangel sein. Man sollte jede einzelne Pflanze der Felder bespritzen – aber womit?

Ein junger Agrikulturchemiker schlug vor, nach der Zusammensetzung der Ananaspflanze eine Mischlösung mit allen möglicherweise fehlenden Stoffen zu spritzen. Dieses Verfahren glich zwar einem Schuss ins Dunkle, sollte aber durch Vergleich der Inhaltsstoffe von abgestorbenen und gesunden Pflanzen ergänzt werden. Er mischte eine Lösung mit allen möglichen Komponenten und spritzte sie auf die sterbenden Ananasstauden. Beinahe wie durch Zauber absorbierten die hungrigen Pflanzen den entscheidenden Anteil aus der Mischung; innerhalb von wenigen Tagen standen sie wieder aufrecht und zeigten wieder die sattgrüne Farbe. Es war eine der dramatischsten Gesundungen in der Geschichte der Ananas. Die Firmen konnten wieder Hoffnung schöpfen.

Nichtsdestoweniger fehlte immer noch die Kenntnis der wirksamen Substanz in dem Gemisch. In weiteren Untersuchungen wurde daher eine Komponente nach der andern aus der Lösung weggelassen. Die Pflanzen reagierten jedoch positiv, was man auch immer auf sie spritzte. Aber dann wurde eines Tages das Zink weggelassen, und danach starben die Pflanzen trotz des Spritzens ab.

Das Erstaunen war groß. An Zink hatte niemand gedacht, aber während vieler Jahre der Kultivierung war der Boden an Zink verarmt, dessen Gegenwart bis dahin niemand beachtet hatte – und als der kritische Augenblick nahte, waren die Pflanzen infolge von Zinkmangel zusammengebrochen.

1.3 Pflanzenwachstum und Wachstumsfaktoren

Ziel der Pflanzenproduktion ist die Erzeugung pflanzlicher Substanzen als Nahrungs- und Rohstoffe. Pflanzensubstanz entsteht durch biologisches Phänomen des *Wachstums:*

> *Streckungswachstum:* Zunahme an Volumen und Frischsubstanz, z.B. durch Vakuolenbildung und Wasseraufnahme,
>
> *Produktwachstum:* Zunahme an Trockensubstanz, z.B. durch Einlagerung von Reservestoffen,
>
> *Systemwachstum:* Vermehrung des „lebenden Systems"; echtes Wachstum im eigentlichen Sinne, z.B. Plasma-Neubildung nach Zellteilung.

Wachstum höherer autotropher Pflanzen in anorganischer Umwelt möglich durch *Fotosynthese* als Grundprozess der Produktion pflanzlicher Substanz; dabei wird energiearmes Kohlendioxid unter Lichteinfluss zu energiereichen Kohlenhydraten umgeformt. Durch weitere Aufbau-, Umbau- und Abbauprozesse unter Beteiligung vieler Nährstoffe erfolgt Synthese einer Vielzahl org. Verbindungen (Eiweiße, Fette, Säuren, Vitamine etc.) und damit pflanzlicher Nahrung für Tier und Mensch.

Verlauf des Wachstums wird von Erbanlagen und zahlreichen äußeren Wachstumsfaktoren bestimmt (wenn man von Parasiten und dgl. einmal absieht). Im Hinblick auf den Ertrag kann man die Wachstumsfaktoren auch als Ertragsfaktoren bezeichnen.

> *Wachstumsfaktoren:* physikalische, chemische oder biotische Faktoren, die das Wachstum der Pflanzen von der Keimung bis zum Absterben beeinflussen (bzw. beeinflussen können).

Konstante Wachstumsfaktoren: Faktoren, deren Wirkung innerhalb des Bereiches eines Planeten weitgehend unveränderlich und deshalb verborgen ist, z. B. Schwerkraft, Luftdruck, elektromagnetische Felder, besondere konstante Strahlungen. Zunehmende Bedeutung erst im Rahmen der Raumfahrt, weil außerhalb des Erdbereiches variabel. Forschung über Pflanzenproduktion im Weltraum hat für Pflanzenernährung neue Perspektiven eröffnet.

Variable Wachstumsfaktoren: Faktoren, die veränderlich und daher zum Zwecke der Wachstumsverbesserung beeinflussbar sind. Pragmatische Unterteilung in:

Klimafaktoren als Komponenten des Klimas bzw. der Atmosphäre (Einfluss auf Pflanzen vorwiegend über oberirdische Teile).

Bodenfaktoren als Bestandteile des Bodens bzw. allgemein des Substrats, auf dem Pflanzen wachsen *(Substratfaktoren).*

Gliederung der Wachstumsfaktoren von Klima und Boden

Klimafaktoren	– *energetische Faktoren:* Licht: für Fotosynthese Temperatur: für alle (bio-)chemischen Reaktionen schädliche Strahlung; kinetische Energie	
	– *stoffliche Faktoren:* Kohlendioxid CO_2): zum Aufbau von Zucker u.a. Sauerstoff (O_2): zum Abbau (für Atmung der Zellen) toxische Stoffe: schädliche Gase u.a.	
Bodenfaktoren	– Wasser	
	– Mineralstoffe	– lebensnotwendige Elemente = mineralische Nährelemente – nützliche Elemente – toxisch wirkende Stoffe
	– Organische Stoffe	– Nährstoffe – Wirkstoffe (nützlich oder schädlich)

1.4 Nährstoffe und Nährelemente

Weltall (Kosmos) besteht aus Energie und Materie; Pflanzen benötigen kosmische Energie (Licht, Wärme) und irdische Materie (Stoffe = Substanzen).

Stoffe: im chemischen Sinne sowohl chemische Grundstoffe (Elemente) als auch chemische Verbindungen.

Erdkruste und damit auch Böden aufgebaut aus anorg. Stoffen (Mineralstoffe, Wasser, Gase) und org. Stoffen (Humusstoffe, lebende Substanz).

Mineralstoffe: Stoffe aus dem Mineralbestand des Bodens (Minerale: anorg., einheitliche, meist kristalline Substanzen; lat. *minera* Erz).

Nährstoffe: von der Pflanze aufnehmbare und ihrer Ernährung dienende Stoffe: ungeladene Moleküle (z.B. CO_2, O_2, H_2O) und elektrisch geladene Teilchen (Nähr-Ionen, z.B. K^+, NO_3^-).

Einteilung der Nährstoffe (engl. *nutrient*): wegen Vielzahl und unterschiedlicher Bedeutung nur annähernd möglich. Gruppierung in:

Mineralische Nährstoffe: Nährstoffe, die in mineralischer Form von Pflanzen aufgenommen werden und meist aus den Mineralen des Bodens stammen (anorg. Nähr-Ionen der Nährsalze oder auch Moleküle). Begriff schließt anorg. N-Verbindungen ein, die beim Humusabbau durch Mineralisation entstehen.

Organische Nährstoffe: Nährstoffe, die als organisches Molekül oder komplexes Ion aufgenommen werden.

Unterteilung nach Bedeutung: a) notwendige Nährstoffe (z.B. K^+), b) alternativ erforderliche Nährstoffe (z.B. NO_3^-, NH_4^+, Aminosäure), c) nützliche Nährstoffe (z.B. Na^+).

***Systematische Gliederung der Nährstoffe* am besten über ihre entscheidenden Bestandteile, die *Nährelemente*.**
Beispiele:

Nährstoff			(wesentliches) Nährelement	
K^+	Kalium-Ion (Kation)	mineral. Nährstoffe	K Kalium	mineral. Nährelemente
NH_4^+	Ammonium-Ion (Kation)		N Stickstoff	
NO_3^-	Nitrat-Ion		N Stickstoff	
$H_2PO_4^-$	Phosphat-Ion		P Phosphor	
CO_2	Kohlendioxid (Molekül)		C Kohlenstoff, O Sauerstoff	
(Kationen = positiv geladene Ionen, Anionen negativ; griech. *ion* wandernd)				

Nährelemente: für die Ernährung der Pflanze unbedingt lebensnotwendige Elemente; sie sind in Nährstoffen enthalten oder mit Nährstoffen bis auf elektrische Ladung identisch.

Mineralische Nährelemente für alle höheren Pflanzen notwendig:

Einteilung der (für alle höheren Pflanzen lebensnotwendigen) Nährelemente (engl. *nutrient element*) in 3 nicht-mineralische (C, O, H) und 13 mineralische Elemente:

Einteilung nach Mengen-Bedarf der Pflanzen	Nährstoffaufnahme durch die Pflanze stets oder meist als	
	Anion	Kation
Hauptnährelemente (Makronährelemente)	N = Stichstoff P = Phosphor S = Schwefel	K = Kalium Ca = Calcium Mg = Magnesium
Spurennährelemente (Mikronährelemente)	B = Bor Cl = Chlor Mo = Molybdän	Fe = Eisen Mn = Mangan Zn = Zink Cu = Kupfer

Hinweis zur Nomenklatur: Vereinfacht, wenn auch unpräzise, werden Nährelemente oft auch als *Nährstoffe* bezeichnet, wobei sich der gemeinte Begriff meist aus dem Zusammenhang ergibt.

Hauptnährelemente: in größeren Mengen erforderliche Elemente; auch Makronährelemente genannt (griech. *makros* groß). Die drei praktisch wichtigsten (N, P, K) werden auch als *Kernnährelemente*(-stoffe) bezeichnet, S, Ca, Mg dagegen als Sekundärnährelemente(-stoffe).

Spurennährelemente (auch Mikronährelemente, griech. *mikros* klein): in kleinen Mengen (Spuren) erforderliche Elemente. Kurz auch *Spurenelemente* genannt, obwohl dazu im exakten Sinne alle in Spuren (früher Bezeichnung für *Gehalte unter der quantitativen analytischen Nachweisgrenze*) in Pflanzen enthaltenen Elemente gehören.

Einteilung nach dem chemischen Charakter der mineralischen Nährelemente:

Nichtmetalle: N, P, S, B. Cl;

Metalle: K (Alkalimetall); Ca, Mg (Erdalkalimetalle);
Fe, Mn, Zn, Cu, Mo (Schwermetalle).

Einteilung nach der Funktion in funktionale Elemente (die in Pflanzen eine bestimmte Funktion ausüben können) und nicht-funktionale Elemente ist wenig ergiebig, da für über 40 Elemente (wichtige und unwichtige) Funktionen nachgewiesen.

1.5 Notwendigkeit eines Elements

Einteilung aller Elemente in Pflanzen nach ihrer Bedeutung:

- lebensnotwendige, unentbehrliche, essentielle Elemente (Nährelemente),
- nützliche Elemente (engl. *beneficial nutrients*),
- entbehrliche Elemente (ohne Bedeutung).

Kriterien für die Lebensnotwendigkeit eines Elements
(ARNON, 1950)

1. Element muss für Vollendung des Lebenszyklus der Pflanze notwendig sein.
2. Element muss spezifische Funktion haben; spezifische Mangelsymptome sind nur durch Zufuhr mit diesem Element zu beheben.
3. Element muss bei der Ernährung *direkt* eine Rolle spielen, d.h. es darf nicht nur durch Veränderung des Nährsubstrats oder dergl. wirken. Indirekte Wirkung liegt z.B. vor, wenn Zugabe eines Schwermetalls die Aufnahme oder enzymatische Aktivität eines anderen Metalls fördert (dies wäre indirekte Wirkung, die aber keine Essentialität des zugegebenen Stoffs begründet).

Lebensnotwendige Elemente: für alle höheren Pflanzen bisher in exakten Wasserkulturversuchen neben den drei Hauptbestandteilen der org. Substanz (C, O, H) noch 13 Nährelemente nachgewiesen: also insgesamt 16. Geringe Erhöhung dieser Zahl in Zukunft möglich (Kap. 5.3.2). Niedere Pflanzen haben mit einigen Abweichungen (Kap. 5.3) ähnlichen Bedarf an Nährelementen; dies zeigt die geringe biochemische gegenüber starker morphologischer Evolution des Pflanzenreiches.

Fast alle notwendigen Elemente liegen im Periodensystem an sog. *Argonlinie*, die vom Argon zum Kohlenstoff führt (Nährstofflinie n. FREY-WYSSLING, Fig. 1.4.).

Die Auffassung über die Notwendigkeit eines Elements ist leider nicht einheitlich. Bei geringeren Anforderungen erscheinen zwangsläufig mehr Elemente als notwendig, z.B. wenn sie eindeutige Funktionen in Pflanzen ausüben und dafür nicht ersetzbar sind. Es fragt sich jedoch, ob diese wichtige Funktion wirklich lebensnotwendig oder nur *nützlich* ist.

Nützliche Elemente sind für das Wachstum einiger Pflanzenarten an manchen Standorten förderlich, obwohl physiologisch gesehen unter

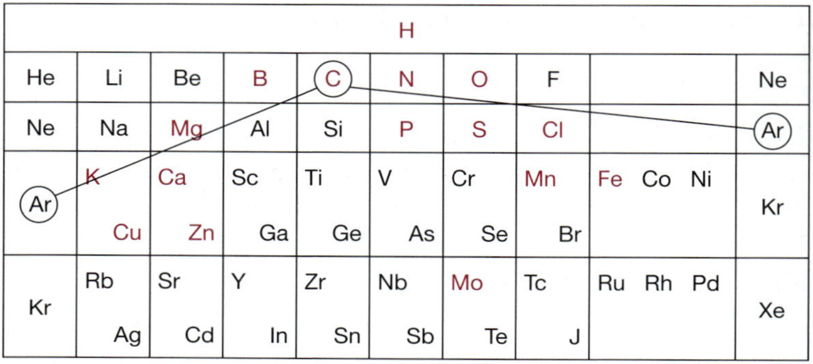

Fig. 1.4. Nährstofflinie im Periodensystem der Elemente (nach Frey-Wyssling, 1949).

optimalen Wachstumsbedingungen entbehrlich. Günstige Wirkung entweder durch teilweisen Funktionsersatz (Na kann Teil der K-Funktionen übernehmen), durch Ermöglichen besonderer biochemischer Prozesse (Co), durch Stärkung gegenüber widrigen Umwelteinflüssen, usw. (Kap. 5.3.1).

Entbehrliche Element: von den 92 natürlichen Elementen dürften 60-70 völlig entbehrlich sein, also weder notwendig noch nützlich (Kap. 5.3). Vorhanden sind offenbar alle Elemente in Pflanzen, wenn auch z. T. in extrem geringen Mengen, wie z.B. Gold.

Nährstoffbedarf für Pflanze, Tier und Mensch

Für Pflanzen sind einige Elemente entbehrlich, die aber von Tier und Mensch essentiell oder nützlich sind und mit pflanzlicher Nahrung aufgenommen werden (Jod, Selen, Chrom, Nickel u.a.). Bei der Produktion pflanzlicher Nahrungsstoffe (im Gegensatz zu industriellen Rohstoffen) müssen daher auch diese für das Futter der Haustiere (Kap. 5.3.3) und Nahrung des Menschen (Kap. 5.3 und 9.2.2) wichtigen Elemente bei optimaler Pflanzenernährung berücksichtigt werden.

2 Nährstoffe in Boden und Pflanze

2.1 Nährstoffe im Boden

2.1.1 Böden als Nährsubstrate

Höhere Landpflanzen ragen mit oberirdischen Teilen in die untere Schicht der Atmosphäre und wurzeln im Substrat Boden bzw. in flüssigen (Nähr-)Substraten.

Nährsubstrate für Pflanzen

flüssige Substrate	→ natürliche:	Süßwasser, Salzwasser
	→ künstliche:	Nährlösungen (Wasserkultur = Hydroponik → Anhang A)
feste Substrate	→ natürliche:	Böden
	→ künstliche:	Torfkultursubstrate (aus Torf, Sand, Ton), gärtnerische Erden mit Kompost, etc.

> *Nährlösungen:* wäßrige Lösungen bestimmter Gemische mineralischer Nährstoffe (Nährsalze) in der Konzentration von etwa 1 – 5 ‰ (= g Salz pro Liter).

Flüssige Substrate (z.B. Nährlösungen)

Vorteile	Nachteile
Nährstoffe in löslicher, leicht verfügbarer Form	keine Nachlieferung bei Mangel
einfach und beliebig zusammensetzbar	kaum Pufferung bei Überangebot
genaue Zusammensetzung kontrollierbar	geringe Luftkapazität (Kap. 4.1.4)
keine toxischen Stoffe	keine Verankerung für Wurzel

Feste Substrate (z.B. Böden)

Vorteile	Nachteile
Nährstoffe teilweise in lockerer-Bindung Nachlieferung bei Mangel Pufferung gegen Überangebot meist gute Durchlüftung Verankerung für Wurzel	gelegentlich Mangel an verfügbaren Nährstoffen Festlegung von Nährstoffen möglich Wurzel muß Nährstoffe meistens aufsuchen genaue Zusammensetzung unkontrollierbar gelegentlich toxische Stoffe

Böden und Bodenfruchtbarkeit

Boden besteht aus Mineralkörper, Humus, Wasser (Bodenlösung), Bodenluft und Lebewesen. Er dient Pflanzen am natürlichen Standort als Nährsubstrat; entsprechende Eignung gekennzeichnet durch Höhe der *Bodenfruchtbarkeit* (latein. *fructus* Frucht).

> *Boden:* oberer lockerer Teil der Erdkruste, der durch Verwitterung, Humusbildung und Verlagerung umgestaltet ist; dadurch als Pflanzenstandort besonders geeignet.
>
> *Bodenfruchtbarkeit:* auf bestimmten Eigenschaften basierende Fähigkeit des Bodens, Frucht zu tragen, d.h. in seiner natürlichen Umgebung Pflanzenerträge hervorzubringen (Ertragsfähigkeit, Bodenproduktivität).

Bodenproduktivität ist mit übergeordnetem Begriff der Standortsproduktivität (Standort als Komplex aus Boden und Klima) identisch, wenn übrige ertragsbedingende Faktoren (Klima, Pflanze, Bewirtschaftung) als gegeben vorausgesetzt werden können.

Fruchtbarkeit als Fähigkeit, ein bestimmtes Wachstumsmilieu zu gewährleisten, wird durch zahlreiche Bodeneigenschaften bestimmt.

Bodeneigenschaften und Bodenfruchtbarkeit

Bodeneigenschaft	Kennzeichen eines fruchtbaren Bodens
1. Bodentiefe	Große Profiltiefe (möglichst 1 m); somit ausreichende Wurzelzone und großes Bodenvolumen für Nährstoffaufnahme.
2a. Körnung (Textur) 2b. Gefüge (Struktur)	Mittlere Körnung (Fig. 2.1) und gute Struktur (räumliche Anordnung der Teilchen) als wichtige Faktoren für günstige Porenverteilung bestimmen Durchwurzelbarkeit, Wasserdurchlässigkeit und -speicherung sowie Durchlüftung; wichtig ferner für Transformationsvermögen (Umformungskraft); Textur auch Maß für Nährstoffreserven.
3. Bodenreaktion	Optimaler pH-Wert (Fig. 2.2) als Indikator (Anzeiger) guten Kalkzustandes; damit Einfluß auf Struktur des Bodens und Verfügbarkeit vieler Nährstoffe.
4. Nährstoffgehalt	Hoher Gehalt an Nährstoffreserven und optimaler Gehalt an mobilen Nährstoffen bedingen gute Versorgung der Pflanze mit verfügbaren Nährstoffen.
5. Humusgehalt und -Zusammensetzung	Relativ hoher Gehalt an nährelementreichen, sorptionsstarken Humusstoffen hat günstigen Einfluß über Struktur, Sorption, Nährstoffe, Bodenleben.
6. Sorptionseigenschaften	Sorptionsfähigkeit bedingt Speicherung von Nährstoffen an Austauscher in lockerer Bindung; dadurch auch Pufferung gegen Überangebot, Schutz vor Auswaschung.
7. Gehalt an schädlichen Stoffen	Abwesenheit anorganischer und org. toxischer Stoffe.

Wichtigste Eigenschaften der üblicherweise zur Pflanzenproduktion verwendeten Böden (mit ausreichender Bodentiefe, „normalem" Humusgehalt, usw.) sind *Körnung* (schwer veränderbar) (Fig. 2.1.). und *Bodenreaktion* (leicht veränderbar).

Körnung (Durchmesser)	Bodenarten: Sande	Lehme	Schluffe	Tone
Sandfraktion (60μ-2mm)	80 - 100 %	10 - 50 %	0 - 40 %	} 0 - 60 %
Schluffraktion (2-60μ)	} 0 - 20 %	20 - 60 %	60 - 100 %	
Tonfraktion (<2μ)		20 - 40 %	0 - 20 %	40 - 100 %
Einteilung nach Bearbeitbarkeit	leichte Böden	mittlere Böden		schwere Böden

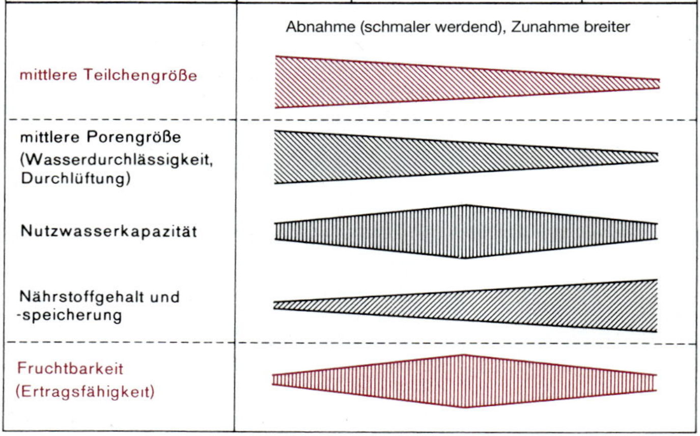

Fig. 2.1. Körnung als Hauptfaktor der Bodenfruchtbarkeit.

Bodenreaktion ist wichtiges Maß (Indikator) für den Säuregrad (Acidität, latein. *acidus* sauer) des Bodens, durch den viele Bodeneigenschaften beeinflusst werden. Die Messung und Angabe erfolgt als pH-Wert (lat. **p**otentia **H**ydrogenii Potenz des Wasserstoffs);

$$pH = - \log [H^+].$$

pH-Wert ist leicht messbar, aber Auswirkung oft schwierig zu interpretieren.

> *pH-Wert:* negativer dekadischer Logarithmus der Wasserstoffionen-Konzentration (bzw. -Aktivität) in val H^+/Liter ($\approx$ g H^+/l $\approx$ mol H_3O^+/l).

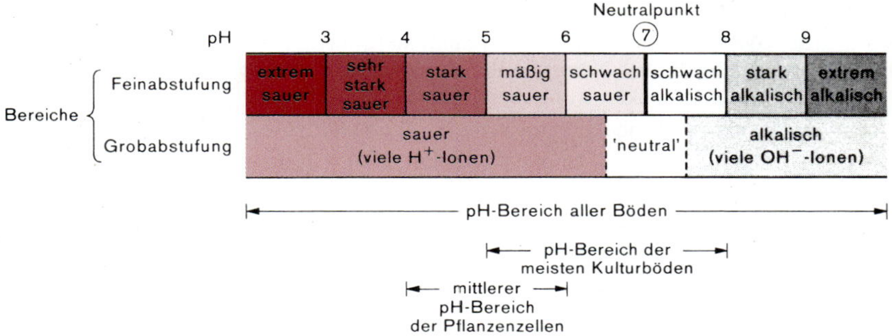

Fig. 2.2. pH-Bereiche.

Ableitung: Wasser dissoziiert zum kleinen Teil in Ionen: bei reinem $H_2O \rightarrow [H^+] = [OH^-] \rightarrow 10^{-7}$ val H^+ = pH 7 (neutral).

Messung annähernd mit Indikatoren, genaue Werte elektrometrisch: Lösungen direkt, Bodenproben in 0,01 M $CaCl_2$-Suspension (= aktuelle Acidität) (Fig. 2.2.). In vielen Ländern in Wassersuspension (ergibt um etwa 0,5–1 pH höhere Werte).

Angegebene pH-Bereiche weichen von der in der Chemie üblichen symmetrischen Einteilung ab, da physiologisch-ökologisch interpretiert, u.a. entsprechend der stärkeren Empfindlichkeit der Pflanzen gegenüber Alkalität, verglichen mit Säure (Kap. 8.1.1).

Sonstige grundlegende bodenkundliche Begriffe

***Aufbau des Bodens* (Bodenprofil):**

A-Horizont (≈ Oberboden): Anreicherung mit Humus, Hauptwurzelraum der Pflanze: Bodenkrume, Ackerkrume.

B-Horizont (≈ Unterboden): Anreicherung mit Verlagerungsprodukten und/oder starke Veränderung.

C-Horizont (≈ Untergrund): Ausgangsmaterial der Bodenbildung; weitgehend unverändert.

Einteilung der Böden nach:

a. Systematischen Einheiten: zahlreiche Bodentypen mit je nach System unterschiedlichen Namen, z.B. Schwarzerde, Braunerde, Podsol (Bleicherde), Vertisol (dunkler tropischer Tonboden), Salzboden.
b. Körnung: Sand-, Lehm-, Schluff-, Tonböden.
c. Hauptbestandteil: Mineral- (Silikat-, Kalk-) und Humus- (Moor-)böden.
d. Durchfeuchtung: *humide Böden* im Feuchtklima, Wasser versickert zum Teil in den Untergrund; *aride Böden* im Trockenklima, nicht genutztes Wasser verdunstet weitgehend.

Bestandteile und Eigenschaften:

Minerale: primäre aus Gestein, sekundäre meist als Neubildungen: Oxide des Fe, Al, etc.,

Tonminerale (sehr feinkörnige, meist kristalline blättchenförmige Schichtsilikate) mit elektrischen Oberflächen-Ladungen

Volumengewicht (Raumgewicht): Spezifisches Gewicht des trockenen Bodens in natürlicher Lagerung; ∅ Wert für Mineralböden =1,5 (Moorboden ~0,2).

Krumengewicht: Gewicht der Krume von Mineralboden beträgt pro Hektar:
0–20 cm Lage = 3 Mill. kg,
0–30 cm Lage = 4,5 Mill. kg.

Krumengewicht erlaubt Umrechnung von Konzentrationen (Gehalten) auf Gewichte (Mengen), z.B. für Kalium:

1‰ K = 3000 kg/ha K in oberer 20 cm-Lage,
1 ppm K = 3 kg/ha K in oberer 20 cm-Lage.

2.1.2 Formen der Nährstoffe im Boden

Nährstoffe in verschiedener und unterschiedlich fester physiko-chemischer Bindung. Für mineralische Nährstoffe lassen sich die Gesamtgehalte in vier Bindungsformen unterteilen (aber nicht immer streng gegeneinander abgrenzen):

a. Mobile und locker gebundene Nährstoffe	→ wasserlösliche Nährstoffe (ungebunden) → austauschbare Nährstoffe (sorbiert)	meist < 2 %
b. Reserve-Nährstoffe	→ anorganische Verbindungen → organische Verbindungen	meist > 98 %

Mobile und locker gebundene Nährstoffe

Von Pflanzen direkt nutzbar sind die mobilen Nährstoffe der Bodenlösung und weitgehend auch die (damit in Kontakt stehenden) an Oberflächen locker gebundenen Nährstoffe. Trotz ihrer relativ geringen Anteile daher von besonderer Bedeutung hinsichtlich Verfügbarkeit.

Wasserlösliche Nährstoffe in der Bodenlösung, d.h. im Bodenwasser beweglich, liegen meist als Ionen vor. Bodenlösung entspricht für Pflanze einer schwachen Nährlösung; Nährstoffgehalt variiert mit Wassergehalt: in wassergesättigten Böden Salzkonzentration von 0,2–1‰ mit osmotischen Drucken von 0,1–0,5 at; bei Austrocknung des Bodens Anstieg der Salzkonzentration, in Extremfällen bis zur toxischen Grenze (Kap. 5.3.5).

Gehalte an wasserlöslichen Nährstoffen meist 1-10% der austauschbaren Nährstoffe; Konzentration der Bodenlösung: Ionen von N, S, Ca, Mg = 10-200 ppm, K = 5-50 ppm, P < 1 ppm, Spurenelemente meist < 0,1 ppm.

Hohe Mobilität bedingt leichte Aufnehmbarkeit für Pflanzen, aber Menge leicht erschöpft; daher ständige Ergänzung aus Vorrat an adsorbierten Nährstoffen erforderlich; erhöhte Gefahr der Auswaschung aus der Wurzelzone.

Austauschbare Nährstoffe: Kationen werden von (elektrisch) negativ geladenen Oberflächen der Austauscher (Sorbenten; z.B. Tonminerale) angezogen und locker gebunden (sorbiert); Anionen in geringerem Maße an positiv geladene Oberflächen. (Messung der Desorption im Labor mit Standard-Salzlösungen).

> *Austauschbare Nährstoffe*: an Austauscher locker gebundene (sorbierte) Kationen (auch Anionen), die wegen leichten Übergangs in die lösliche Form von Pflanzen gut nutzbar sind.

Bindung (Sorption) ist nur locker, daher Speicherung in (für Pflanze) leicht verwertbarer Form; gibt ferner Schutz gegen Auswaschung und in gewissem Maße gegen Ausfällung (Immobilisierung). Einige Anomalien *des* Austausches bestehen wegen fließender Übergänge zwischen festerer und lockerer Bindung.

Böden variieren in ihrer Fähigkeit, Nährstoffe sorptiv zu speichern; Ausmaß gekennzeichnet durch *Austauschkapazität* für Kationen und

Anionen (in mval/100 g Boden); bestimmt z.B. mit n Ammonacetat von pH 7. Größe der Austauschkapazität je nach Menge und Art der Austauscher: Tonminerale z.B. Kaolinite 5–15 mval/100 g, Illite 20–50 mval, Montmorillonite 80–120 mval, Humusstoffe 150–300 mval. Zunahme mit steigendem pH.

Hauptanteil der Kationen-Austauschkapazität meist mit Ca^{2+}, Mg^{2+}, K^{+} („Basen") abgesättigt (ideal etwa 75:15:3–5), Rest mit H^{+}- bzw. Al^{3+}-Ionen (H-Wert). Grad der Basensättigung und Zusammensetzung des Basenanteils sind entscheidende Kenngrößen der Nährstoffversorgung (Beispiel in Fig. 2.3.).

Anionen-Sorption bedingt durch positive Ladungen von Oxiden, Huminstoffen und z.T. auch Tonmineralen; mengenmäßig außer bei niedrigem pH von geringerer Bedeutung. Sorption mit Wertigkeit abnehmend: PO_4^{3-} (stark), SO_4^{2-} (mittel), NO_3^- und Cl^- (sehr schwach).

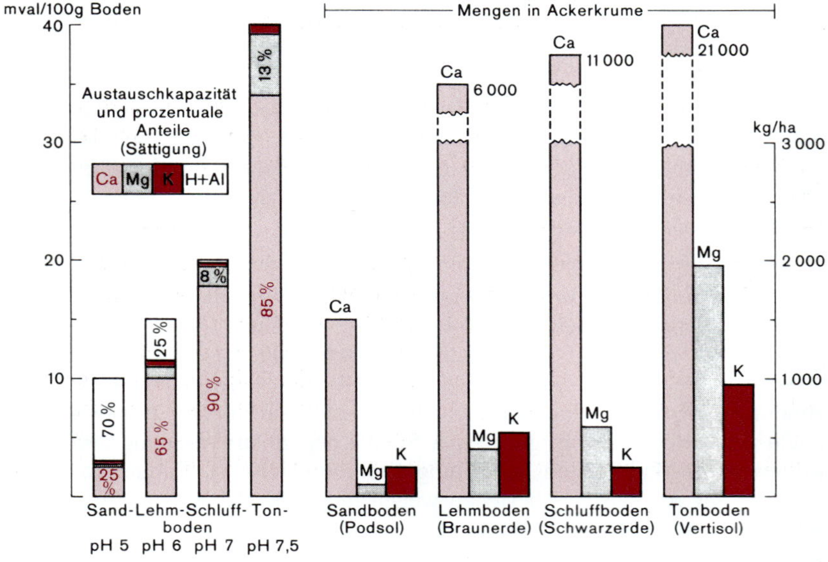

Fig. 2.3. Austauschbare Kationen in Böden.

Reserve-Nährstoffe

Gruppe umfasst zahlreiche in Wasser mittel- und schwerlösliche Verbindungen und sonstige Produkte fester Bindung: kristalline primäre und sekundäre Minerale mit fest im Gitter eingebauten Nährstoffen, „amorphe" anorg. Neubildungen, spezielle Fixierungsprodukte anorg. oder org. Art, org. Stoffe (Humus und lebende Substanz).

Gehalt an Nährstoffreserven entspricht fast dem Gesamtgehalt an Nährstoffen (Kap. 5).

Verteilung auf anorg. und org. Reserve sehr unterschiedlich: Elemente N und S vorwiegend org. gebunden; P etwa zur Hälfte org.; Ca, Mg, K und Spurennährstoffe vorwiegend anorganisch.

Reserven jeweils nur zum kleinen Teil in leicht zugängliche Formen überführbar (mobilisierbar): durch Lösen oder Umformung bei Mineralverwitterung und Humusabbau (Kap. 2.1.3). Mobilisierungsrate beträgt in der gemäßigten Zone etwa 0,1 % der Reserve, in tropischer Zone 0,4 %. Einzelheiten bei jeweiligen Nährelementen (Kap. 5).

2.1.3 Verfügbarkeit und Dynamik der Nährstoffe

Verfügbarkeit

Nährstoffe im Boden sind nur zu einem sehr kleinen Teil leicht verfügbar. Dadurch zwar starke Salzbelastung der Pflanze vermieden, aber bei höherem Bedarf auch leicht Mangelsituationen (trotz hoher Gesamt-Nährstoffgehalte).

> *Verfügbare Nährstoffe:* Nährstoffe, die für Wurzeln zur Aufnahme verfügbar sind, d.h. aufgenommen werden können, wovon jedoch pro Vegetationsperiode nur ein Teil aufgenommen wird.

Die Verfügbarkeit von Nährstoffen verringert sich allgemein mit zunehmender Bindungsfestigkeit, jedoch ist genaue Zuordnung von Bindungsform und Verfügbarkeit wegen vieler gradueller Abstufungen nur annähernd möglich. Grobe Orientierung in folgende Übersicht.

Formen und Mobilität der Nährstoffe im Boden und ihre Verfügbarkeit für die Pflanze

<table>
<tr><td>Bindungsform →</td><td>wasser-
lösliche
Nährstoffe</td><td>austauschbare
Nährstoffe</td><td colspan="2">(anorg. u. org.) fest
gebundene Reserve-
Nährstoffe</td></tr>
<tr><td>Mobilität →</td><td>mobil</td><td>locker
gebunden</td><td>leicht
mobili-
sierbar</td><td>schwer
mobili-
sierbar</td></tr>
<tr><td rowspan="2">Verfügbarkeit →</td><td>sehr leicht</td><td>leicht</td><td>mäßig</td><td rowspan="2">nicht ver-
fügbar</td></tr>
<tr><td colspan="3">verfügbar</td></tr>
</table>

Hauptschwierigkeit liegt in der *Abgrenzung* zwischen leicht und schwer mobilisierbaren Reserven; selbst die Kenntnis der genauen Bindungsform ist nicht ausreichend für sichere Aussage über Mobilisierbarkeit, weil diese durch viele Faktoren bestimmt wird:

Art der Verbindung: z. B. beim Phosphat ist Hydroxylapatit leichter mobilisierbar als Fluorapatit,

Korngröße: kleine Partikel leichter mobilisierbar als große,

Einzelkristallgröße: kleine Kristalle leichter mobilisierbar als große,

Kristall-Fehlstellen: je mehr, desto leichter mobilisierbar,

Anteil an Fremd-Ionen: je mehr, desto leichter mobilisierbar

Oberflächenausprägung: je rauher, desto leichter mobilisierbar; Schutzhüllen können Mobilität behindern.

Wegen dieser vielen möglichen Einflüsse kann verfügbarer Anteil an Nährstoffen nicht aus physiko-chemischen Daten (Löslichkeitsprodukt etc.) berechnet, sondern muß empirisch bestimmt werden (Kap. 8.2.3).

Zu niedrige Gehalte an verfügbaren Nährstoffen führen zu Nährstoffmangel der Pflanze:

absoluter Mangel (absolut wenig Nährstoffe, weder verfügbar noch Reserven).
relativer Mangel (rel. wenig Nährstoffe verfügbar, auch bei hohen Reserven).

Nährstoffdynamik

Aufteilung der Nährstoffe in Bindungsformen oder Verfügbarkeitsgrade ist „labil", d.h. ständig Veränderungen auf Grund von dynamischen Gleichgewichten unterworfen.

Wichtige Prozesse der Nährstoffdynamik:

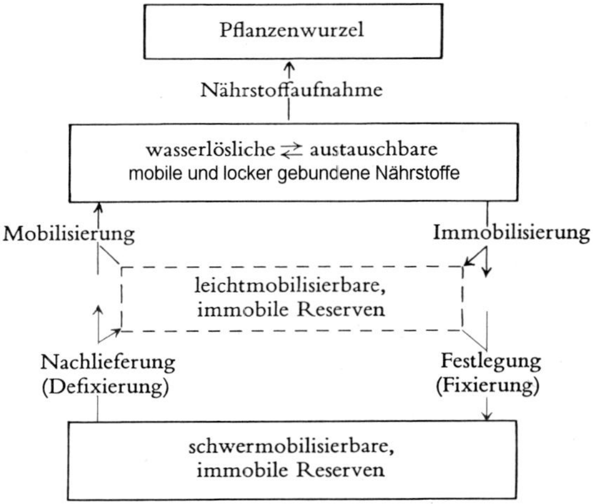

Mobilisierung: Umwandlung von fest gebundenen Nährstoffen in mobile bzw. locker gebundene Formen

Immobilisierung: feste Bindung von Nährstoffen. Wenn besonders stark, dann *Festlegung* (*Fixierung*), d.h. Umwandlung von Boden- oder Düngernährstoffen in praktisch unverfügbare Formen.

Nachlieferung (Defixierung): Umwandlung schwermobilisierbarer Nährstoffe in mobile, locker gebundene oder leicht mobilisierbare.

Ursache der Umformungen: anorg. Ablauf auf Grund eines Gradienten (Reaktionsgefälles) oder unter Mitwirkung von biotischen Einflüssen. Pflanzenwurzel, Bodenmikroben und leblose Bodensubstanz konkurrieren um die Nährstoffe; Boden insgesamt sowohl Lieferant als auch Konkurrent der Pflanze. Ausmaß der Umwandlungen wird bestimmt vom *Transformationsvermögen* des Bodens; dieses ist neben dem *Speicherungsvermögen* wesentliches Merkmal der Bodenfruchtbarkeit.

Hohe Intensität der Umformungen in der *Rhizosphäre* (mikrobenreiche Bodenlage in unmittelbarer Wurzelnähe). Der Boden kann als „selbststeuerendes System" angesehen werden.

Ideale Nährstoffdynamik hat ein Boden, der
- viele Nährstoffe in lockerer Form speichert und damit verfügbar bereitstellt sowie vor Auswaschung schützt
- der Überschüsse durch Immobilisierung abpuffert, ohne diese zu fixieren,
- der aber bei Bedarf (Entzug) Nährstoffe aus den Reserven nachliefert.

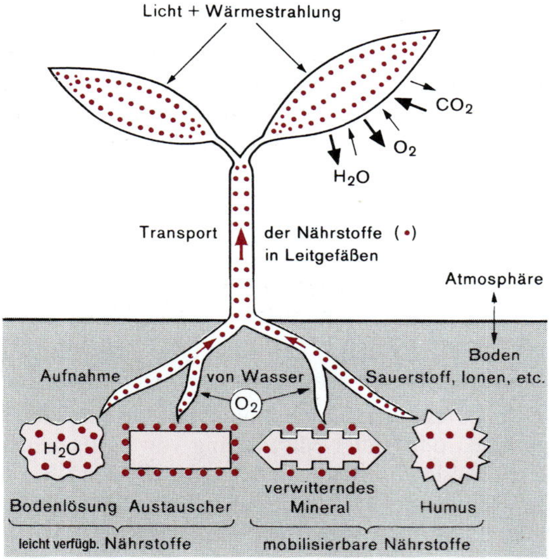

Fig. 2.4. Nährstoffaufnahme durch die Pflanze .

2.2 Nährstoffaufnahme durch Pflanzen

2.2.1 Organe der Nährstoffaufnahme

Pflanze nimmt Nährstoffe in gasförmiger und flüssiger (gelöster) Form auf (Fig. 2.4.), und zwar durch

Blätter: Kohlendioxid; Sauerstoff, Wasser und darin gelöste Stoffe.

Wurzeln: Wasser, Sauerstoff, mineralische Stoffe (z.T. auch organische).

Blätter

Blätter sind zwar mit undurchlässiger wachsartiger Cuticula gegen Umwelt weitgehend abgeschlossen, aber Stoffaufnahme durch Spaltöffnungen und zahlreiche *Mikroporen* möglich.

Spaltöffnungen (Stomata) dienen vorwiegend dem Gasaustausch; zahlreich vor allem auf Blattunterseite (einige hundert Öffnungen pro mm^2, etwa 20 µ lang); Öffnungsweite durch Schließzellen reguliert. Aufgenommene CO_2-Moleküle u.a. gelangen zunächst in die Gashöhle und weiter über Interzellularräume ins Blattgrün-Gewebe; werden dann in Wasser gelöst und verarbeitet (Fig. 2.5.).

Mikroporen auf beiden Seiten der Blätter: allerkleinste Durchlässe für Wasser und darin gelöste Stoffe; diese dringen durch die (im gequollenen Zustand poröse) Wachsplättchenschicht der Cuticula und weiter durch die Hohlräume der Zellwand bis zum Plasma (Fig. 2.6.). Dadurch

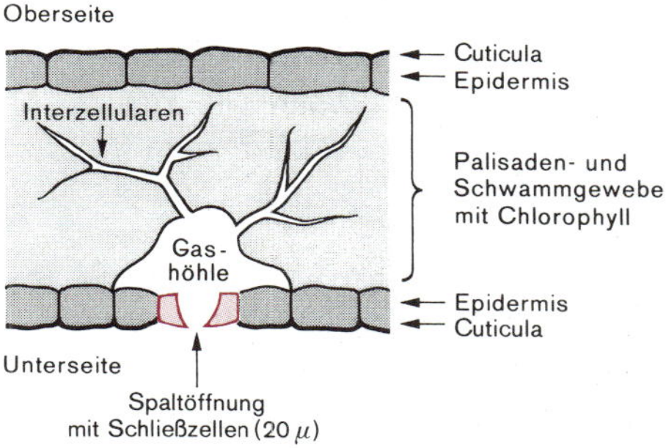

Fig. 2.5. Längsschnitt durch ein Blatt.

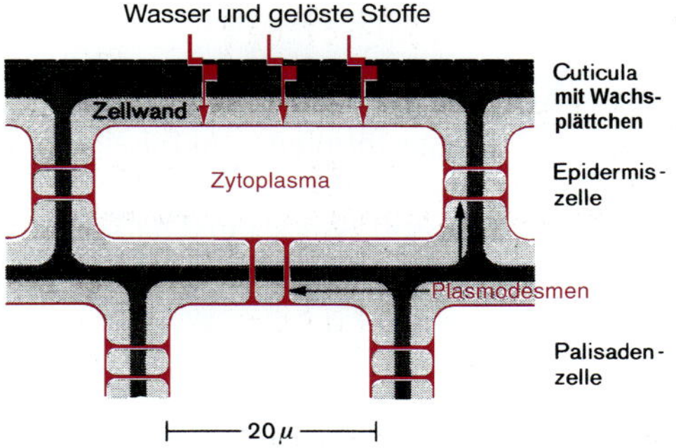

Fig. 2.6. Feinbau der Epidermis (Außenhaut).

Aufnahme von Stoffen, aber auch Abgabe durch Auswaschung (früher „Ektodesmen“-Hypothese).

Mit *Blattdüngung* nutzt man Aufnahmemöglichkeit gelöster Nähr- und Wuchsstoffe zur Verbesserung der Nährstoffversorgung bzw. zur Steuerung des Wachstums. Theoretisch ist Pflanze vollständig über Blätter zu ernähren, praktisch aber nur begrenzt wegen Verätzung bei zu hoher Salzkonzentration. Hauptanwendung: Spritzung mit Harnstoff, Spurennährstoffen (Kap. 7.2.1).

Wurzeln

Wurzeln verankern Pflanzen im Boden, durchbohren und zerteilen ihn beim Aufsuchen von Wasser und Nährsalzen.

Wichtigste Teile der Wurzel für die Aufnahme sind neben der zwar kleinen, aber stoffwechselaktiven Wachstumszone vor allem zahlreiche Wurzelhaare (Epidermis-Ausstülpungen): viele Millionen pro Pflanze; bis einige mm lang, bis 0,02 mm dick; Gesamtlänge bei einer Pflanze 10–50 km; bewirken starke Oberflächenvergrößerung (10–20fach); Lebensdauer 2–3 Tage, aber ständige Neubildung (Fig. 2.7).

Aufnahme in eine Zelle: Nähr-Ionen können wegen ihrer geringen Größe mit dem Wasser durch die weiten Maschen im Geflecht der Faserstränge in die Zellwände („scheinbar freier Raum“, Apoplast) weitgehend ungehindert eindringen. Eigentliche Nährstoffaufnahme erst an der äußeren Grenzfläche des Zytoplasmas (Plasmalemma) (Fig. 2.8.).

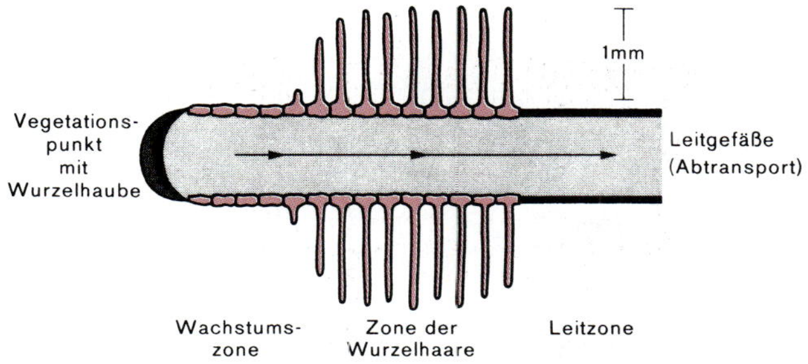

Fig. 2.7. Längsschnitt durch eine Feinwurzel.

Aufnahme in die Wurzel: Bau der Wurzel bedingt zwei mögliche Wege der Nährstoffaufnahme:

a. Aktive Aufnahme in das Plasma der Außenzelle, Weiterleitung von Zelle zu Zelle über Plasmodesmen bis zur Endodermis, Überführung in Leitgefäße (Xylem).

b. Passives Eindringen innerhalb der Zellwände und Interzellularen im „scheinbar freien Raum" (Ionen hier weitgehend frei beweglich bzw. nur locker sorbiert; etwa 10% des Wurzelvolumens) bis

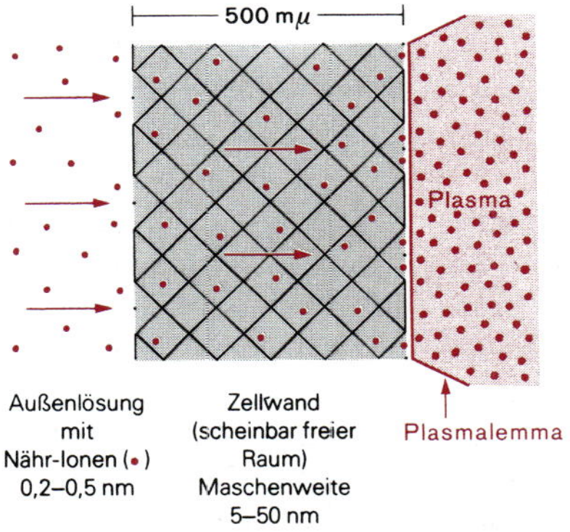

Fig. 2.8. Aufnahme von Nährstoffen durch die Zellwand zum Plasma.

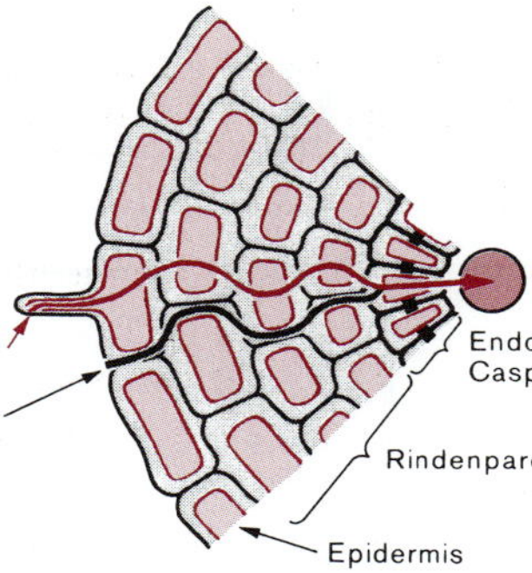

Fig. 2.9. Zwei mögliche Wege der Nährstoffe in der Wurzel.

zur Endodermis; dort wegen Sperre durch CASPARY-Streifen endgültige Aufnahme in das Plasma und Überführung in Leitgefäße (Fig. 2.9.).

Nährstoffaufnahme endet mit dem Übergang der Nährstoffe aus der Endodermis in die Leitgefäße (Xylem); dann erfolgt Transport zum Spross in die Stengel und Blätter.

Der Aufnahme von Nährstoffen (Influx) steht in geringerem Maße eine Abgabe (Efflux) gegenüber; gemessene Aufnahme somit stets eine Nettoaufnahme (Influx minus Efflux).

2.2.2 Mechanismen der Nährstoffaufnahme

Unterschiedliche Mechanismen für Wasser, org. Moleküle, Ionen (Nährstoffe).

Aufnahme von Wasser: Weitgehend passiv nach den Gesetzen der *Osmose,* d.h. Diffusion durch semipermeable Membran in Richtung höherer Salzkonzentration *(Diffusion:* auf Grund selbständiger Bewegung von Ionen, Molekülen, etc. eintretende Vermischung von Stoffen).

Wassermoleküle können sowohl Zellwand als auch Plasmalemma durchdringen; sie wandern in Richtung des höheren osmotischen Druckes (bedingt durch Salze und org. Osmotika) aus der Bodenlösung in die äußeren Zellen der Wurzel und weiter in Leitgefäße (Kap. 4.2.2). Starker „Sog“ durch Wasserverdunstung der Blätter.

Wasseraufnahme: bedingt durch Saugkraft der Zellen, die aus osmotischem Saugdruck des Zellsaftes minus Wanddruck (Turgor) resultiert.

Neben dieser passiven spielt die energiebenötigende aktive Wasseraufnahme untergeordnete Rolle.

Aufnahme von organischen Molekülen: Erklärt durch *Lipoidfilter-Theorie,* d.h. Plasmahaut für org. Stoffe zugleich Ultrafilter und selektives Lösungsmittel:

kleine Moleküle dringen durch Filterporen der Plasmamembran,

mittelgroße Moleküle dringen durch einzelne größere Poren (Aufnahme bis Molekulargewicht 500),

große Moleküle ohne lipophile Gruppen können nicht eindringen,

große Moleküle mit lipophilen Gruppen bilden Verbindungen mit Lipoiden (Kap. 3.2.2) der Plasmagrenzflächen und dringen auf diese Weise ein.

Aufnahme von Ionen: Mineralische Nährstoffe werden fast nur als Ionen aufgenommen (mengenmäßig vor allem das Salz Kaliumnitrat), und zwar in zwei Phasen:

Passive Phase: Eindringen von Ionen durch Diffusion und Massenfluss (d.h. mit dem Wasserstrom) in den „scheinbar freien Raum".

Aktive Phase: Aufnahme in das Plasma bzw. weiter in den Zellsaft der Vakuole durch aktive Betätigung (Stoffwechsel, „Lebenskraft") der Pflanze.

Die theoretische Erklärung der Ionenaufnahme muss eine Reihe von experimentell gefundenen Tatsachen berücksichtigen.

Grundtatsachen der Ionenaufnahme

Tatsache	Boden Außenlösung	Pflanze Plasma bzw. Zellsaft
1. *Salzanreicherung* in der Pflanze: Akkumulation gegen Konzentrationsgefälle	K^+ → NO_3^- →	K^+ K^+ K^+ NO_3^- NO_3^- NO_3^-
2. *Wahlvermögen:* hauptsächlich benötigte Ionen bevorzugt aufgenommen (Selektion)	K^+ → K^+ → Mg^{2+} Mg^{2+} →	K^+ K^+ Mg^{2+}
3. *Mangelhaftes Ausschließungsvermögen:* überschüssige bzw. schädliche Ionen nur teilweise ausgeschlossen	Na^+ → Na^+ →| Al^{3+} → Al^{3+} →|	Na^+ Al^{3+}
4. *Verstärkte Aufnahme von Kationen* gegenüber Anionen	K^+ → K^+ → SO_4^{2-} SO_4^{2-} →	K^+ K^+ SO_4^{2-}

Hypothesen und Theorien über die Ionenaufnahme

Zur Erklärung der Ionenaufnahme mehrere Hypothesen (vorläufige Theorien) entwickelt, bis schließlich die Theorie der aktiven Ionenaufnahme als zutreffend anerkannt wurde. Aber auch ältere Hypothesen noch von Interesse, da sie Teilphänomene erklären.

a. *Transpirations-Hypothese:* Aufnahme von Ionen mit dem einströmenden Wasser und Konzentrierung der Salze durch Transpiration (Verdunstung des Wassers). Hypothese unzulänglich, denn Wasser bewegt sich entsprechend der Salzkonzentration und nicht umgekehrt; Pflanzen ohne Transpiration nehmen auch Ionen auf; Ionen können sogar entgegen dem Wasserstrom austreten. Trotzdem häufig mit erhöhter Transpiration verstärkte Aufnahme wegen allgemeiner Kopplung physiologischer Prozesse (Assimilation, Atmung, Transpiration).

b. *Diffusions-Hypothese:* Aufnahme von Ionen durch Diffusion, dann Überführung in nicht-dissoziierte Form, wodurch ein Diffusionsstrom in die Pflanze erzielt wird. Hypothese unzulänglich, da in der Pflanze höhere Konzentration an Ionen als außen und da Einbau in org. Substanz nur langsam und unvollständig. Diffusionsvorgänge aber von Bedeutung zur teilweisen Erklärung des Wahlvermögens der Pflanze, da Wanderungsgeschwindigkeiten von Ionengröße einschließlich Hydrathülle (Kap. 5.4.1) abhängig ist: z.B. K^+ fast halb so klein wie Na^+; K^+ diffundiert daher in wässriger Lösung zweimal und in Zellwand sogar siebenmal schneller.

c. *Hypothese der Ionenakkumulation auf Grund der DONNAN-Verteilung,* wonach bei Membrangleichgewichten die Produkte der Ionenaktivität von Außen- und Innenlösung gleich sind. Zunächst in beiden Lösungen gleich viel Ionen; wenn aber innen (im Plasma) die Aktivität durch Sorption an Austauscher verringert, Einströmen weiterer Ionen und damit Anreicherung. Hypothese unzulänglich, da sie nur für echte Gleichgewichte gilt, die jedoch an diesen Grenzflächen nicht vorliegen. *DONNAN* -Prinzip aber für passive Phase der Aufnahme von Bedeutung: je höher die Austauschkapazität der Wurzel, desto mehr Ionen werden sorbiert und dann aufgenommen.

d. *Theorie der aktiven Ionenaufnahme:* ursprünglich von LUNDEGARDH (1932) entwickelte Hypothese der „Anionenatmung" zu umfassender Theorie ausgebaut: Atmung produziert pflanzeneigene Ionen (H^+, HCO_3^-), die mittels der Atmungsenergie gegen Kationen und Anionen der Außenlösung in äquivalenten Mengen ausgetauscht werden; dadurch Anreicherung von Salzen in der Pflanze gegenüber dem Substrat.

> *Aktive Ionenaufnahme:* Pflanze nimmt Ionen des Nährsubstrats aktiv auf, und zwar mit Hilfe von Atmungsenergie und im Austausch gegen Ionen (H^+ und HCO_3^-) aus ihrem Stoffwechsel.

Transport von Ionen durch die Grenzmembran offenbar durch mehr oder weniger spezifische Trägermechanismen: org. Moleküle („Träger"), die Ionen binden und sie von der Außen- zur Innenseite transportieren (Fig. 2.10.).

Resultat der Hypothesen und Theorien über Ionenaufnahme

Erklärungen für:

Salzanreicherung: energieverbrauchende aktive Aufnahme,

Wahlvermögen (Selektionsvermögen): unterschiedliche Diffusionsgeschwindigkeiten und Sorption im freien Raum, spezifische Trägermechanismen,

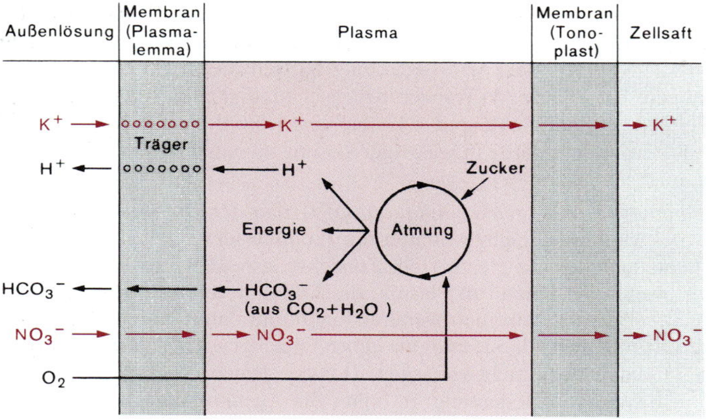

Fig. 2.10. Schema der Ionenaufnahme.

mangelhaftes Ausschließungsvermögen: Überschreiten der Selektionskapazität,

bevorzugte Kationenaufnahme: Pflanzen produzieren rel. mehr H^+ als HCO_3-Ionen im Atmungszyklus, weiterhin zusätzliche H^+-Produktion durch stärkere Dissoziation von Phosphaten.

2.2.3 Nährstoffaufnahme aus dem Substrat

Nährstoffaufnahme abhängig vor allem vom Nährstoffangebot des Bodens, von der O_2-Versorgung der Wurzeln und dem spezifischen Aneignungsvermögen der jeweiligen Pflanze (Nährstoff-*Effizienz*, -Leistungsfähigkeit).

Aneignungsvermögen der Pflanzen für Mineralstoffe

Unterschiede je nach Pflanzenart; für Wildpflanzen und Unkräuter oft höher als für (an nährstoffreiche Kulturböden angepasste) Kulturpflanzen. Einflussgrößen: aktive Wurzeloberfläche, Austauschkapazität der Wurzel, Aktivität der Wurzelatmung (Produktion von H- und HCO_3-Ionen), Wurzelausscheidungen zum Nährstoffaufschluss.

Aktive Wurzeloberfläche: da Nährstoffe nur über kleine Entfernungen im mm-Bereich zur Wurzel wandern, muss Pflanze Nährstoffe im

Boden aktiv aufsuchen (Interzeption); dafür große Wurzeloberfläche wichtig. Oberfläche abhängig vom Anteil an Feinwurzeln (< 0,5 mm Durchmesser), da diese bevorzugt Wurzelhaare bilden.

Aktive Oberfläche der Wurzel zwar groß, aber im Vergleich zur (inneren) Oberfläche des Bodens gering, z.B. pro 100 m^2 Feldfläche:

Leguminosen: geringer Feinwurzelanteil, geringe Oberfläche (etwa 5.000m^2)

Gräser (Getreide): hoher Feinwurzelanteil, große Oberfläche (etwa 10.000 m^2)

Lehmboden (Bodenkrume): innere Oberfläche 300.000.000 m^2.

Austauschkapazität der Wurzel: je größer, desto stärker die Aufnahmefähigkeit für sorbierte Bodennährstoffe bezogen auf die Einheit Wurzeloberfläche und desto stärker (auf Grund der DONNAN-Verteilung) die Sorption zweiwertiger Kationen. Unterschiede innerhalb der Kulturpflanzen, z.B.:

Leguminosen: hohe Austauschkapazität (40–60 mval/100 g), starke Aneignungskraft, rel. stärkere Ca-Aufnahme.

Gräser: niedrigere Austauschkapazität (20–40 mval/100 g), schwächere Aneignungskraft, rel. stärkere K-Aufnahme.

Produktion von H- und HCO_3-Ionen sowie Energie: potentiell bei Kulturpflanzen mit 5–30 Kiloäquivalenten (kval) pro Hektar wesentlich höher als notwendig; daher kein begrenzender Faktor. Energiemenge abhängig von der Stärke der Wurzelatmung.

Wurzelausscheidungen für den Nährstoffaufschluss: Wurzel nimmt nicht nur mobile Nährstoffe auf, sondern mobilisiert darüber hinaus aktiv und selektiv Reserve-Nährstoffe, wobei sich die Pflanzen stark in ihrer Effizienz unterscheiden:

Aufschluss durch *Säureangriff:* Ausscheidung von Säuren (H^+) und damit Auflösung von nährstoffhaltigen Verbindungen in unmittelbarer Wurzelnähe, z.B.

$$CaCO_3 + 2\,H^+ \rightarrow Ca^{2+} + H_2O + CO_2,$$

Aufschluss durch *Komplexbindung:* Ausscheidung von Komplexbildnern, die Kationen aus schwerlöslichen Verbindungen entreißen. Aufnahme dieser Metallkomplexe und/oder freigesetzter Anionen; häufige und stabile Komplexe sind die *Chelate* (griech. *chele* Krebsschere), metallorganische Komplexe, bei denen das Metall-Kation vom Chelatbildner (Ligand) scheren- oder klammerartig von mehreren Seiten ringförmig gebunden ist (Fig. 3.4.), z.B. Fe-Mobilisierung durch Siderophoren:

Fe-phosphat (immobil) + Chelator → Fe-Chelat + Phosphat-Anion (beides mobil).

Aufschluss durch *Reduktion:* Ausscheidung von org. Reduktionsmitteln aus pflanzlichem Stoffwechsel und damit Mobilisierung von Reserven, bei denen reduzierte Form mobil, z.B.:

MnO_2 (immobil) + Hydrochinon → Mn^{2+} (mobil) + Chinon.

Aufschluss durch *Ausscheidung org. Stoffe* zur Anregung des Mikrobenlebens in Wurzelnähe *(Rhizosphäre),* dadurch Förderung des mikrobiellen Aufschlusses anorg. Verbindungen und des Humusabbaus.

Nährstoff-Aneignung, z.B. N-Fixierung durch symbiotische Organismen in den Wurzeln (Rhizobium) oder durch assoziierte Bakterien (Kap. 5.1.1), ferner durch Pilze als Nährstoff-mobilisierende *Mykorrhiza* („Wurzelpilz").

Transport der Nährstoffe zur Wurzeloberfläche

Nur Nährstoffe im Nahbereich der Wurzel (wenige mm) werden bei normaler Durchfeuchtung in der Bodenlösung zur Wurzel transportiert, und zwar durch *Diffusion* (aktive Ausbreitung von Ionen durch Eigenbewegung) und/oder durch *Massenfluss* (passives „Mit-Strömen" im Wassersog zur Wurzel).

Beispiele: Kali, Nitrat, Phosphat vorwiegend durch Diffusion transportiert, Ca, Mg durch Massenfluss.

Aufnahme von Nährstoffen aus verschiedenen Substraten

Aufnahme aus der Nährlösung: Austauschvorgang von Ionen der Pflanze gegen Ionen der Lösung. Erst im extrem sauren pH-Bereich (<3) wird Ausscheidung von H^+-Ionen gegen stark saures Konzentrationsgefälle schwierig und Aufnahme behindert.

Aufnahme aus dem Boden: vor allem aus der *Bodenlösung* (die einer Nährlösung entspricht). Bodenlösung liefert größten Teil der aufgenommenen Nährstoffe, verarmt aber bei Entzug schnell; nur auf gut versorgten Böden ständige Ergänzung durch desorbierte (ausgetauschte) Nährstoffe.

Direktaufnahme von sorbierten Nährstoffen durch *Kontakt-Austausch* ist zwar plausibles Modell, aber wegen Größenordnungen unrealistisch, weil doch via Bodenlösung (Fig. 2.11).

Interception („Abfangen"): Wegen Verarmung an Nährstoffen in Wurzelnähe müssen Wurzeln durch ständiges Weiterwachsen den Boden nach neuen verfügbaren Nährstoffen absuchen, wofür eine poröse Bodenstruktur günstig ist. (Analogie: Eine Kuh auf der Weide sucht sich durch Fortbewegung immer neues Gras).

> *Nährstoffe aus dem Boden*: Pflanze durchsucht den Boden mit Wurzeln nach leicht aufnehmbaren Nährstoffen, kann aber bei Mangel auch aktiv Nährstoffe mobilisieren (mit unterschiedlicher Effizienz). Nur im Nahbereich (einige mm) bewegen sich Nährstoffe in Bodenlösung zur Wurzel und werden dann aktiv aufgenommen.

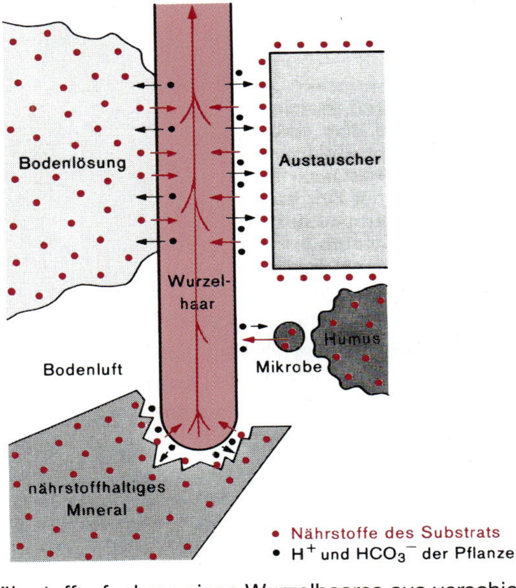

Fig. 2.11. Nährstoffaufnahme eines Wurzelhaares aus verschiedenen Bindungsformen.

2.3 Nährstoffe in Pflanzen

Von Wurzeln aufgenommene Nährstoffe werden in Leitgefäßen mit dem Wasserstrom zum Spross transportiert und zunächst meist in den Blättern verteilt. Aus den insgesamt von Wurzel und Blatt aufgenommenen Nährstoffen bilden Pflanzen durch biochemische Prozesse (Kap. 3) ihre Körpersubstanz, deren Zusammensetzung innerhalb einer Pflanze und im Laufe der Zeit stark wechselt.

Da Nährstoffe zum großen Teil verarbeitet werden und nur teilweise in aufgenommener Form erhalten bleiben, wird die Zusammensetzung der Pflanze sinnvollerweise durch Angabe der *Nährelemente* gekennzeichnet.

2.3.1 Gehalte und Verteilung der Nährelemente

Gehaltsangaben und Bezugsbasis

Menge des Nährelements: Gewicht in der gesamten Trockensubstanz, z.B. Pflanze enthält 0,4 g K.

Konzentration (Gehalt im engeren Sinne) des Nährelements ist

$$\text{Quotient aus } \frac{\text{Menge des Nährelements}}{\text{Menge der Pflanzensubstanz}}, \text{ z.B.:}$$

$$\text{Pflanze enthält } \frac{0{,}4 \text{ g K}}{20 \text{ g Trockensubstanz}} \cdot 100 = 2\ \%\ \text{K}$$

d.h. 100 Teile Pflanzensubstanz enthalten 2 Teile K und 98 Teile übrige Bestandteile (weitere Maßeinheiten der Konzentrationen → S. VIII).

Bezugsbasis: am häufigsten verwendete Basis für Nährelementgehalte ist Trockensubstanz (T.S. oder Tr.S.), ermittelt durch Trocknen bei 105 °C . Alle Gehaltsangaben von Pflanzen, soweit nicht ausdrücklich anders vermerkt, auf T.S. bezogen.

T.S. (10–20 % der Pflanze) wird errechnet aus Frischsubstanz (100 %) minus Wasser (80–90 %).

Gehalte an Nährelementen in Pflanzen werden meist als Konzentrationen (%, ‰, ppm) angegeben und auf die Trockensubstanz (T.S.) bezogen.

Zusammensetzung der gesamten Pflanze

Tab. 2.1. Zusammensetzung der pflanzlichen Trockensubstanz (%).

Kohlenstoff (C)	44–49	(Ø 47 für Ernterückstände)
Sauerstoff (O)	42–46	
Wasserstoff (H)	5– 7	
mineralische Elemente	5–10	

Mengenverhältnisse sind an einem Beispiel in Fig. 2.12. demonstriert.

Aschegehalte

Asche gibt Anhaltswerte für Summe an mineralischen Elementen (außer N). Asche: Verbrennungsrückstand nach Erhitzen der Trockensubstanz auf 500 °C; enthält großen Teil der mineralischen Nährelemente als Salze (Carbonate, Silikate, Phosphate) oder Oxide; Teil der Nährelemente bildet allerdings in der Hitze flüchtige Verbindungen und entweicht (N fast vollständig, andere Elemente teilweise).

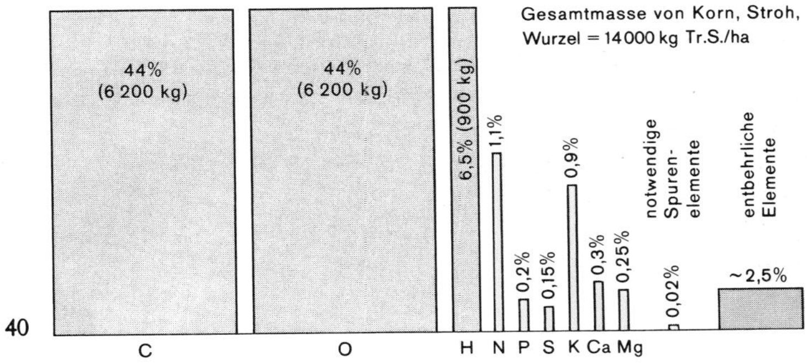

Fig. 2.12. Zusammensetzung einer Maisernte (nach Bear, 1950).

Tab. 2.2. Aschegehalte (% der T.S.).

Pflanzen		Pflanzenteile	
Kulturpflanzen	5–10	Blätter	10–20
Wildpflanzen armer Böden	1– 2	Wurzeln, Knollen	3– 6
Salzpflanzen	10–25	Früchte, Samen	2– 4
Meeresalgen	bis > 50	Hölzer	0,2– 0,4

Gehalte an einzelnen mineralischen Nährelementen

Große Unterschiede zwischen Pflanzenarten und innerhalb der Pflanzenorgane.

Für Wachstum der Pflanze ist Konzentration der Blätter an einzelnen Elementen ein guter Index (Tab. 2.3; Grenzwerte Kap. 8.2.4).

Für Futter- bzw. Nahrungswert ist Zusammensetzung der Ernteprodukte bedeutsam (Tab. 2.4).

Tab. 2.3. Konzentrationsbereiche von Nährelementen in Blättern der Kulturpflanzen (T.S.).

Nährelemente insgesamt	50–100‰
N, K	10– 50‰
Ca, Mg, P, S, Cl	1– 20‰
Fe, Mn, Zn, Cu, B	5–200 ppm
Mo	0,2–5 ppm

Konzentrationsunterschiede innerhalb der Pflanzenarten:
Gräser: rel. wenig Ca, Mg, B; viel Si,
Leguminosen (Hülsenfrüchte): rel. viel Ca, Mg, B; wenig Si,
Cruciferen (Kreuzblütler): rel. viel S,
Säureverträgliche Pflanzen: rel. viel Fe, Mn, Al,
Salzpflanzen: rel. viel Na, Mg, Cl, S.

Verteilung der Nährelemente innerhalb einer Pflanze:
Blätter: viel K, Ca, Mg, S, auch viel N, P,
junge Blätter: hohe Gehalte an den meisten Elementen,

Tab. 2.4. Häufige Nährelementgehalte von Ernteprodukten (T.S.).

Ernte-produkt	‰						ppm					
	N	P	S	K	Ca	Mg	Fe	Mn	Zn	Cu	B	Mo
Getreide, Korn	20	4	2	5	1	1,5	100	40	30	5	5	0,5
Getreide, Stroh	5	1	1	15	3	1	50	40	30	5	5	0,2
Kartoffeln, Knolle	15	2	1	20	0,5	2	40	10	15	5	7	0,3
Zuckerrüben, Rübe	8	2	1	10	2	2	25	20	25	7	30	0,5
Zuckerrüben, Blatt	20	3	2	30	20	5	100	60	50	10	50	1,0

ältere Blätter: oft höhere Gehalte an immobilen Elementen, z.B. Ca, Cu, B,
Samenkörner: rel. viel N, P, Mg (zur Zeit der Reife etwa die Hälfte des gesamten N und P),
Wurzel: niedrige Gehalte.

2.3.2 Veränderung der Gehalte an Nährelementen

Auch wenn Boden genügend Nährstoffe zur Verfügung stellt, ist Aufnahme im Laufe der Zeit nicht gleichförmig. Bei einjährigen Pflanzen kontinuierliche Aufnahme mit deutlichen Bedarfsspitzen; bei mehrjährigen Pflanzen Unterbrechung durch Ruhepause.

Verlauf der Nährstoffaufnahme bei einjährigen Pflanzen

Keimung: Aufnahme von Wasser genügt; erster Bedarf an Mineralstoffen aus eigenem Vorrat in Samen oder Knolle; dann beginnende Aufnahme,

Jugendwachstum: starke Aufnahme von Mineralstoffen; starker Anstieg der Menge und Konzentration an Nährelementen,

Hauptwachstumszeit mit Bedarfsspitzen: starke Aufnahme von Mineralstoffen meist zur Zeit besonderer Leistung der Pflanze, oft bei Produktion großer Blattmasse, aber Unterschiede je nach Element, z.B.:

N: bevorzugte Aufnahme, wenn Plasmaeiweiß gebildet wird (vegetative Phase),

P: erste, kleinere Bedarfsspitze bei Anfangs-Wurzelbildung; zweite, größere bei Beginn der reproduktiven Phase,

K: bevorzugte Aufnahme, wenn viel Kohlenhydrate gebildet werden in vegetativer Phase für Blattmasse und in reproduktiver Phase für Reservestoffe,

Mn: hoher Bedarf und kritische Phase der Versorgung von 5.–6. Dekade (bei höchster fotosynthetischer Leistung).

Endphase des Wachstums: Nachlassen der Nährstoffaufnahme; z.T. wieder Abgabe an den Boden und Verluste durch Blattabfall. Bei mehrjährigen Pflanzen z.T. Rücktransport vieler Nährelemente in Speicherorgane vor dem Blattabfall.

Nährstoffaufnahme und Substanzproduktion

Durch Mineralstoffaufnahme muss Pflanze zunächst Voraussetzung für ihre Aufbauleistung schaffen (Fig. 2.13.).

> Die *Nährstoffaufnahme* eilt der Produktion organischer Substanz anteilmäßig voraus; sie schafft erst die Voraussetzung für Synthesen.

Differenzierung nach Menge und Konzentration:

Menge an mineralischen Nährelementen steigt im Laufe der Zeit ständig an (abgesehen von kleinen Verlusten am Ende der Vegetationszeit).

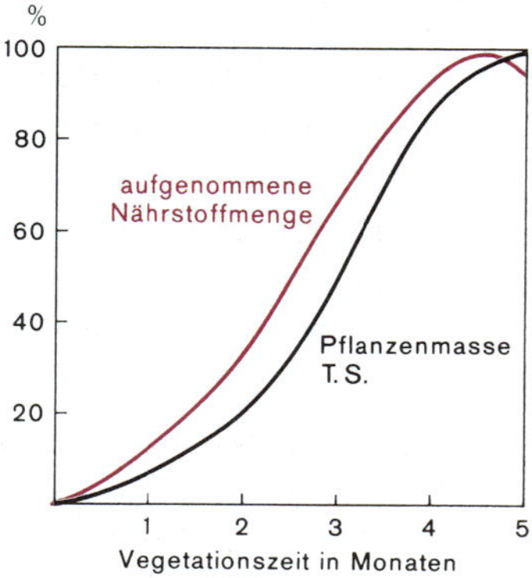

Fig. 2.13. Nährstoffaufnahme und Substanzproduktion.

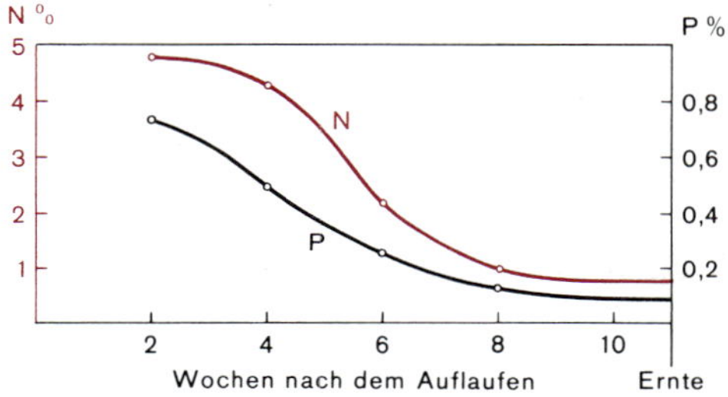

Fig. 2.14. Abnahme der Konzentration von N und P in Blättern der Sommergerste (Gefäßversuch).

Konzentration der mineralischen Nährelemente sinkt dagegen im Laufe der Zeit meist beträchtlich (Fig. 2.14.). (Gewisse Ausnahmen bei stark immobilen Elementen, z.B. Ca).

Absinken der Konzentration trotz gleichbleibender guter Nährstoffversorgung wird verursacht durch Verdünnungseffekt (Fig. 2.15.). Dadurch gewisse Schwierigkeit bei Blattanalyse zur Ermittlung des Düngerbedarfs (Kap. 8.2.4).

> *Verdünnungseffekt:* Absinken der Konzentration von mineralischen Nährelementen trotz steigender Menge in der Pflanze; bedingt durch die relativ stärkere Produktion organischer Substanz.

2.3.3 Versorgung mit Nährelementen

Versorgung der aktiven Gewebe mit Nährelementen abhängig von aufgenommener Nährstoffmenge und Beweglichkeit der Nährelemente in der Pflanze.

Beweglichkeit der Nährstoffe und Diagnose von Mangelsymptomen

Verlagerung von neu aufgenommenen Nährstoffen: von Wurzel zum Spross (akropetal) alle Nährstoffe meist gut beweglich; im Spross abwärts (basipetal) sind die meisten Nährstoffe gut bis mäßig beweglich, außer einigen, z.B. Ca (für Blattdüngung daher weniger geeignet).

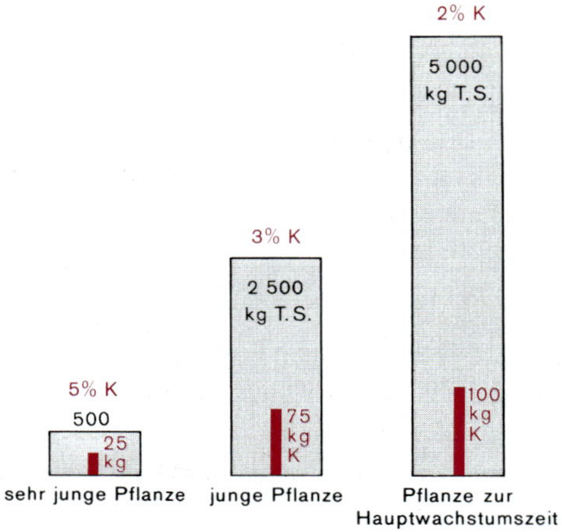

Fig. 2.15. Beispiel für Verdünnungseffekt (K-Gehalt von Rübenblättern).

Umlagerung von bereits eingebauten Elementen: bei Nährstoffmangel mobilisiert die Pflanze (soweit möglich) Nährelemente aus älteren, weniger aktiven Blättern und verlagert sie über das Phloem (Siebröhren) in die jüngeren, aktiven Blätter. Im Hinblick auf diese Umlagerung sind:

mobil: N, P, K, Mg; Mn bei Getreide, Betarüben, Obst;
immobil: Ca, S, Fe, Cu, Zn, B, Mo; Mn bei Leguminosen, Kartoffeln.

Differenzierung in zwei Gruppen entsprechend der Umlagerungs-Mobilität bedeutsam für Diagnose von Mangelsymptomen (Kap. 8.2.2):

> *Mangelsymptome an älteren Blättern* deuten auf Fehlen eines mobilen Elements.
> *Mangelsymptome an jüngeren Blättern* zeigen Fehlen eines immobilen Elements.

Häufigste Mangelsymptome sind *Chlorosen* (gelbliche, reversible Verfärbungen; griech. *chloros* gelbgrün) und *Nekrosen* (bräunliche, irreversible Verfärbungen; griech. *nekros* Leichnam) (Kap. 8.2.2).

Chlorosen sind durch Nährstoffzufuhr zu beheben, am schnellsten durch Blattdüngung (Kap. 7.2.1).

Versorgungsbereiche

Entscheidend für den Einfluss der Nährelemente auf das Wachstum ist ihre Konzentration in den Blättern, und zwar entweder als Gesamtkonzentration oder bei stark immobilen (z.B. Fe) als mobiler (physiologisch wirksamer) Anteil.

Konzentration an Nährelementen in Blättern zu Beginn der Hauptwachstumsphase ist häufig ein gutes Maß zur Kennzeichnung des Versorgungsgrades (Basis der Blattanalyse).

Positive Korrelation zwischen Konzentration und Wachstum fehlt lediglich am Anfang der Kurve (Verbesserung des Wachstums bei abnehmender Konzentration auf Grund des STEENBJERG-Effekts, der einem sehr starken Verdünnungseffekt entspricht) und bei Ertragsminderung im toxischen Bereich (Fig. 2.16.).

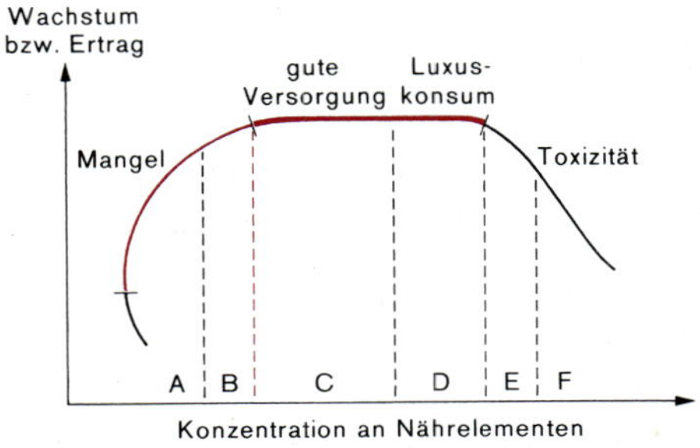

Fig. 2.16. Wachstum in Abhängigkeit vom Gehalt an Nährelementen in Pflanzen.

Je nach Nährelementgehalt der Pflanze sind sechs Versorgungsbereiche unterscheidbar und durch Grenzwerte gegeneinander abzugrenzen:

Versorgungsbereiche mit Nährelementen und dazugehörige Grenzwerte

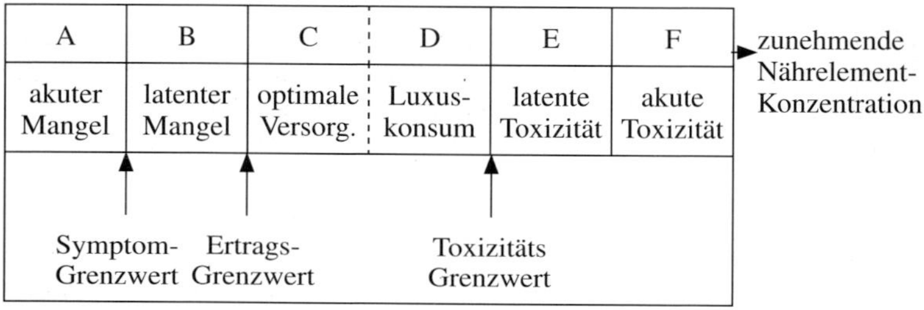

Definition der Versorgungsbereiche:

Akuter Mangel: deutlich sichtbare typische Mangelsymptome, schlechtes Wachstum oder sogar Absterben; starke Ertragssteigerung durch Düngung (wenn rechtzeitig).

Latenter Mangel: nur verborgene (latente), nicht oder nur schwer mit bloßem Auge sichtbare Mangelsymptome; scheinbar gutes Wachstum, aber Ertragsteigerung und meist Qualitäts-Verbesserung nach Düngung. (Erste unspezifische Symptome auch als „prä-akuter" Mangel bezeichnet).

Optimale Versorgung: „Normale" Grünfärbung der Blätter, bestes Wachstum und meist beste Qualität; keine Ertragssteigerung durch Düngung.

Luxuskonsum (Luxusversorgung): unnötig starke („Luxus"-) Aufnahme von Nährstoffen; noch gutes Wachstum, aber Qualität teilweise verringert. (Abgrenzung von Optimalversorgung theoretisch schwierig, aber praktisch sinnvoll).

Latente Toxizität: verringertes Wachstum durch geringe schädliche Überschüsse von Nähr- oder Schadstoffen; Qualität verringert.

Akute Toxizität: Schadsymptome durch starke Überschüsse von Nähr- oder Schadstoffen, schlechtes Wachstum und geringere Qualität; letztlich Absterben der Pflanze. Gegenmaßnahmen erforderlich, wirken aber ggfs. erst für folgende Pflanzen.

Grenzwerte (eigentlich: schmale Grenzbereiche):

Symptom-Grenzwert: Nährelementkonzentration, unterhalb derer akuter Mangel (Symptom) auftritt.

Ertrags-Grenzwert: Nährelementkonzentration, oberhalb derer optimale Versorgung vorliegt und maximale Erträge mit hoher Qualität erzielt werden.

Grenzbereich zwischen optimaler Versorgung und Luxuskonsum: keine scharfe Trennung möglich, da theoretisch fast gesamter Bereich zum Luxuskonsum gerechnet werden könnte; wegen großer praktischer Bedeutung aber dennoch (annähernde) Trennung (Kap. 8.2.4).

Toxizitäts-Grenzwert: Nährelementkonzentration, oberhalb derer Ertragsdepressionen durch Überschuss auftreten (im hohen Bereich toxische Schäden bis zum Absterben).

Alle Grenzwertangaben gelten für bestimmte Pflanzenteile (oft Blätter) und bestimmtes Wachstumsstadium (Kap. 8.2.4).

3 Biochemie der Pflanze

3.1 Grundprozesse des Stoffwechsels

Alle Lebewesen am Stoffkreislauf der Natur beteiligt: Grüne Pflanzen leisten entscheidenden Anteil am Stoffaufbau; Menschen, Tiere und Mikroben nutzen die produzierten Stoffe und bauen sie wieder ab (Fig. 3.1.).

Biochemie (Lehre von stofflicher Zusammensetzung und vom Stoffwechsel) der Pflanze ist kompliziert und kann hier nur in Grundzügen dargestellt werden. Für Pflanzenernährung bedeutsam, weil Ernährung die Voraussetzung für Aufbauleistung schafft und weil auch Gehalt an qualitätsbestimmenden Inhaltsstoffen durch Düngung beeinflussbar ist (Kap. 9.2.2).

Grüne Pflanzen bauen mit Hilfe der Sonnenenergie aus einfachen, energiearmen Grundsubstanzen zunächst energiereiche Stoffe (Zucker) auf, die zusammen mit aufgenommenen mineralischen Nährstoffen als Ausgangsmaterial für weiteren Stoffwechsel dienen. Dadurch Angleichung (Assimilation) fremder Stoffe an körpereigene.

Baustoffwechsel: Aufbau (Synthese) von Bausteinen pflanzlicher Substanz und Kopplung der Bausteine zu lebender Zellsubstanz, Reservestoffen, sonstigen Pflanzenstoffen.

Betriebsstoffwechsel: Abbau von Stoffen (vor allem Zucker) zur Gewinnung von Energie und Zwischenprodukten für neue Synthesen (Fig. 3.2.).

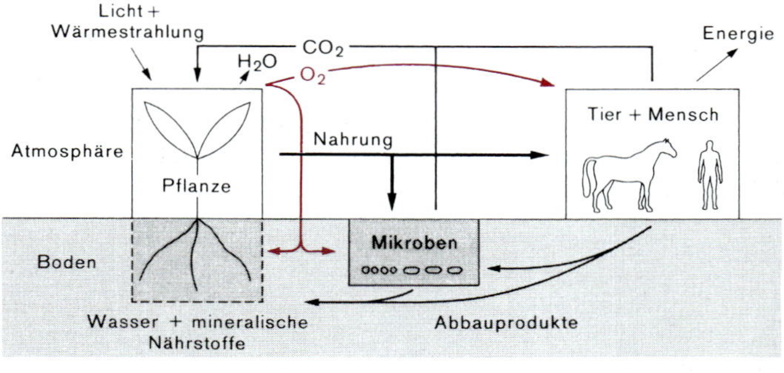

Fig. 3.1. Stoffkreislauf zwischen den Lebewesen.

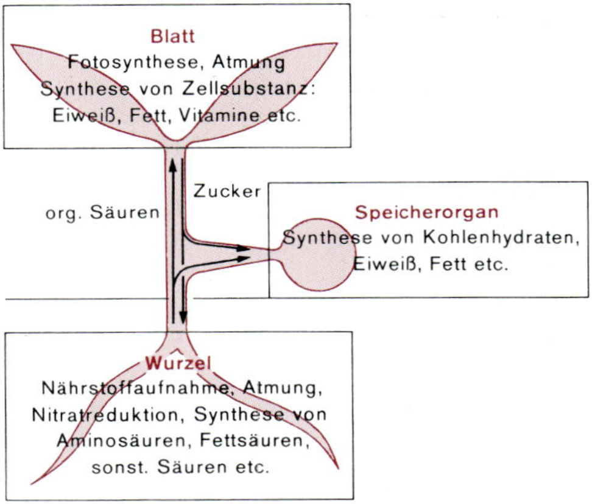

Fig. 3.2. Schema des pflanzlichen Stoffwechsels.

Organische Pflanzensubstanz besteht aus:

Baustoffen: Kohlenhydrate, Fettstoffe, Eiweißstoffe,

Wirkstoffen: Enzyme, Vitamine, Wuchsstoffe,

sekundären Pflanzenstoffen (Stoffe mit geringerer, z.T. unbekannter Bedeutung): Harze, Gerbstoffe, sekundäre Farbstoffe (Anthocyane), ätherische Öle, Glykoside, Alkaloide (Pflanzengifte) etc.

3.1.1 Aufbau durch Fotosynthese

Höhere Pflanzen durch Blattgrün befähigt, Lichtstrahlung zum Aufbau energiereicher Moleküle zu nutzen. Fotosynthese ist Grundprozess der Bildung org. Substanz; ihre landw. Nutzung wird auch als „Urproduktion“ bezeichnet.

> *Fotosynthese* (CO_2-Assimilation): Aufbau von einfachen Zuckern durch Reduktion von Kohlendioxid durch Wasserstoff (aus Wasser) mittels Lichtenergie.
>
> Grundschema: $CO_2 + H_2O = (CH_2O) + O_2$.

Synthese erfordert fotosynthetischen Apparat (vor allem Blattgrün) und besteht aus zwei Reaktionsabläufen: Lichtreaktion (Wasserspaltung) und Dunkelreaktionen (CO_2-Reduktion).

Summenformel: Allgemeine Formel ($6\ CO_2 + 6\ H_2O + 674\ kcal = C_6H_{12}O_6 + 6\ O_2$) zwar summarisch richtig, aber unvollständig, da abgeschiedener Sauerstoff aus dem Wasser stammt. Bessere Formel daher (auf ein Molekül bezogen):

$$CO_2 + 2\ H_2O + 112\ kcal = (CH_2O) + O_2 + H_2O$$
$$44\ g + 36\ g = 30\ g + 32\ g + 18\ g$$

(Das Produkt CH_2O existiert als solches nicht, sondern 3 davon bilden PGS (Fig. 3.5.)

Entsprechende Formel der Chemosynthese von Schwefelbakterien:

$$CO_2 + 2\ H_2S = (CH_2O) + S_2 + H_2O.$$

Wasser dient somit der Pflanze (wie Schwefelwasserstoff den Bakterien) zur Lieferung von Wasserstoff (als H-Donator), während Sauerstoff bzw. Schwefel nur Abfallprodukte sind.

Fotosynthetischer Apparat

Voraussetzung für Fotosynthese sind lichtabsorbierende und energieübertragende Pigmente (Farbstoffe): in höheren Pflanzen vor allem grünes Chlorophyll (a, b usw.), daneben (in geringerer Menge) Carotinoide, z.B. rotes Carotin und gelbes Xanthophyll.

Chlorophyll (griech. *chloros* gelbgrün, *phyllon* Blatt): Pigment, welches vor allem blauen (um 450 nm) und roten (um 650 nm) Anteil des Sonnenlichts absorbiert, aber grünes Licht durchlässt bzw. reflektiert und daher grün erscheint; etwa 1 % der T.S. des Blattes; in Chloroplasten konzentriert.

Chloroplast: grün gefärbter Zellbestandteil (Plastide); besteht aus farbloser Grundsubstanz (Stroma: Protein mit Enzymen und Mineralstoffen) sowie grünen Partikeln (Grana: Chlorophyll in engem Kontakt mit Protein und Lipoiden) (Fig. 3.3.).

Struktur des Chlorophylls: Grundstruktur aus Porphyringerüst (4 Pyrrolringe), Mg als Zentralatom, aliphatischer Alkohol als Seitenkette (Phytolrest = Phytyl) (Fig. 3.4.).

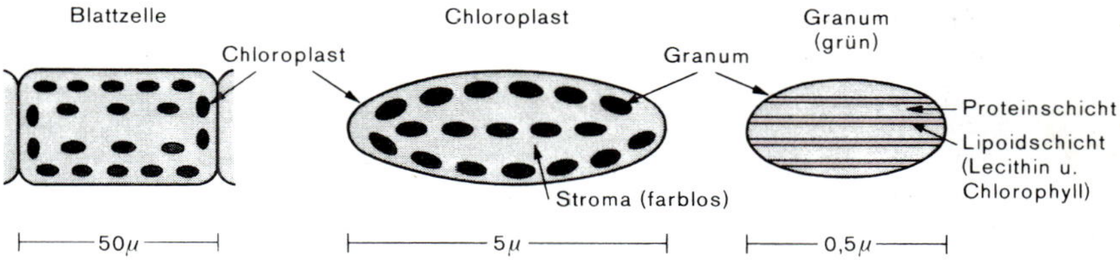

Fig. 3.3. Feinbau eines Chloroplasten.

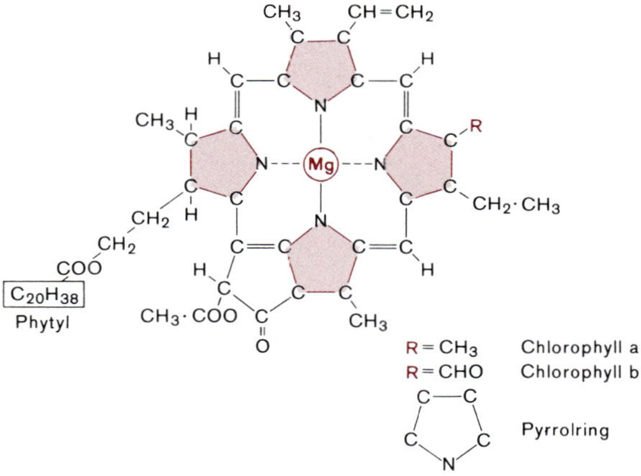

Fig. 3.4. Struktur des Chlorophylls.

Ablauf der Fotosynthese

Lichtreaktion: Überführung der Lichtenergie in chemische Energie. Chlorophyll-Komplex empfängt Lichtenergie, induziert Elektronenfluss, spaltet Wassermolekül in H_2 und O, produziert schließlich die beiden Primärprodukte der Fotosynthese: geladene Energieüberträger (ATP) und beladene H-Überträger (NADP-H); beides Enzyme (Kap. 3.2.4).

Lichtreaktion schematisch:

Licht → { Chlorophyll / Wasser } ↗ Elektronen + ADP + Phosphat → ATP
→ Wasserstoff + NADP → NADP-H
↘ Sauerstoff → als O_2 ausgeschieden (Abfall)

Dunkelreaktionen: zahlreiche Reaktionen, die kein Licht benötigen, bewirken eigentliche CO_2-Assimilation (Einbau des Kohlendioxids). Versuche mit markiertem CO_2 zeigen, dass es nach dem Einbau zuerst in der *Phosphoglycerinsäure* (PGS) erscheint, die dann mit den Primärprodukten der Lichtreaktion zum Phosphoglycerinaldehyd (PGA, Triosephosphat) reduziert wird (nach Entdecker als CALVIN-Zyklus bezeichnet, auch C_3-Zyklus). Kopplung der Zwischenprodukte an Phosphat (*Phosphorylierung*, Kap. 5.1.2) notwendig, um sie reaktionsfähiger zu machen. Zwei Triosen ($C_3H_6O_3$) ergeben schließlich ein Molekül Glucose ($C_6H_{12}O_6$) (Fig. 3.5.). Neben dem *CALVIN-Zyklus* noch wei-

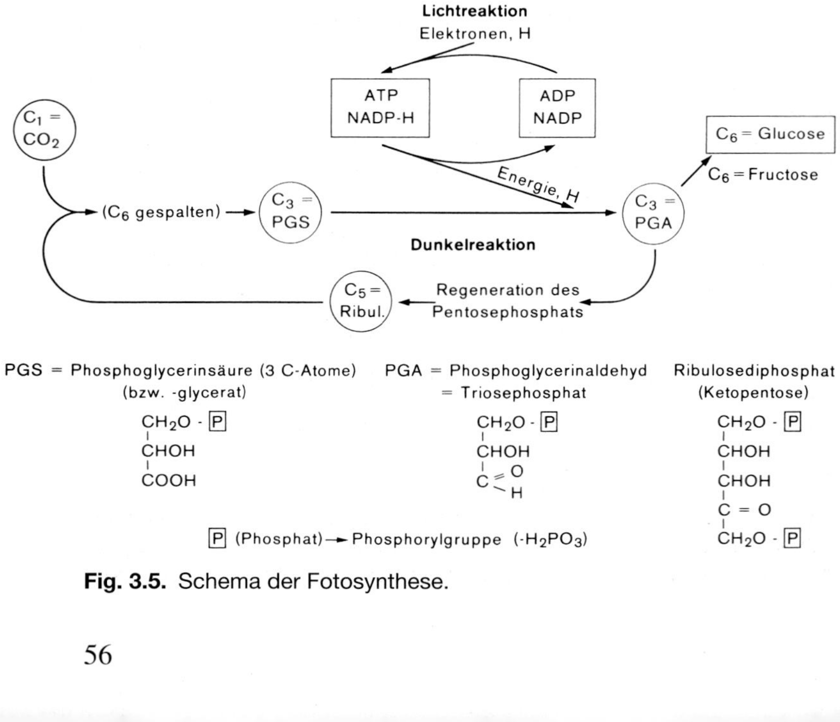

Fig. 3.5. Schema der Fotosynthese.

tere Modifikationen entdeckt, z.B. den C_4-Zyklus wichtiger tropischer Pflanzen (Zuckerrohr, Mais, Hirse).

Da die Anhäufung (erzeugten) Zuckers die weitere Produktion stören würde, vorübergehende Speicherung in unlöslicher Form als Stärke; später via Siebröhren (Phloem) in Reserveorgane verlagert.

Fotosynthetische Leistung (z.B. pro Tag) ist eine Brutto-Produktion; sie wird durch teilweisen Abbau zur Energiegewinnung verringert. Es verbleibt die Netto-Produktion (d.h. der Ertragszuwachs).

3.1.2 Abbau durch Atmung

Pflanzliche Stoffe werden durch Zellatmung (biotische Oxidation) abgebaut; langsame Zerlegung in einer Reaktionskette, bei der Energie stufenweise frei wird. Atmung auch als *Dissimilation* bezeichnet.

Atmung (biotische Oxidation): Energieliefernder Oxidations-Vorgang, bei dem (meist) Kohlenhydrate über Zwischenprodukte stufenweise zu Kohlendioxid und Wasser abgebaut werden. Von einigen Zwischenprodukten startet neuer Aufbau.

Frei werdende Energie dient zur Erhaltung verschiedener Lebensvorgänge der Pflanze, nämlich Nährstoffaufnahme (daher Großteil der Atmung in Wurzeln), Reduktionsprozesse im Stoffwechsel (z.B. Nitratreduktion), mechanische Arbeit beim Wurzelwachstum; Rest als Atmungswärme abgestrahlt.

Zwischenprodukte dienen z.T. als Ausgangssubstanzen für neue Synthesen; z.B. von Aminosäuren (Eiweißstoffen), von Fettsäuren (Fettstoffen).

Summenformel der Atmung (mit Glucose):

$$C_6H_{12}O_6 + O_6 = 6\ CO_2 + 6\ H_2O + 674\ \text{kcal.}$$

Atmungsquotient (CO_2:O_2) bei Kohlenhydraten = 1, bei Fetten ≈ 0,7.

Phasen des Atmungs-Stoffwechsels

Abgesehen von der rel. unbedeutenden direkten Glucose-Oxidation (Umkehrung der Fotosynthese) erfolgt Abbau von Glucose und Spaltprodukten der Fette und Eiweiße über den normalen *Atmungs-Stoff-*

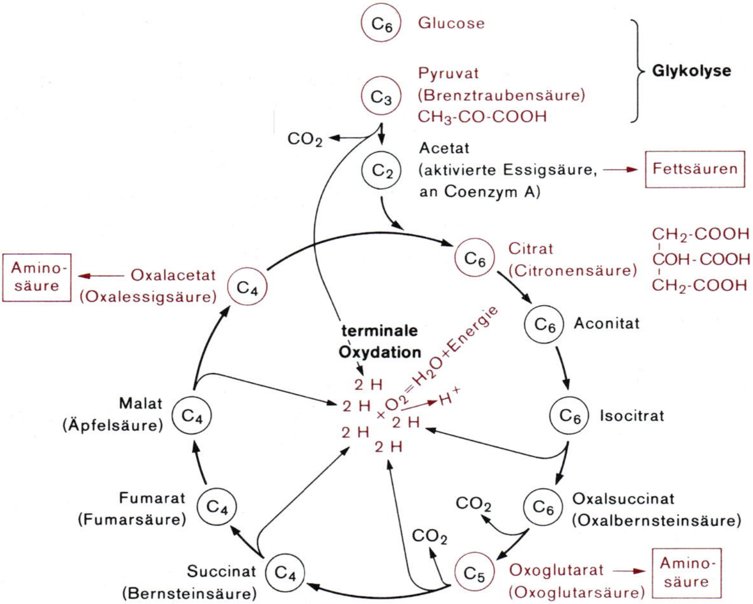

Fig. 3.6. Schema des Atmungs-Stoffwechsels.

wechsel, der aus 3 Phasen besteht: Glykolyse, Citronensäure-Zyklus und terminale Oxidation.

Abbau in kleinen Stufen notwendig, damit freiwerdende Energie gut verwertet werden kann; 1 Molekül Glucose erzeugt etwa 40 Energieträger ATP (Kap. 3.2.4).

Beteiligung vieler Enzyme, vor allem Redox-Enzyme (z.B. Katalase, die das natürliche Oxidans H_2O_2 verarbeitet) und ihrer Aktivatoren (z.B. Schwermetalle).

Für Abbau sind generell Oxidantien erforderlich (z.B. H_2O_2); Oxidation auch reguliert durch Antioxidantien (z.B. Vitamin C, Vit. E, Carotinoide, Polyphenole).

1. Phase. *Glykolyse:* anaerobe Atmung (ohne Sauerstoff): Abbau der Glucose (nach Aktivierung durch Phosphorylierung) bis zur Brenz-

traubensäure wie bei der alkoholischen Gärung; wenig Energiegewinn.

2. Phase. *Citronensäure-Zyklus:* zyklische Kette von Reaktionen mit dem Anfangsglied Citronensäure (daher auch Tricarbonsäure-Zyklus): spaltet in Stufen Kohlendioxid und Wasserstoff ab. CO_2 wird ausgeschieden, H an Überträger gekoppelt (NADP-H, Kap. 3.2.4).

3. Phase. *Terminale Oxidation:* Reaktion von Wasserstoff mit aufgenommenem Atmungs-Sauerstoff (H-Akzeptor) unter Lieferung erheblicher Energiemengen; gespeichert als ATP (Fig. 3.6.).

3.2 Organische Inhaltsstoffe

3.2.1 Kohlenhydrate

Kohlenhydrate sind große Gruppe von kleinen bis riesigen Molekülen. Name gewählt, weil „formal" nur aus Kohlenstoff und Wasser (Hydrat) bestehend.

Chemisch sind es Polyalkohole mit Aldehyd- und Ketongruppen (Aldosen und Ketosen).

Pflanze kann aus einfachen Zuckern durch Kondensation (Kopplung unter Wasserabspaltung) zahlreiche, z.T. hochpolymere Kohlenhydrate aufbauen bzw. durch Hydrolyse (Wasseranlagerung) wieder in Einzelbausteine zerlegen, und zwar mittels zahlreicher Enzyme.

Kohlenhydrate (Saccharide, griech. *sakcharos* Zucker) dienen meist als Energie-Reserve, teilweise als Gerüststoffe.

> *Kohlenhydrate:* Gruppe von zahlreichen einfachen Zuckern (Glucose u.a.), sowie deren Doppelmoleküle (Rohrzucker u.a.) bis zu langen Kopplungsketten (Stärke, Cellulose). Vor allem wichtige Energieträger, auch Baustein.

Eigenschaften: Mono- und Disaccharide wasserlöslich und meist optisch aktiv, d.h. Drehung der Ebene des polarisierten Lichts nach rechts (+) oder links (–); dadurch einfache Gehaltsbestimmung möglich.

Struktur der Einzel-Moleküle ketten- oder ringförmig und leicht aneinander zu koppeln; in Ableitung von bestimmter Grundform mit Zusatz (D, L), z.B. wichtige Grundbausteine:

D-(+)-Glucose:

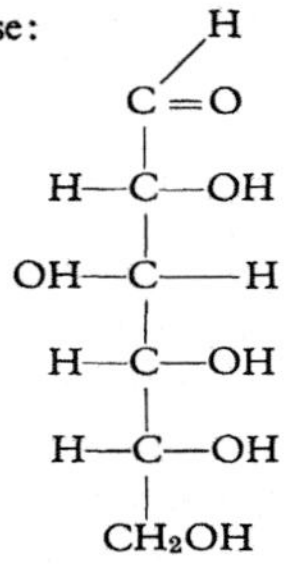

bzw.

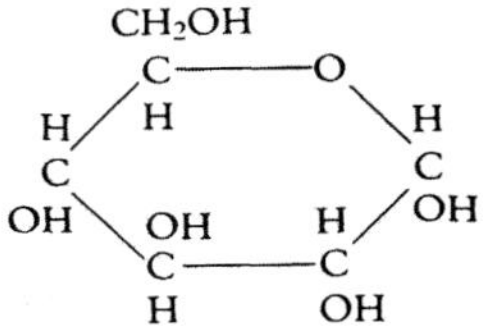

Tab. 3.1. Kohlenhydrat-Gehalte in Pflanzenteilen (%).

Pflanzenteil	Zucker		Stärke	
	in Frisch-substanz	in T. S.	in Frisch-substanz	in T. S.
Zuckerrübe, Rübenkörper	15–18	60–70	–	–
Zuckerrohr, Stengel	10–15	40–60	–	–
Kartoffel, Knolle	2–5	8–20	12–20	50–80
Weizen, Korn	–	–	60–80	70–95

Wichtige Kohlenhydrate der Pflanzen

Monosaccharide	
Hexosen $C_6H_{12}O_6$	Glucose = Traubenzucker: Hauptprodukt der Fotosynthese; (griech. *gleukos* süßer Most); in süßen Früchten; Aldose. Fructose = Fruchtzucker; in süßen Früchten; Ketose.
Pentosen $C_5H_{10}O_5$	Ribose: in Nucleinsäuren vorkommende Aldose. Ribulose: für Fotosynthese wichtige Ketose.
Oligosaccharide	
Disaccharide ($C_{12}H_{22}O_{11}$)	Saccharose = Rohrzucker, Rübenzucker: aus Glucose und Fructose. Maltose = Malzzucker: aus zwei Molekülen Glucose.

Polysaccharide ($C_6H_{10}O_5$)n	Stärke: lange spiralförmige Ketten aus Glucose; 20–30 % Amylose (gerade Ketten); 70–80 % Amylopektin (verzweigte Ketten); wichtiger Reservestoff der meisten Pflanzen; Molekulargewicht ~ 100 000; Bruchstücke ergeben beim Abbau *Dextrine*. Inulin: gerade Ketten aus Fructose; Reservestoff der Compositen (Korbblütler). Fructosane: verzweigte Ketten aus Fructose; Reservestoff des Getreides im Blatt und unreifen Korn. Cellulose: gerade, gebündelte Ketten aus Glucose; Molekulargewicht ~ 500 000; Baumaterial von Zellwänden, Fasern, Holz. Hemicellulosen: Mischung verschiedener Polysaccharide; in Zellwand; im Holz verbunden mit Cellulose und Lignin (Holzstoff).

Abkömmlinge der Kohlenhydrate

Pektinsubstanzen: Ca-, Mg-Salze der Galacturonsäuren; in Zellwand, Wurzeln.

Glycoside: Äther der Aldohexosen: Pigmente, Duftstoffe (Vanillin), ATP, Senföl (Glucosid), Gifte.

Ester der Zucker: Verbindungen über Alkoholgruppen mit Säuren (z.B. Phosphorsäure); wichtig für Auf- und Abbau von Kohlenhydraten.

3.2.2 Fettstoffe

Fettstoffe oder Lipide (griech. *lipos* Fett): a) *echte Fette* oder Neutralfette (Fette und Öle als flüssige Fette); energiereiche Reservestoffe (≈ 9 kcal/g); b) *Lipoide* (fettähnliche Stoffe).

Echte Fette

Aufbau als Ester zahlreicher Fettsäuren (>20) mit dem dreiwertigen Alkohol Glycerin. Fettäuren (höhere Carbonsäuren) synthetisiert aus Essigsäure des Atmungs-Stoffwechsels (Fig. 3.6.).

Fette, Öle: Glycerinester mit Fettsäuren; Gruppe besonders Energie-reicher Verbindungen mit vielen Funktionen.

Eigenschaften: wasserunlöslich, aber löslich in org. Lösungsmitteln (Äther, Benzol); leichter als Wasser; durch Kochen mit Alkalilaugen in Seifen umwandelbar.

Wichtige Fettsäuren

gesättigte	Buttersäure	$C_4H_8O_2$	
	Palmitinsäure	$C_{16}H_{32}O_2$	hoher Anteil in festen Fetten
	Stearinsäure	$C_{18}H_{36}O_2$	
ungesättigte:	Ölsäure	$C_{18}H_{34}O_2$	in nicht trockenden Ölen
	Linolsäure	$C_{18:2}H_{32}O_s$	essenziell für Tier und Mensch
	Linolensäure	$C_{18:3}H_{30}O_2$	
	Arachidonsäure	$C_{20:4}H_{32}O_2$	

Mehrfach ungesättigte Fettsäuren (auch „Omega“-Fettsäuren) durch Anzahl der C-Atome in der Kette und (nach Doppelpunkt) mit Zahl der Doppelbindungen bezeichnet; sie müssen als lebensnotwendig mit der Nahrung aufgenommen werden.

Höhere gesättigte Fettsäuren ergeben *feste Fette*, ungesättigte (mit Doppelbindung C = C) *flüssige Fette (Öle)*; durch Anlagerung von Wasserstoff an Doppelbindung natürliche Härtung (Öle trocknen) oder künstliche Härtung (für Margarine).

Schematischer Aufbau eines Fettes :

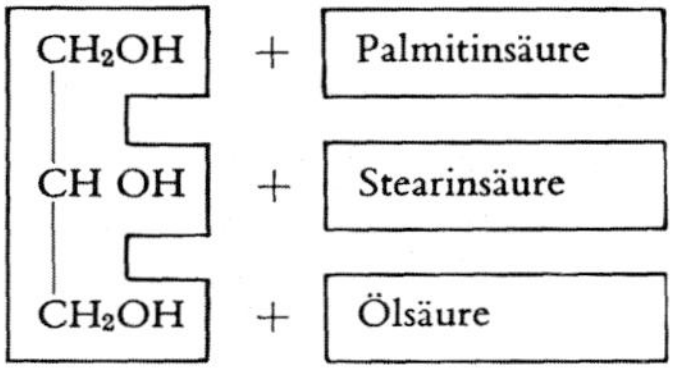

Glycerin

Tab. 3.2. Gehalte an Fetten bzw. Ölen (% der T. S.).

Blätter	1–3	Rapskorn	40–50
Getreidekörner	2–5	Erdnuss, Olive	40–60
Sojabohne	~20	Ölpalme (Fruchtfleisch)	~80

Pflanzliche Fettstoffe

Fette: Palmkernfett, Kokosfett, Kakaobutter

Öle: } trocknend: Sojaöl, Leinöl, Sonnenblumenöl
nicht-trocknend: Olivenöl, Rapsöl, Erdnussöl.

(Ätherische Öle gehören nicht zu den Fetten; sind vielmehr Abkömmlinge von Terpenen und Campfer (Rosenöl, Citronenöl).

Lipoide

Fettähnliche Stoffe (z.B. ebenfalls in org. Lösungsmitteln löslich) mit wichtigen Funktionen im Stoffwechsel. Bezeichnung „Lipoid" in Literatur uneinheitlich benutzt, z.T. auch zu Lipiden, z.T. auf Phosphatide beschränkt.

Phospholipoide (*Phosphatide*): wichtige Bausteine von Membranen (Plasmalemma); Einfluss auf Enzyme; Verbindung mit Eiweiß (Lipoproteide); im Stoffwechsel vielseitig aktiv, da sowohl hydrophile (Affinität zu Wasser) als auch lipophile (Affinität zu Fett) Gruppen im Molekül; bekanntes Phosphatid ist Lecithin:

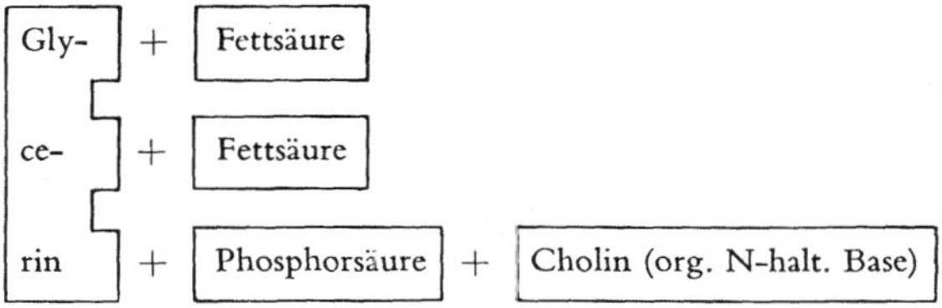

Glykolipide: Glycerin verestert mit Fettsäuren und Zuckern.

Wachse: aus Fettsäuren und einwertigen höheren Alkoholen; auf Blättern als äußerste Schicht zum Schutz vor Austrocknung; bilden zusammen mit dem chemisch ähnlichen *Cutin* z.B. die *Cuticula* als äußerste Schutzschicht der Blätter.

Sterine: Verbindungen mit komplizierter Ringstruktur, z.B. in Pflanzen. *Ergosterin* als Vorstufe des Vit. D; in Tieren Cholesterine.

Carotinoide: Abkömmlinge der Terpene, z.B. Carotin als Vorstufe des Vit. A; sonstige Blattfarbstoffe z.B. Xanthophyll.

3.2.3 Eiweißstoffe (Proteine)

Proteine sind wichtigste Grundsubstanz (griech. *protos* erster) der Zellen; Plasma- oder Enzym-Protein), ferner Reservestoff. Bausteine sind Aminosäure-Moleküle; bestehend aus Elementen C, O, H, N, S.

Roheiweiß enthält etwa 16 % N, daher einfache Bestimmung der Gehalte möglich:

N-Gehalt · 6,25 ≈ Roheiweißgehalt (für Brotweizen Faktor 5,7)

> *Eiweißstoffe (Proteine):* Grundsubstanz der lebenden Zellen, komplex aufgebaut aus Aminosäuren; bewirken viele biochemische Umsetzungen.

Einteilung (entspricht auch Schema für analytische Trennung)

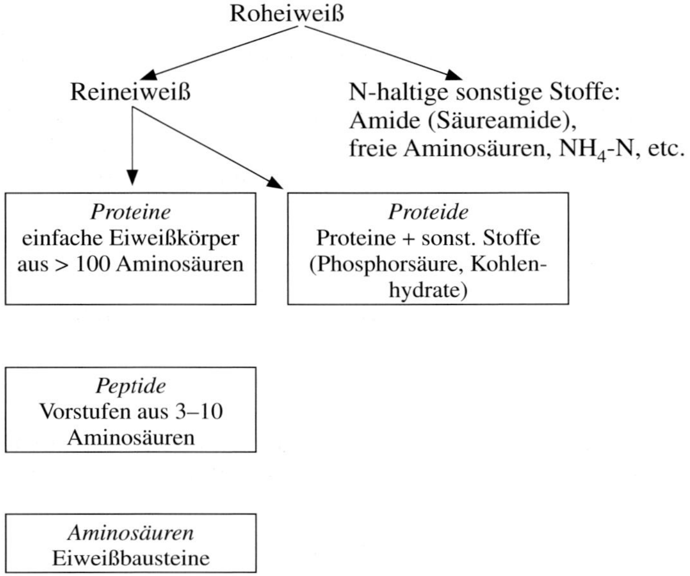

Tab. 3.3. Roheiweiß- und Stickstoff-Gehalte in Pflanzenteilen (% der T. S.).

	Roheiweiß	N
Blätter vieler Pflanzen	10–20	1,6–3,2
Leguminosen, Blätter	20–30	3,2–4,8
Leguminosen, Körner	20–30	3,2–4,8
Getreide, Körner	10–15	1,6–2,4
Getreide, Stroh	2– 4	0,3–0,6
Kartoffel, Knolle	8–10	1,2–1,6

Aminosäuren

Org. Säuren (Carbonsäuren) mit Amino-Gruppen („Amin" abgeleitet von Ammonium); in Natur über 100 Aminosäuren, aber nur 20 hauptsächlich am Eiweißaufbau beteiligt. Pflanze kann alle Aminosäuren selbst produzieren. Tier und Mensch müssen die etwa 8–9 *essentiellen Aminosäuren* (EAS) mit der Nahrung aufnehmen.

Eigenschaften: meist wasserlöslich und optisch aktiv; da amphoter, Verbindungen möglich mit Säuren über basische Aminogruppe (NH_2-) und mit Alkalien über saure Carboxylgruppe (— COOH); in Aminosäuren beide Gruppen benachbart, daher α-Aminosäuren; leichte Kopplung zu Ketten.

Entstehung durch reduktive Aminierung von Oxosäuren: R bedeutet org. Radikal, *Alkyl*, z.B. Methyl- (CH_3-), Äthyl- (C_2H_5-): (in Formel vereinfacht NH_3 statt NH_4):

$$R-\underset{\underset{O}{\|}}{C}-COOH \xrightarrow[-H_2O]{+NH_3} R-\underset{\underset{NH}{\|}}{C}-COOH \xrightarrow{+H_2} R-\underset{\underset{NH_2}{|}}{CH}-COOH$$

α-Oxosäure (Ketosäure) | Iminosäure | α-Aminosäure

Aus Zwischenprodukten des Citronensäure-Zyklus (Fig. 3.6.) entstehen zunächst 2 *primäre Aminosäuren* als Ausgangsbasis für zwei Aminosäure-Familien.

Oxalessigsäure (C_4) → Asparaginsäure

$$HOOC\text{-}CH_2-\underset{\underset{O}{\|}}{C}-COOH \rightarrow HOOC-CH_2\underset{\underset{NH_2}{|}}{CH}-COOH$$

Oxoglutarsäure (C_5) → Glutaminsäure

$$HOOC-CH_2-CH_2-\underset{\underset{O}{\|}}{C}-COOH \rightarrow HOOC-CH_2-CH_2-\underset{\underset{NH_2}{|}}{CH}-COOH$$

Tab. 3.4. Wichtige Aminosäuren.
(rot = essentiell für höhere Tiere und Menschen)

Typ	Name	C-Atome	Bemerkung	% des Eiweißes*) Gliadin (Weizen)	% des Eiweißes*) Leukosin (Weizen)
Monoaminomonocarbonsäuren (neutral)	Glykokoll(Glycin)	C_2		.	1
	Alanin	C_3		2	4,5
	Serin	C_3		5	.
	Cystein	C_3	S-haltig	} 2,5	1,5
	Cystin	C_6	S-haltig		
	Tyrosin	C_9		3	3,5
	Phenylalanin	C_9		6	4
	Threonin	C_4		2	.
	Methionin	C_5	S-haltig	1,5	.
	Valin	C_5		2,5	<0,5
	Leucin	C_6		} 12	} 11
	Isoleucin	C_6			
Diaminomonocarbonsäuren (basisch)	Arginin	C_5		2,5	6
	Lysin	C_6		0,5	3
Monoaminodicarbonsäuren (sauer)	Asparaginsäure	C_4		1,5	3,5
	(Asparagin)	C_4	Säureamid	.	.
	Glutaminsäure	C_5		45	7
	(Glutamin)	C_5	Säureamid	.	.
	Hydroxyglutaminsäure	C_5		.	.
Heterocyclische Aminosäuren	Prolin	C_5	neutral	13	3
	Hydroxyprolin	C_5	neutral	.	.
	Tryptophan	C_{11}	neutral	0,5	1
	Histidin	C_6	basisch	2	3

*) nach Rauen: Biochem. Taschenbuch, 1964.

Transaminierung: Übertragung von Aminogruppen der primären Aminosäuren auf andere Oxosäuren, dadurch Synthese aller Aminosäuren.

Transport: Aminosäuren in Pflanzen zwar gut beweglich, aber günstige Transportform sind Säureamide, da zwei NH_2-Gruppen pro Molekül, z.B. *Asparagin* und *Glutamin*.

$$\underset{\text{Glutaminsäure}}{HOOC-CH_2-CH_2-\underset{\displaystyle NH_2}{\underset{|}{CH}}-COOH} \xrightarrow[-H_2O]{+NH_3} \underset{\text{Glutamin}}{H_2NOC-CH_2-CH_2-\underset{\displaystyle NH_2}{\underset{|}{CH}}-COOH}$$

Amide haben ferner wichtige Speicherfunktion für überschüssiges Ammonium, weil Ammoniak in freier Form leicht toxisch.

Desaminierung (Des-aminierung): Abspaltung der Aminogruppe beim Abbau.

Aufbau der Proteine

Aminosäuren verbunden zu Peptiden durch Peptidbindung, wobei Carboxyl und Aminogruppe der Aminosäuren miteinander reagieren; dadurch entstehen spiralförmige Polypeptide, die dann Proteine bilden. Molekulargewicht 10.000 – > 100.000; Synthese bevorzugt in jungen Blättern.

Tab. 3.5. Elementar-Zusammensetzung der Proteine (% der T. S.).

C	50–52	N	~16
O	20–25	S	0,5–2
H	~7		

Struktur:

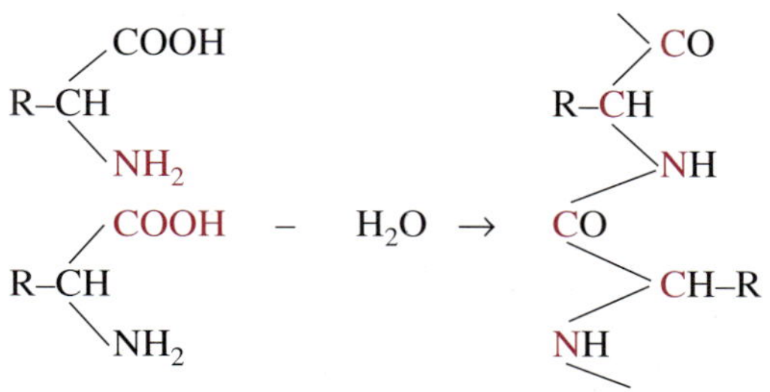

aus Aminosäuren → Polypeptidkette

Biotische (Biologische) Wertigkeit: Prozentwert für Verwertbarkeit des Eiweißes durch höhere Tiere (EAS-Index): gibt an, wieviel g Körpereiweiß durch 100 g Nahrungseiweiß gebildet werden z.B.

hochwertige Eiweiße: Ei, Milch,
mittelwertige Eiweiße: Weizenkleie, Kartoffel, Reis, Erdnuss,
geringwertige Eiweiße: Erbse, Bohne, Weizenkleber.

Wichtige pflanzliche Proteine (Reserveeiweiß in Speicherorganen):

Prolamine (Gliadine): löslich in 70%igem Alkohol; geringwertig; reich an Glutaminsäure und Prolin; z.B. Gliadin (Weizen), Hordein (Gerste), Zein (Mais).

Gluteline: alkalilöslich; den Gliadinen ähnlich; z.B. Glutenin (Weizen).

Albumine: leicht in Wasser löslich; hochwertig; z.B. Leukosin (Weizen).

Globuline: löslich in verdünnten Salzlösungen; hochwertig; in Leguminosensamen häufig, aber nicht reichlich.

Beispiel: Proteine des Weizenkorns

Reserveeiweiß zu 90% Prolamine und Gluteline; als Kleber entscheidend für Backqualität des Brotes. Der ohnehin geringe Anteil (10%) hochwertiger Albumine und Globuline aus Aleuronschicht und Keimling wird bei Feinvermahlung weitgehend abgetrennt: ergibt Kleie als Futter für Tiere (Fig. 3.7.).

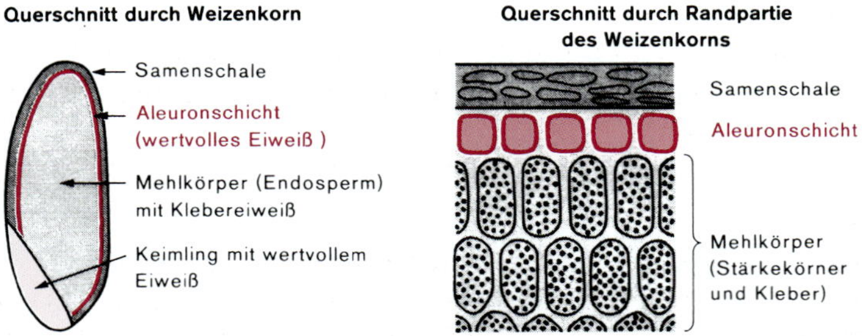

Fig. 3.7. Eiweiß im Getreidekorn.

Proteide

Zusammengesetzte Eiweißkörper aus Protein und anderen Substanzen mit wesentlichen Aufgaben im Stoffwechsel; Gehalte erheblich niedriger als bei Proteinen.

Phosphoproteid	= Protein +	Phosphorsäure,
Glykoproteid	= Protein +	Kohlenhydrat,
Lipoproteid	= Protein +	Phosphatid, z.B. Lecithin,
Chromoproteid	= Protein +	Farbstoff, z. B. Chlorophyll, Hämin im Blut
Nucleoproteid	= Protein +	Nucleinsäure (bestehend aus Nucleotiden: Phosphat, Pentose, org. Base), z.B. Coenzym ATP, NADP.

Beispiel für Nucleoproteid: DNA (engl. *Desoxyribo-Nucleic Acid*); ein Makromolekül als Träger der Erbsubstanz).

3.2.4 Enzyme

In **Zellen** der Pflanzen laufen über tausend verschiedene Reaktionen ab, die von spezifischen Enzymen (Fermenten) gesteuert werden (griech. *zyme*, lat. *fermentum* Sauerteig). Aktive Zellen enthalten daher erheblichen Anteil an Enzymeiweiß.

Enzyme beschleunigen durch katalytische Aktivierung des Substrats den sonst unter Normalbedingungen (Temperatur, Druck) langsamen Reaktionsablauf erheblich. Vitamine vielfach Bestandteile von Enzymen.

> *Enzyme:* hochspezifische Biokatalysatoren von Protein-Struktur. Sie ermöglichen biochemische Umsetzungen und beschleunigen sie erheblich.

Aufbau

Apoenzym: substratspezifische Proteinsubstanz als Hauptanteil.

Coenzym, auch *Prosthetische Gruppe:* kleineres, nicht eiweißartiges Molekül; wesentlich für die Wirksamkeit; Anzahl geringer, weil Verbindungen mit unterschiedlichen Apoenzymen möglich.

Enzyme für Aufbau bzw. Abbau optimal wirksam in unterschiedlichen pH-Bereichen, ferner bei Anwesenheit von bestimmten anorganischen Ionen als Aktivatoren sowie bei Abwesenheit von Hemmstoffen (Inhibitoren), z.B. Blausäure, bestimmte Schwermetalle wie Blei etc.).

Einteilung wichtiger Enzyme
(vereinfacht nach Lexikon der Biochemie u.a.)

1. *Oxidoreduktasen:* Katalyse von Redoxprozessen (Abgabe und Aufnahme von Wasserstoff bzw. Sauerstoff und Elektronen)
   Dehydrogenasen (Dehydrasen), aerob: $H_2 + O_2 \rightarrow H_2O_2$
   Oxidasen: $H_2 + 1/2\ O_2 \rightarrow H_2O$
   Peroxidasen: $H_2 + H_2O_2 \rightarrow 2\ H_2O$
   Katalasen: $H_2O_2 + H_2O_2$ -> $2\ H_2O + O_2$
2. *Transferasen:* Übertragung von Atomgruppen → Amino-, Carboxyl- (CO_2-Transfer), Phosphorylgruppen etc., z.B. ADP + Phosphorylgruppe → ATP
3. *Hydrolasen:* hydrolytische Spaltung von Ester-, Glykosid-, Peptidbindungen etc., z.B. Spaltung von C–C-, C–O-, C–N-Bindungen unter Anlagerung von Ionen des Wassers (H und OH)
4. *Lyasen:* nichthydrolytische Spaltung von C–C-, C–O-, C–N-Bindungen, z.B. Abspaltung von CO_2, H_2O
5. *Isomerasen:* Änderung des Molekülaufbaus, z.B. Umformung isomerer Verbindungen
6. *Ligasen (Synthetasen):* Kopplung von Molekülen unter Energieverbrauch, d. h. Verwendung von ATP, z. B. Aufbau organischer Verbindungen (Verknüpfung von C–C, C–O, C–N)

Wichtige Coenzyme

Bezeichnung	Funktion
NADP = Nicotinamid-adenin-dinucleotidphosphat (früher auch „TPN“)	universeller H-Überträger (NADP-H)
Flavinnucleotide (FMN, FAD)	spezielle H-Überträger
Hämin (Fe-haltig)	Übertragung von Elektronen durch Wertigkeitswechsel $Fe^{2+} \rightleftarrows Fe^{3+}$ + Elektron
ATP = Adenosintriphosphat	universeller Energie-Überträger: energiereiche Bindung durch Kopplung mit Phosphat (Phosphorylierung): ADP (Diphosphat) + Phosphat + 7 kcal = ATP
Coenzym A	aktiviert org. Moleküle durch Kopplung
wasserlösliche Vitamine	(s. Übersicht Vitamine, Kap. 3.2.5)

Mineralstoffe und Enzymtätigkeit:

1. Bausteine von Enzymen: N, P, S etc.
2. Aktivierung von Enzymen durch Schaffen optimalen Quellungszustandes (Kap. 5.4.1): K, Ca, Mg, Cl, NO_3, SO_4 etc.
3. Kopplung von Enzym an Substrat durch Ionen mit zusätzlichen „Nebenvalenzen“ (Mg, Mn, Zn).
4. Wirkungsbestandteil: für viele Redoxprozesse sind Metalle mit Wertigkeitswechsel besonders wirksam (Fe, Mn, Cu, Mo, Co) (Kap. 5.4.1).

3.2.5 Vitamine

Wichtige Gruppe von Wirkstoffen der Pflanze sind *Vitamine* (lat. *vita* Leben; *Amin* von Aminogruppe, weil Name ursprünglich nur für Aminhaltige Vitamine gebraucht). Pflanzen synthetisieren Vitamine selbst, aber Tier und Mensch müssen sie (oder Vorstufen) mit der Nahrung aufnehmen, allerdings in sehr unterschiedlichen (täglichen) Mengen.

Vitamine: wichtige organische Wirkstoffe meist komplexer Struktur mit zahlreichen Funktionen als Coenzym, Antioxidans usw. Pflanzen sind autark, aber Tier und Mensch müssen Vitamine mit der Nahrung aufnehmen.

Unterteilung in wasserlösliche Vitamine (viele davon sind Bestandteile von Enzymen) und fettlösliche (spezifische andere Funktion). Vitamin C ist eigentlich ein essentielles Kohlenhydrat; Gehalt in Blättern meist 1–100 ppm.

Wichtige Vitamine der Pflanzen

(rot — fettlöslich, schwarz = wasserlöslich)

allg. Name	chemische Bezeichnung	Aufbau, Bedeutung	Mangelkrankheit bei Mensch bzw. Tier	häufiges Vorkommen, Gehalt der T. S.
Vit. A	Axerophthol (Carotinoide)	Gruppe von Abkömmlingen des Provitamins β-Carotin	Wachstumsstörungen, Hauterkrankungen	Blatt (200 ppm), Möhren, Petersilie
Vit. D	Steroide (D_2 = Ergocalciferol; ferner D_3)	Gruppe mit Steroid-Struktur (Ergosterin Vorstufe des Vit. D_2)	Rachitis	Blatt, Hefe; sehr geringe Gehalte
Vit. E	Tocopherole	Gruppe von Carotin-Abkömmlingen; Schutz ungesättigter Fettsäuren vor Oxidation (Antioxidans)	Fruchtbarkeitsstörungen, Gewebeschäden	Getreidekörner, Blatt (100 ppm), Öle (Weizenkeimöl)
Vit. K	Phyllochinone	Gruppe von Carotin-Abkömmlingen	Blutungen	Blatt (1–10 ppm)

allg. Name	chemische Bezeichnung	Aufbau, Bedeutung	Mangelkrankheit bei Mensch bzw. Tier	häufiges Vorkommen, Gehalt der T. S.
Vit. B_1	Thiamin (= Aneurin)	Coenzym von Carboxylasen, hitzeempfindlich	nervöse Störungen, etc.	Getreide- und Leguminosenkörner (1–5 ppm), Keimling, Reisschale, Blatt, Hefe
Vit. B_2	Riboflavin (Lactoflavin)	Teil von Coenzymen (Flavinnucleotide)	Wachstumsstörungen	Getreidekörner (1–2 ppm), Keimling, Reisschale, Kohl, Champignon, Hefe
Vit. B_6	Pyridoxin, etc.	Coenzym Pyridoxalphosphat (Proteasen)	Hauterkrankungen, etc.	Getreidekörner (1–5 ppm), Keimling, Reisschale, Blatt, Hefe
Vit. B_{12}	Cobalamine	Coenzym von Carboxylasen, Kobalthaltig	Anämie	Knöllchen der Leguminosen (Milch)
(zu B)	Niacin (Nicotinsäure)	Teil von Coenzymen (NAD + NADP	Pellagra (Hauterkrankungen, etc.)	Getreidekörner (10–100 ppm), Keimling, Blatt, Erbsen, Möhren, Erdnuß, Hefe
(zu B)	Pantothensäure	Teil des Coenzyms A	Hauterkrankungen, etc.	Blatt u. Körner (10–20 ppm), Melasse, Hefe
(zu B)	Folsäure	Pteroinsäure + Glutaminsäure	Anämie, etc.	Blatt (1–5 ppm), z.B. Spinat
(Vit. H)	Biotin	Coenzym von Carboxylasen	Hauterkrankungen, etc.	Blatt u. Körner (0,1 ppm), Soja, Hefe
Vit. C	Ascorbinsäure	aus Hexosen, Antioxidans; von Haustieren z.T. selbst produziert	Skorbut	frisches Obst (Citrus), Blatt, Kohl, Kartoffel, Petersilie; Gehalte 50–100 ppm

4 Klimafaktoren und Wasser

4.1 Klimafaktoren

Energetische Faktoren: Licht, Temperatur, sonstige nützliche oder schädliche Energie (Strahlung; kinetische Energie z.B. durch Wind, Regen, Hagel).

Stoffliche Faktoren: CO_2, O_2, toxische Stoffe der Luft.

4.1.1 Licht

Für Fotosynthese ist Licht der Wellenlängen um 450 nm (blau) und um 650 nm (rot) erforderlich; entweder von der Sonne oder aus künstlichen Lichtquellen. Sonnenlicht trifft Pflanze entweder direkt (75 % bei wolkenlosem Himmel) oder als diffuse Strahlung (100 % bei Bewölkung).

> *Licht (blau und rot)* liefert den Pflanzen die notwendige Energie für den fotosynthetischen Aufbau; zunächst von Zucker als Primärsubstanz.

Ausnutzung der Lichtenergie bei Algenkulturen maximal 25 %, bei höheren Pflanzen am Standort bis 12 % und im Durchschnitt nur 1–2 %.

Für Aufbauleistung sind *Beleuchtungsstärke* (Lichtintensität) und eingestrahlte *Lichtmenge* entscheidend. Lichtverhältnisse des Standorts abhängig von geographischer Breite (in Tropen hohe Lichtintensität, aber bei Kurztagsbedingungen begrenzte Menge; in gemäßigten Breiten meist niedere Intensität, aber im Sommer „Langtag"). Viele Einflussgrößen: Jahreszeit, Tageszeit, Bewölkung, Dunstbildung, Höhenlage und Reflektion (zusätzliche Belichtung z.B. von herannahenden Wolken).

Beleuchtungsstärke im Bestand verringert, daher im Wald starke Abnahme am Boden bis auf 5 % der äußeren Helligkeit (Schattenpflanzen an Dämmerlicht angepasst); in Getreidebeständen Abnahme bis auf 10–20 % ; in dichten Beständen von Leguminosen, Raps, Zuckerrohr in Bodennähe bis auf 5 %.

Beleuchtungsstärke und Fotosynthese

Fotosynthese steigt mit Beleuchtung in Form einer gekrümmten Kurve *(Lichtkurve),* die je nach Faktorenkombination unterschiedlich verläuft. (*Lux:* Beleuchtungsstärke auf einer gewölbten Fläche in 1 m Entfernung von einer Hefnerkerze, d.h. Normalkerze) (Fig. 4.1.).

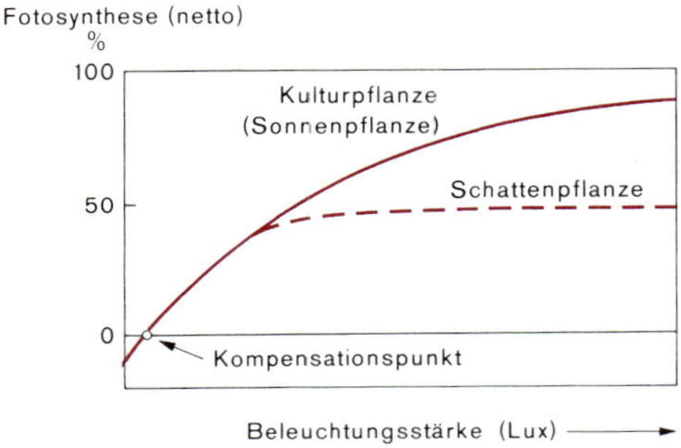

Fig. 4.1. Einfluss der Beleuchtungsstärke auf die Fotosynthese.

Auswirkungen optimaler Beleuchtungsstärke während Vegetationszeit: hohe Zucker- und Stärkegehalte (Rüben, Zuckerrohr, Wein, Getreide, Kartoffeln), höheres Korn/Stroh-Verhältnis und bessere Standfestigkeit bei Getreide, bessere Farbausbildung bei Obst.

Tab. 4.1. Kennwerte der Beleuchtungsstärke.

Helligkeitsgrad	Lux
untere Grenze der Fotosynthese (Mondschein)	20
Kompensationspunkt (Produktion ~ Atmungsverlust)	200–1 000
trübes Licht unter dichten Regenwolken	1 000
normale Tageshelligkeit = volle fotosynth. Leistung	10 000
sommerliche Mittagshelligkeit	50 000
Störung der Fotosynthese durch Lichtüberschuss	200 000

Lichtversorgung der Pflanzen

Licht ist im Freiland meist kein Minimumfaktor, wenn pflanzenbauliche Maßnahmen entsprechend sind (Abstände der Pflanzen, etc.). Daher keine zusätzliche Beleuchtung *(„Lichtdüngung“)* im Feld notwendig.

Bei Produktion im Gewächshaus sind dagegen durch zusätzliche Beleuchtung in lichtarmer Zeit erhebliche Ertragssteigerungen möglich, wenn andere Faktoren optimal (Kap. 4.1.5). Problem: Lichterzeugung ohne teure Wärme, z.B. durch Leuchtstoffröhren, Tageslichtlampen.

Licht ferner bedeutsam für *Fotoperiodismus:* Langtagspflanzen (Weizen, Roggen, Erbse etc.) wechseln nur bei einer Mindestdauer täglicher Beleuchtung zur generativen Phase (Fruchtbildung); z.B. Sommerweizen schoßt nicht unter Kurztagsbedingungen in Tropen, kann aber durch schwache Zusatzbeleuchtung mit Lampen umgestimmt werden; bei Zierpflanzen Regelung des Blütenaustriebs durch Veränderung der Tageslänge.

4.1.2 Temperatur

Temperatur kennzeichnet den durch kinetische Energie der Moleküle bedingten Wärmezustand der Materie. Entstehung und Stabilität der Makromoleküle (und damit das „Leben") ist an Temperaturbereich von 0–60 ° C (270–330 ° Kelvin) gebunden. *Ausreichende Temperatur* (Intensitätsfaktor) für Pflanzen von etwa 15–30 °C muss durch eingestrahlte *Wärmemenge* (Quantitätsfaktor) gewährleistet werden, da nur geringe Eigenwärme produziert wird. Wärmestrahlung der Sonne mit Wellenlängen 800–6000 nm liefert somit im Gegensatz zum Licht keine direkt verwertete Energie, sondern reguliert über Temperatur die Geschwindigkeit chemischer Abläufe (Verdopplung der chemischen Umsätze bei Temperaturanstieg um 10 °C; Regel nach van't Hoff).

> *Optimale Temperatur* ist Voraussetzung für aktiven Stoffwechsel und wird überwiegend durch Wärmeeinstrahlung gewährleistet.

Verteilung der gesamten Strahlungsenergie auf ein Blatt: 40 % für Verdunstung, 30 % als Wärme absorbiert, 10 % für Fotosynthese (Lichtanteil), Rest reflektiert oder durchgelassen.

Standorts- und damit *Pflanzentemperatur* außer von geringer Wärmeproduktion in Pflanze und Boden vor allem abhängig vom *Klima:*

- *Großklima* bestimmt durch geographische Breite (warm, gemäßigt, kalt).
- *Kleinklima* abhängig von Inklination (Hanglage), Exposition (Lage zur Himmels- und Windrichtung, z.B. Südhänge, Kaltluftflüsse, Frostlöcher).
- *Mikroklima:* Klima der bodennahen Luftschicht in Umgebung der Pflanze.

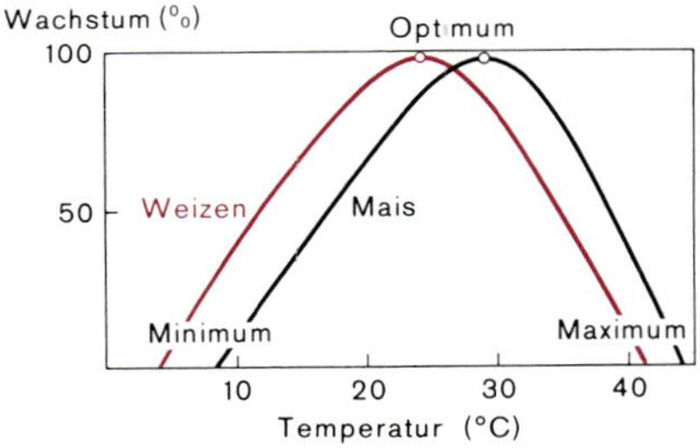

Fig. 4.2. Einfluss der Temperatur auf das Wachstum.

Temperatur und Wachstum

Temperatur beeinflusst Wachstum in Form einer Optimumkurve mit drei Kardinalpunkten:

- *Minimum* (untere Grenze der Lebensvorgänge),
- *Optimum* (höchste Wachstumsintensität),
- *Maximum* (obere Grenze vor Stillstand des Wachstums).

Temperatur dieser Punkte variiert nach Pflanzenart (Tropenpflanzen oder Tundrapflanzen) und im Laufe der Vegetationszeit (niedrigeres Minimum für Keimstadium), ferner abhängig von übrigen Klimafaktoren (Kap. 4.1.5) (Fig. 4.2.).

Temperatur beeinflusst Aufbau und Abbau nicht in gleicher Weise: dies ist Voraussetzung für *Netto-Produktion (Ertrag),* die aus Bruttoproduktion minus Atmungsverlust resultiert. Selbst bei mäßiger Temperatur wird ein erheblicher Anteil des Bruttogewinns durch Atmung wieder abgebaut (Fig. 4.3.).

Optimaler Temperaturverlauf: tagsüber rel. warm, d.h. günstige Temperatur für Netto-Produktion, und nachts rel. kühl, damit Atmungsverluste gering bleiben. Einfluss der Temperatur auf Substanzproduktion annähernd durch *Wärmesumme* erfassbar als Produkt aus Mittelwert der Temperatur und Wachstumstagen am Standort. In den Tropen hohe Wärmesumme, daher ganzjährig hohe Pflanzenproduktion möglich (mit Ausnahme extrem heißer Perioden); in gemäßigten Breiten geringe Wärmesumme; Pflanzenproduktion daher nur in warmer Jahreszeit möglich.

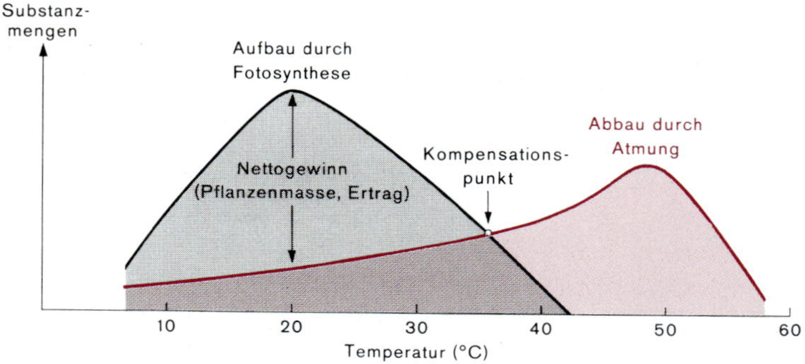

Fig. 4.3. Einfluss der Temperatur auf Fotosynthese und Atmung.

Einfluss optimaler Temperatur (meist mit Licht kombiniert) auf die Qualität: bessere Backfähigkeit des Weizens und Brauqualität der Gerste; bei Obst stärkere Farbbildung, aber weniger Aromastoffe.

Einfluss extremer Temperaturen:

Hitzeschäden: starke Atmungsverluste, z.B. vorübergehender Wachstumsstillstand, Welkeerscheinungen infolge Wassermangel: schließlich Zerreißungen im Proteingerüst, Plasmakoagulation und Absterben.

Kälteschäden: Kälte als solche wird rel. gut ertragen, z.B. Roggenpflanzen bis -25 °C, aber Wassermangel bei gefrorenem Boden bewirkt Wasserentzug aus dem Plasma durch Bildung von Eiskristallen in Interzellularen; Folge: Plasmazerreißungen durch immer neue Eisbildung bei ständigem Wechsel von Auftauen und Frost (wird vermieden bei moderner Gefriertechnik; Kap. 4.2).

Kühleschäden (bei 0–10 °C) können für Tropenpflanzen bedeutsam sein (Kap. 8.3.1).

Wärmeversorgung der Pflanzen

Temperatur für optimale Leistung in Tropen zwar gelegentlich sogar zu hoch, in mittleren und nördlichen Breiten dagegen während kalter Jahreszeiten zu niedrig; daher kann Temperatur häufig *wichtiger Minimumfaktor der Produktion sein.* „Wärmedüngung“ durch Beheizung könnte im Freiland Vegetationszeit verlängern, aber meist zu teuer.

Gewisse Möglichkeit der Temperatursteigerung durch Verbesserung der Absorption von Wärmestrahlen vor allem im Frühjahr (Bedecken des Bodens mit schwarzen Stoffen), ferner Maßnahmen gegen Frost, z.B. Rauch-Entwicklung, Beregnung.

In Gewächshäusern wird Heizung in großem Maße angewendet (im Sommer dagegen Kühlung durch Lüften und Schattieren).

4.1.3 Kohlendioxid (CO_2)

Kohlendioxid ist gasförmiger Nährstoff: beide Bestandteile des CO_2 sind wichtige Bausteine der Pflanze. CO_2 in Atmosphäre mit 0,03 Vol.-% bzw. 0,05 Gew.-% enthalten (0,6 mg CO_2/Liter Luft, insgesamt etwa 10^{12} t). Herkunft aus Bodenatmung, Verbrennung von Kohle und Öl, Vulkanausbrüchen, Atmung höherer Lebewesen (Dichte der Luft 1,3 g/l). CO_2 der Luft stieg in 50 J. deutlich an: 300 auf 360 (Vol.) ppm.

> Kohlendioxid ist der mengenmäßig bedeutsamste Nährstoff der Pflanzen. CO_2 liefert als Baustein etwa 80 % der T.S.

Eigenschaften: farbloses Gas aus Isotopen ^{12}C und ^{16}O; Struktur O=C=O; 1,5mal so schwer wie Luft; reaktionsträge und nicht brennbar; in 1Liter Wasser etwa 1 Liter CO_2 gelöst. CO_2 ist Anhydrid der Kohlensäure H_2CO_3, die zu H^+ und HCO_3^- dissoziiert. CO_2-Aufnahme gasförmig durch Spaltöffnungen der Blätter, dann in oberflächlichem Wasserfilm gelöst.

CO_2-Bedarf der Pflanzen

Erdvegetation verbraucht pro Jahr 5–10 % des atmosphärischen CO_2.

Bedarf für eine Ernte: Zuckerrüben-Ernte von 500 dt/ha (Rüben + Blatt) hat 100 dt T. S. oder 47 dt C ~ 170 dt CO_2. Diese Menge entspricht 9000 m^3 CO_2 oder 25 Mill. m^3 Luft. Für Bruttoproduktion noch wesentlich mehr erforderlich.

Für CO_2-Versorgung nicht Gesamtbilanz pro Feld, sondern CO_2-Konzentration in naher Umgebung der Blätter entscheidend, weil dort leicht Defizit entsteht: Kennzeichnung durch *CO_2-Faktor* (Konzentrationsverhältnis von CO_2 im Pflanzenbestand zu freier Atmosphäre). Defizit in Zeiten starker Fotosynthese bis zu 30 % möglich (in hohen Beständen).

Versorgung ist somit entscheidend vom Austausch mit freier Atmosphäre abhängig, da Nachlieferung durch Diffusion nicht ausreichend. Daher ständige Luftströmung (leichter Wind) notwendig, besonders für hohe Pflanzen.

Tab. 4.2. CO_2-Tagesbilanz für Kulturpflanzen.

Bedarf	Angebot
120–200 kg/ha (für 8 Std. Fotosynthese)	a. aus 1 m Luftschicht = 5 kg/ha (reicht für 15 Minuten) b. direkt aus Bodenatmung = 30 kg/ha c. Nachlieferung aus freier Atmosphäre = 50–400 kg/ha

Bodenatmung: CO_2-Produktion der Wurzeln (1/3) und Mikroben (2/3). *Stundenproduktion* 1 – >10 kg/ha. *Tagesproduktion* eines biotisch aktiven Ackerbodens in Vegetationszeit, z.B. (4 kg · 24 Std.) = 100 kg/ha, davon tagsüber von Pflanzen aufgenommen etwa 30 kg; über Nacht am Boden angesammeltes CO_2 gegen Morgen durch Vertikalwinde hochgewirbelt und für direkte Nutzung weitgehend verloren, wenn nicht geschlossene Blattdecke vorhanden. *Jahresproduktion* 50–200 dt CO_2/ha.

CO_2-Versorgung der Pflanzen

CO_2-Gehalt der Luft ist für höchste fotosynthetische Leistung ausreichend, sofern sonstige Bedingungen (Kap. 4.1.5) normal und kein länger dauerndes Defizit im Bestand; kurzzeitige Defizite können durch Verlängerung der fotosynthetischen Tagesperiode kompensiert werden.

CO_2-Toxizität für Blätter ab etwa 2 % (wenn länger wirksam), für Wurzeln ab etwa 3 % (Kap. 4.1.4).

CO_2-Düngung:

Im *Freiland* normalerweise keine Ertragssteigerung, da CO_2 meist kein Minimumfaktor; Verbesserung der Versorgung indirekt möglich durch org. Düngung; Windschutz gibt bessere Ausnutzung des Boden-CO_2, behindert aber Luftaustausch. Im *Gewächshaus* erhebliche Ertragssteigerung möglich, da natürliche CO_2-Nachlieferung durch Glaswände behindert sein kann; Zufuhr indirekt durch organische Düngung, direkt mit Kohle- und Öl-Ofen (SO_2-Abgase vermeiden!) oder als CO_2-Gas.

4.1.4 Sauerstoff (O_2)

Sauerstoff einerseits als Baustein (mit CO_2), aber auch in gasförmiger, molekularer Form (O_2) für Pflanze notwendig. Obwohl von Pflanzen selbst produziert und als Abfall ausgeschieden, ist ständige Aufnahme von O_2 in Spross und Wurzel erforderlich. Sauerstoff in atmosphärischer Luft reichlich enthalten (21 Vol.-%), in Bodenluft z.T. erheblich weniger (oft Minimumfaktor).

Eigenschaften: farbloses Gas, zu 99,8 % aus Isotop ^{16}O bestehend; Struktur *O=O;* leicht Verbindungen mit anderen Elementen (Oxidation); Herkunft des atmosphärischen O_2 aus Fotosynthese grüner Pflanzen.(„Sauerstoff-Revolution" in früher Erdgeschichte).

O_2-Bedarf

Größter Bedarf für energieliefernde Wurzelatmung, daher ständige Aufnahme aus Bodenluft notwendig. Die meisten Pflanzen sind leider nicht fähig, den reichlich zur Verfügung stehenden atmosphärischen O_2 „intern" zu den Wurzeln zu leiten (Ausnahme: einige Sumpfpflanzen mit Luftröhren, z.B. Reis). Bei verringerter Zufuhr aus dem Boden daher leicht O_2-Mangel in der Wurzel; bei völligem Fehlen von O_2 keine Atmung und damit weder Nährstoffaufnahme (trotz reichlichen Angebots) noch Wachstum. Hypothetisches Ziel: Zucht von Kulturpflanzen mit O_2-Transport vom Spross zur Wurzel; Ackerbau würde dadurch wesentlich vereinfacht).

O_2-Defizit häufig mit CO_2-Überschuss gekoppelt, was besonders nachteilig ist.

> *Blätter erzeugen zwar viel Sauerstoff, aber Bedarf ist vor allem in den Wurzeln. Bodenluft* sollte für die Wurzeln der meisten Kulturpflanzen mehr als 10 % O_2 und höchstens 3–5 % CO_2 enthalten.

O_2-Versorgung

Gute O_2-Versorgung erfordert neben ausreichendem Luftgehalt des Bodens vor allem gute *Durchlüftung* (unbehinderten Gasaustausch). Durchlüftung häufig ungenügend auf schweren und nassen Böden, deren Luftgehalt unter 10 % liegt. Sandböden meist gut durchlüftet, auch Lehmböden enthalten selbst in feuchtem Zustand mindestens 20 % Luft, d.h. 40 ml O_2/l Boden.

Tab. 4.3. Toleranz gegen O_2-Defizit bzw. CO_2-Überschuss in der Bodenluft.

Pflanzen	erforderl. Konzentration	
	% O_2	% CO_2
sehr tolerant: Reis, Zuckerrohr	> 1	<10
mäßig tolerant: Hafer, Gerste, Citrus, Apfel	> 5	< 5
empfindlich: Mais, Erbse, Bohne, Tabak	>10	< 3

Nährlösungen dagegen ärmer an O_2: bei 20 °C löst 1 l Wasser 20 ml Luft mit O_2-Gehalt von 35 %, d.h. 7 ml O_2/l Nährlösung (1/5 verglichen mit Boden); daher häufige Durchlüftung notwendig. In Gewässern ist kaltes Süßwasser rel. O_2-reich, warmes Meerwasser dagegen O_2-arm.

O_2-Düngung:

Zufuhr von O_2 in reiner Form in keinem Fall zweckmäßig, aber indirekte Maßnahmen zur besseren Bodendurchlüftung sehr wichtig: Bodenlockerung und Strukturverbesserung; Beseitigung von Oberflächenkrusten durch Hacken, Untergrundverdichtungen durch Tiefenlockerung, Wasserstau durch Dränage.

4.1.5 Zusammenwirken der Klimafaktoren

Klimafaktoren (vor allem Licht, Temperatur, CO_2) müssen zueinander in günstigem Verhältnis stehen, um höchste Produktion zu erreichen; Steigerung nur eines Faktors meist zwecklos (Fig. 4.4. u. 4.5.).

Einfluss der Klimafaktoren auf Substanzproduktion in folgender Übersicht schematisch dargestellt. Dabei ist unterschieden zwischen *möglicher Stundenleistung* (physiologisch von Interesse) und *Tagesleistung,* die letztlich ökologisch-landwirtschaftlich von Bedeutung ist. Kurzzeitige Steigerung kann zwecklos sein, wenn Abtransport der Produkte stockt und Pflanze daher Fotosynthese gegen Ende des Tages verringert.

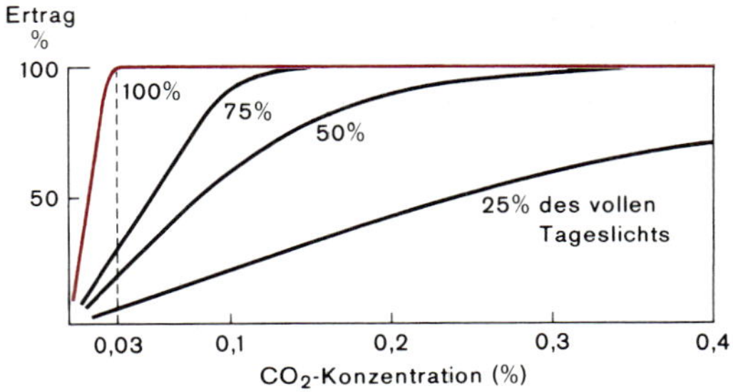

Fig. 4.4. Ertrag als Funktion von Licht und CO_2 (Roggenversuch, nach Mitscherlich, 1954).

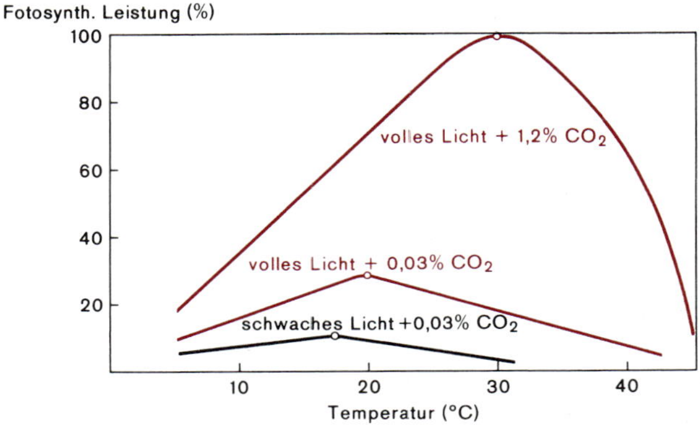

Fig. 4.5. Fotosynthese als Funktion von Licht, Temperatur und CO_2 (Kartoffelblätter, nach Lundegardh, 1954).

Übersicht: Substanzproduktion als Funktion von Licht, Temperatur und CO_2

(angegeben als Grad der CO_2-Versorgung im Hinblick auf hohe Produktion; gilt für Pflanzen mit C_3-Fotosynthese-Zyklus)

Licht	Temp. °C	0,02 % CO_2		0,03 % CO_2		0,3 % CO_2	
		für mögliche Stundenleistung	für Tagesleistung	für mögliche Stundenleistung	für Tagesleistung	für mögliche Stundenleistung	für Tagesleistung
100 %	20°	zu wenig	knapp genügend	genügend	optimal	reichlich	überreichlich
	30°	zu wenig	zu wenig	zu wenig	optimal	optimal	reichlich
50 %	20°	knapp genügend	genügend	genügend	genügend	reichlich	reichlich
	30°	zu wenig	zu wenig	zu wenig	knapp genügend	reichlich	reichlich

4.1.6 Toxische Stoffe der Luft

Nebenbestandteile der Luft teils günstig für Pflanze (geringe Mengen an Nährstoffen NH_3, SO_2, Borat etc., meist aus natürlichen Quellen, z.B. Boden, Meer). Teils toxisch: größere Mengen an industriellen *Luftverunreinigungen,* z.B. Gase, Rauch, Staub. *Emission* (Ausstoß) der Abgase bedingt je nach Transport in der Atmosphäre unterschiedlich starke *Immission* (Einwirkung). Diese kann „Umweltschäden" an Pflanzen bewirken (Kap. 5.3.4).

Phytotoxische Immissionen verursachen zunächst latente, oft akute Schäden (Veränderung und Zerstörung der Blätter) und indirekte Schäden durch Funktionsstörung (Verschlechterung des Wachstums). Abschätzung des Schädigungsgrades u.a. wichtig für Entschädigungsansprüche.

Toxische Gase

Schwefeldioxid (SO_2) häufigste toxische Luftverunreinigung; auch in Wohngebieten höhere Werte durch Heizungsabgase möglich; Fotosynthesegift, bewirkt fleckige Braunfärbung der Blätter.

Ammoniak (NH_3): nur in höheren Konzentrationen schädlich, in normalen (0,05 ppm) dagegen günstig.

Fluor-Verbindungen: Fluorwasserstoff (HF) hat besonders starke Enzym-hemmende Wirkung.

Ferner: Ozon, Schwefelwasserstoff (H_2S), Nitrose Gase, Salpetersäure, Chlor, *Salzsäure, Bleiverbindungen* der Autoabgase sowie viele andere Stoffe.

Rauch und Nebel

Rauch: Gemisch von festen (und flüssigen) Teilchen in Luft: *Nebel* besteht aus 0,01–0,04 mm großen Tröpfchen. Häufigste Schäden durch *Smog* (Wortbildung aus engl. *smoke* Rauch und *fog* Nebel) für einen oft mit Nebel vermischten Kohlenrauch, der viele Zwischenprodukte der Verbrennung (z.B. Peroxide: Ozonide) enthält. Symptome an Pflanzen: *Silberblätter,* öliges Aussehen vor allem der Blattunterseite. Smog behindert Fotosynthese. Besonders toxisch ist PAN (Peroxiacetylnitrat).

Staub

Schäden durch kleine, lange in der Luft schwebende feste Teilchen: direkte Blattschäden (Krusten) oder indirekte Wirkung über den Boden, z.B. Mangan-Mangel durch starke Kalkstaub-Ablagerung auf leichtem Boden. *Arten der Stäube:* Kalk, Zement, Ruß, Metalle, Aschen, radioaktiver Staub (^{90}Sr aus Atombombenexplosionen).

Grenzkonzentrationen

Beurteilung toxischer Wirkung von Einzelgasen auf Pflanzen durch *MIK*-Werte (Maximale Immissions-Konzentrationswerte); Anhalt für Dauerbelastung. (Problem: vorübergehende starke Belastung oft später nicht mehr feststellbar).

Tab. 4.4. MIK-Werte von Luftschadstoffen für Pflanzen (1 ppm entspricht etwa 1 mg/m^3, da 1 m^3 Luft = 1,3 kg).

toxische Substanz	MIK-Wert (ppm)
H_2S	200 (für Mensch: < 10)
HCl, NH_3, nitrose Gase	10
SO_2, Cl_2, PAN	0,5
HF, Fluor	0,1

4.2 Wasser (H_2O)

Da Lebensvorgänge im wässrigen Medium stattfinden, ist Wasser zentral wichtige Substanz der Pflanze. Wasser zwar oft durch Regen zugeführt, aber als Bodenfaktor eingestuft, weil überwiegend (> 95 %) aus Boden aufgenommen (nur wenig direkt von den Blättern).

Chemie des Wassers

Wasser (nach allg. Sprachgebrauch) besteht aus reinem Wasser (H_2O), gelösten Salzen (in Süßwasser < 1‰, in Meerwasser ~35‰) und gelösten Gasen (O_2 u.a.). H_2O besteht zu 99,8 % aus Isotopen ^1H und ^{16}O; zu 0,2 % aus übrigen 17 Wasser-Arten (mit weiteren 4 Isotopen).

Wassermoleküle bereits im flüssigen Zustand über Wasserstoffbrücken zu Assoziaten verknüpft als Polyhydrol, $(H_2O)_n$. Daher hohe Oberflächenspannung. Obwohl elektrisch neutral, wirkt es wegen ungleicher Ladungsverteilung wie kugelförmiger *Dipol* mit ± elektrischen Ladungen an den Enden; dadurch Anlagerung an Ionen und geladene Oberflächen (Hydratation, griech. *hydr-* Wasser) (Fig. 4.6).

H_2O zum geringen Teil in Ionen H^+ und OH^- dissoziiert (Kap. 2.1.1); statt H^+-Ion eigentlich hydratisiertes Proton, genannt *Hydronium-Ion* (H_3O^+).

Eisbildung: Kristallisation bei Minus-Temperaturen (der bei + 4 °C schon dichtgelagerten Assoziate); bei langsamer Abkühlung normale *Eiskristalle* mit starker Volumenvergrößerung; bei schneller Abkühlung *Verglasung* ohne Kristallbildung und kaum Volumenvergrößerung (wichtig für Kälteresistenz, Gefriertechnik).

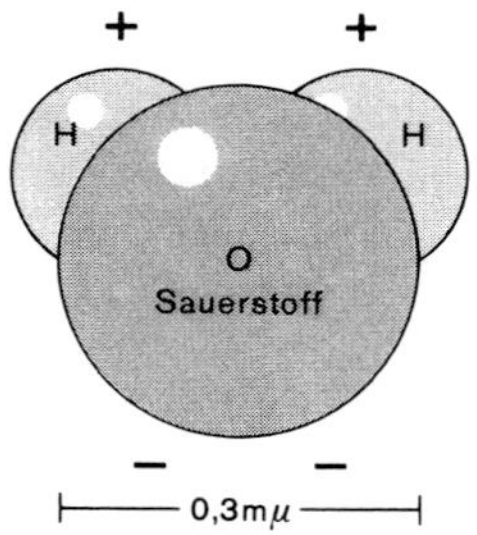

Fig. 4.6. Wassermolekül (Dipol).

4.2.1 Wasser im Boden

Formen und Bindung des Wassers

Boden nimmt Niederschlagswasser auf und speichert es teilweise als Haftwasser; Rest ist Sickerwasser (Fig. 4.7.).

Für Pflanzen ist weniger Form des Wassers im Boden (ob durch feste Bodensubstanz gebundenes Adsorptions- oder Kapillarwasser, bzw. durch Salze osmotisch gebundenes Wasser) von Bedeutung als vielmehr *Festigkeit* (Intensität) der Bindung. Diese kann ausgedrückt werden als *Wasserspannung* (Saugspannung) in Atmosphären (at) oder Bar (1 at = 1,013 Bar) bzw. in pF-Werten (Logarithmus der dem Wasserspannungsdruck entsprechenden cm Wassersäule; Skala von pF 0 – 7) (Tab. 4.5.).

Wichtigste Kennwerte des Wasserhaushalts:

Feldkapazität (FK): Wasserkapazität des Bodens am Standort (g H_2O/100 ml Boden); Wassergehalt bei 0,15 at Saugspannung bzw. pF 2,2.

Permanenter Welkepunkt (PWP): Wassergehalt des Bodens bei Beginn permanenten Welkens der Kulturpflanzen (g H_2O/100 ml Boden; Wassergehalt bei 15 at Saugspannung bzw. pF 4,2.

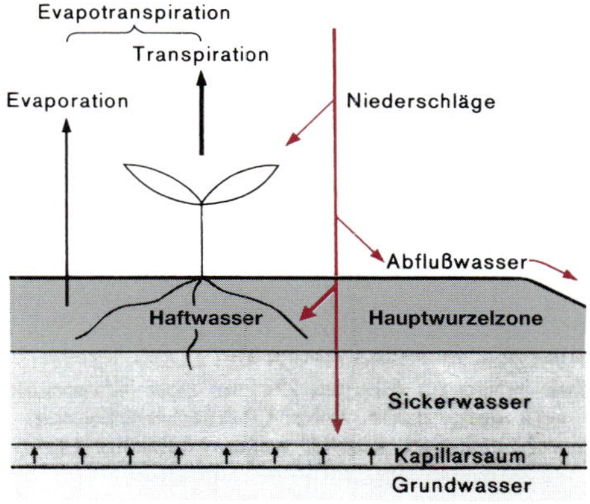

Fig. 4.7. Wasserhaushalt eines Standorts.

Tab. 4.5. Skala von Wasserspannungswerten.

at	cm Wassersäule	pF	Bodenzustand
0	0	0	spannungsfreies Grundwasser
0,1	100	2	nass
1	1000	3	feucht
10	10000	4	lufttrocken
10000	10000000	7	absolut trocken

Verfügbares Wasser

Pflanze kann freies oder locker-gebundenes Wasser aufnehmen, aber stark-gebundener Rest ist unverfügbar („totes" Wasser). Verfügbarkeit der Wassers im Bereich FK bis PWP kann unterschiedlich erscheinen:

- gleichmäßig verfügbar bei langsamer und schwacher Durchwurzelung; scheinbar gleichbleibende Verfügbarkeit, da Pflanze immer in neue feuchte Zonen vorstößt;
- abnehmend verfügbar bei schneller und starker Durchwurzelung, z.B. in sandigen Böden.

Speicherfähigkeit des Bodens (siehe auch Fig. 4.8.):

Nutzwasserkapazität: verfügbare Wassermenge bei Feldkapazität in g H_2O/100 ml trockenen Bodens (FK minus PWP).

Nutzwasserkapazität im Wurzelraum: verfügbare Wassermenge der durchwurzelten Bodenlage, ausgedrückt als: mm Regen/ha (verfügbare FK mal Wurzeltiefe in Dezimetern).

Umrechnungswerte:

$$1 \text{ mm Regen/ha} \approx 1 \text{ l/m}^2 \approx 10.000 \text{ l/ha} \approx 100 \text{ dt/ha} \approx 10 \text{ m}^3\text{/ha}$$

Außer Bindungsfestigkeit ist auch *Wassernachlieferung* (Beweglichkeit) wichtig: beträchtlich im nassen Boden oder aus nahem Grundwasser (optimaler Grundwasserstand in Sand 1 m, in Lehm 1,50 m),

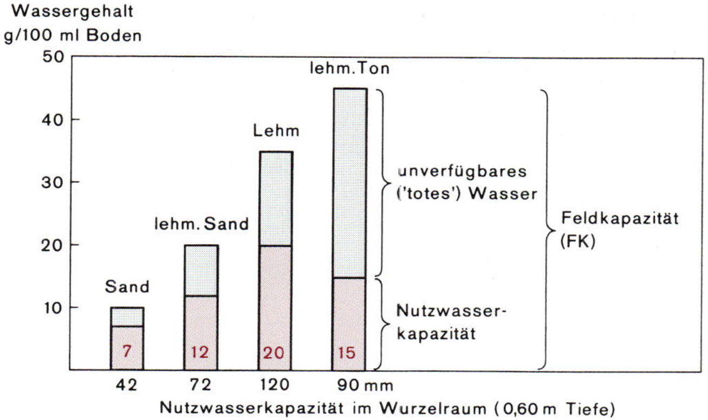

Fig. 4.8. Wasserspeicherung in Böden unterschiedlicher Körnung.

aber gering im feuchten Boden und kaum noch im schwach feuchten Bereich der Feldkapazität.

4.2.2 Wasser und Pflanzenwachstum

Pflanze benötigt für optimalen Stoffwechsel bestimmten *Wasserzustand* (Hydratur), d.h. genügend freies, bewegliches Wasser im Gewebe. Höhere Pflanzen, im Gegensatz zu niederen, sind weitgehend hydraturstabil, d.h. in ihrem Wasserzustand ziemlich unabhängig von Außenfaktoren; dies trifft besonders für Xerophyten (z.B. Wüstenpflanzen) wegen hoher Saugkraft und guten Verdunstungsschutzes zu, in geringerem Maße für Kulturpflanzen wegen Regulierungsmöglichkeit der Stomata-Öffnung.

Bedeutung des Wassers

a. Grundsubstanz für biochemische Vorgänge: Lösungsmittel für Salze, org. Stoffe, Gase (vor allem CO_2); Quellungsmittel für Kolloide, speziell Eiweiß; Transportmittel für Nährstoffe und Syntheseprodukte; Mittel zur Aufrechterhaltung des Turgordruckes (Gewebespannung, beeinflusst äußere Form der Pflanze, reguliert Stomata-Öffnung).

b. Baustein der org. Substanz: sowohl Molekül H_2O als Bestandteil vieler Stoffe, als auch H aus Wasserspaltung (5–7 % der Pflanzensubstanz).
c. Temperaturregulierung: durch Verdunstung erfolgt Wärmeabgabe (545 cal/g H_2O); dadurch Überhitzung vermieden.

Tab. 4.6. Wassergehalte von Pflanzenteilen.

Spitzen wachsender Pflanzen (Protoplasma)	90-95
Blattgemüse	90-94
Blätter vieler Kulturpflanzen	75-85
Kartoffelknolle, Zuckerrübe	75-80
Holz	30-60
Getreidekörner	10-16
Samen von Ölfrüchten (Raps und Lein)	7-10

Wasserbedarf für eine Zuckerrüben-Ernte: 500 dt/ha (Rüben + Blatt) = 400 dt H_2O und 100 dt T.S.; Produktion dieser Ernte erfordert etwa 4 Mill. Liter H_2O (400 mm Regen), davon ist 1 % als H_2O in Erntemasse, knapp 0,02 % dienen zur Lieferung von H (7 dt), Rest von 98–99 % wird wieder verdunstet.

Wasser ist für Pflanzen in mehrfacher Hinsicht unentbehrlich. Meist aus dem Boden aufgenommen, strömen einige Millionen Liter Wasser pro Hektar und Vegetationszeit durch den Pflanzenbestand. Wassermangel in Trockengebieten wichtigster produktionsbegrenzender Wachstumsfaktor.

Wasserbilanz der Pflanzen

Transpiration der Blätter bewirkt Wasserbewegung in der Pflanze. Aufnahme und Transport des Wassers entsprechend dem Gefälle des osmotischen Druckes (Kap. 2.2.2). Saugkraft abhängig von Konzentration des Zellsaftes, daher in nassen Böden oder Nährlösung geringer als in trockenen.

Tab. 4.7. Wasserspannung (Saugspannung) (at).

Nährlösungen	~ 1
Bodenlösung bei FK (Feldkapazität)	bis 0,5
Wurzeln der Kulturpflanzen bei FK	3–5
Blätter der Kulturpflanzen bei FK	5–10
Wurzeln der Kulturpflanzen bei PWP	etwa 15
Wurzeln mancher Wüsten- und Salzpflanzen	20–80
einige Pilze und Algen	bis 100

Abgabe des Wassers durch *Transpiration* (Verdunstung); diese steigt mit Wasserangebot (nasser Boden ≈ feuchter Boden > trockener), Beleuchtung (Stomata weiter geöffnet), Sättigungsdefizit der Luft (bestimmt durch Temperatur und rel. Luftfeuchte), Luftbewegung (Wind). Transpiration wichtig für Transport von Stoffen und Befeuchtung der Zellwände in Gashöhle der Blättern für Lösung des CO_2 im Wasserfilm auf den Oberflächen.

Da *Wasserbewegung* im feuchten Boden gering, ständiges Wurzelwachstum zum Aufsuchen neuer Vorräte nötig; Weiterwachsen bis zu mehreren cm täglich.

Produktivität der Transpiration

Wasserverbrauch für Netto-Produktion angegeben als *Transpirationskoeffizient*: niedrig bei Mais, Zuckerrübe, Gerste; hoch bei Hafer, Kartoffel, Roggen, Rotklee, Luzerne.

Transpirationskoeffizient (in kg H_2O zur Erzeugung von 1 kg T.S. Erntemasse) beträgt für Kulturpflanzen im gemäßigten Klima 300–800; rel. weniger Wasser benötigt bei guter Nährstoffversorgung (Düngung spart Wasser).

Regel zum Sparen: Pflanze benötigt um so weniger Wasser, je besser das Angebot an mineralischen Nährstoffen ist; wichtig für Trockengebiete mit knappem Wasser. (Früher auch Auswertung dieser Regel zur Düngerbedarfs-Ermittlung durch *Anwelkmethode:* je niedriger Transpiration, desto mehr Nährstoffe im Boden).

Wasserbedarf der Pflanzen vor allem in der Hauptwachstumszeit hoch: bei Getreide zur Bestockung bis Ende Blüte, bei Kartoffel zur Blüte, bei Zuckerrübe zur stärksten Blattentwicklung, bei Futterpflanzen und Grünfutter vor dem Schnitt.

Wasserversorgung und Wachstum

- *Mangel:* sichtbar am Welken (Dehydratisierung); Zellen verlieren Turgeszenz (Spannung) und werden schlaff (z.B. vorübergehende „Mittagswelke"); bei starkem Mangel dann Vertrocknen bzw. Absterben infolge Zerreißungen des Plasmas.
- *Knappes Angebot:* niedriger Wassergehalt, verringertes Wachstum, verstärkte Atmung, beschleunigte Reife (Notreife), rel. hoher Wurzelanteil.
- *Optimale Versorgung:* optimales Wachstum und beste Qualität.
- *Überreichliches Angebot:* hoher Wassergehalt, hoher Blatt- und Strohanteil, geringer Wurzelanteil; Reife verzögert, durch hohen Turgor ständiger Reiz zur Zellneubildung; große Zellen, zartes Gewebe, geringe Standfestigkeit.
- *Extrem starkes Angebot:* Nässeschaden; Chlorose, bedingt durch Mangel an O_2 (behinderte Nährstoffaufnahme); evt. Überschuss an CO_2 und toxischen Stoffen. Häufige Fehler der Bewässerung sind Nässeschäden bei Jungpflanzen.

4.2.3 Regulierung der Wasserversorgung

Bewässerung

Wasser häufig wichtiger Minimumfaktor der Produktion, daher hat zusätzliche Wasserversorgung (Bewässerung) große Bedeutung in Trockengebieten der Erde; aber auch im humiden Klima häufig vorübergehender Wassermangel in Dürreperioden. Bewässerung erfordert Süßwasser (< 0,1 % Salz), wie in vielen Flüssen der Welt vorhanden.

Arten der Bewässerung: Schwerkraft-Bewässerung mit Zuleitung durch Gräben: Wasser in Furchen oder Überstau der Felder, ferner Untergrund-Bewässerung (Aufstau von Grundwasser). Beregnung mit Schlauchzuleitungen ist wassersparend, aber kapitalintensiv.

Wassermenge wird oft nach Erfahrungswerten bestimmt, z.B. pro Einsatz 20–30 mm bei Beregnung in Mitteleuropa, 100 mm bei Furchenbewässerung in Tropen. Wasserbedarf im ariden Gebiet sehr hoch, da etwa die Hälfte direkt vom Boden durch Evaporation verloren geht. Insgesamt für Bewässerung von Kulturpflanzen 800 – 2000 mm pro Hektar (1000 mm entsprechen 10 Millionen Liter Wasser). Solch hohe

Wasserversorgung und Wachstum vieler Kulturpflanzen

nasser Boden →	feuchter Boden →	trockener Boden →	extrem trockener Boden	
Wachstumsstörung weniger durch H_2O-Überschuss als durch Mangel an O_2 bzw. Überschuss an CO_2	optimales Wachstum, gute Wasserversorgung bei guter Bodenlüftung	kein Wachstum; Welkebereich, vorübergehendes Welken (Mittagswelke); aber Aufrechterhalten der Lebensfunktion, Erholung in wassergesättigter Luft	kein Wachstum; permanentes irreversibles Welken; keine Erholung der Pflanzen in wassergesättigter Luft, aber durch Bewässerung	Absterben der Blätter, nur Vergetationspunkte überleben zunächst noch; keine Erholung durch Bewässerung
verfügbares Wasser im Boden			nur noch unverfügbares Wasser	
	↓ FK (Feldkapazität) pF 2,2 0,15 at	↓ WP (Welkepunkt) pF 3,8	↓ PWP (permanenter Welkepunkt pF 4,2 15 at	↓ UWP (ultimativer Welkepunkt) pF 4,5

Mengen begrenzen die Möglichkeit einer Meerwasser-Entsalzung zur Süßwasser-Gewinnung für Feldkulturen (eher im Gartenbau).

Für richtigen *Zeitpunkt der Bewässerung* ist Kenntnis des kritischen Austrocknungsgrades erforderlich: z.B. nach Erfahrungswerten auf Grund visueller Symptome (Stärke und Dauer der vorübergehenden „Mittagswelke" oder Zunahme des täglichen Fruchtumfangs: einfache aber ungenaue Methoden. Besser nach exakten Methoden: Anhaltswerte aus Klimadaten (Temperatur, Luftfeuchte), Pflanzendaten (Turgeszenz,), Bodendaten (Wasserspannung mittels Tensiometern, Gips- und Nylonblocks, u.a. Methoden).

***Richtwert* aus vielen Ländern mit Bewässerung:**

> *Bewässerung* eines Feldes sollte rechtzeitig einsetzen, spätestens wenn nur noch 30 % der Nutzwasserkapazität vorhanden sind.

Rest des verfügbaren Wassers zwar nutzbar, Wassermenge wäre aber bald erschöpft, da Pflanzen bei hohem Verbrauch etwa 4 mm/Tag benötigen.

Beregnungsdüngung: speziell die Beregnung bietet die Möglichkeit, gleichzeitig mineralische Nährstoffe zuzuführen, z.B. als 2–5‰ Nährlösungen (z. B. nur mit Stickstoff oder NPK usw.). Verfahren als *Fertigation* bezeichnet (engl. *Fertilization + Irrigation*).

Entwässerung

Wasserüberschuss nicht direkt schädlich, aber Lufthaushalt im Boden dadurch beeinträchtigt. Abhilfe durch ackerbauliche und kulturtechnische Maßnahmen: Lockerung, Beseitigung undurchlässiger Schichten, Dränung.

Wasserknappheit in Zukunft

Bereits jetzt ist Wasser für Bewässerung in manchen Trockengebieten knapp; jedoch bei steigendem Bedarf wird Wassermangel die Agrarproduktion deutlich begrenzen (was leicht zu „Kämpfen" um die Verteilung dieser knappen Ressourcen führen kann).

5 Mineralstoffe als Wachstumsfaktoren

5.1 Hauptnährelemente

Diese 6 Nährelemente sind seit etwa 150 Jahren als lebensnotwendig bekannt. Sie werden in relativ großen Mengen benötigt, daher auch *Makronährelemente*.

Reihenfolge: zuerst Anionen-bildende Elemente (N, P, S), dann Kationen (K, Ca, Mg); jeweils geordnet nach Ertrags-Grenzwerten (Tab. 5.1).

5.1.1 Stickstoff (N)

Sonderstellung unter den Mineralstoffen, da meist nicht aus den Mineralen stammend; aber in mineralischer Form (Ionen) aufgenommen.

Chemie: Nichtmetall; Isotope: ^{14}N= 99,6 %, ^{15}N= 0,4 %. Gasförmiges N_2-Molekül der Lufthülle von höheren Pflanzen nicht verwertbar; wichtig sind dagegen eine Reihe von 3- und 5-wertigen N-Verbindungen in Boden und Pflanze.

Nomenklatur: Symbol N (lat. *nitrogenium* Salpeter-bildend); aus der Sicht der Agrikulturchemie wäre Bezeichnung *Nitrogen* besser als Stickstoff; engl. *nitrogen;* franz. *azote;* Nitrat von griech. *nitros* (Salpeter); Ammonium nach Fundstelle Oase Ammon (Stadtgott von Theben) in Ägypten.

Wichtige N-Verbindungen in Boden und Pflanze

Formel	Name
NO_3^-	Nitrat; Anion der Salpetersäure (HNO_3); Hauptanteil an N-Ernährung der Pflanzen.
NH_4^+	Ammonium; Kation aus Reaktion von Ammoniak mit Wasser; entsteht beim Humusabbau; wichtiger Nährstoff.
NH_3	Ammoniak: als Gas in geringer Menge in der Luft (0,05 ppm); entsteht beim Humusabbau ; in höheren Konzentrationen toxisch.
$-NH_2$	Aminogruppe; für Eiweiß typische org. Gruppe; von Pflanzen gebildet.
NO_2^-	Nitrit; Anion der salpetrigen Säure (HNO_2); kann in Pflanzen und Böden durch unvollständige Nitratreduktion entstehen.
N_2O, NO, NO_2	Stickoxide; können in schlecht durchlüfteten Böden aus Nitrat entstehen und gasförmig entweichen.

N-Bindung

Durch Überführung von N_2 (der Luft) in N-Verbindungen ständig Neuzufuhr in den Stoffkreislauf, dadurch Verluste wieder kompensiert. Geschätzter Bedarf der Erdvegetation 250 Mill. t N/Jahr: Hauptteil aus Humusabbau (also aus dem Kreislauf), nur 10–20 % aus Handelsdüngung und org. Düngung; geringe Zufuhr durch biotische N-Bindung.

Möglichkeiten der N-Bindung (Überführung von N_2 der Luft in gebundenen N)

a. durch niedere Organismen → freilebende im Boden (Bakterien, Algen)
- assoziierte Bakterien in der Rhizosphäre
- Symbionten in Pflanzen (z.B. Knöllchenbakterien; *Anabaena*)

b. durch chemische Reaktionen außerhalb von Boden und Pflanze
→ natürliche (elektrische Entladungen, z.B. Blitz): Nitrat
- künstliche (Düngerfabrikation): Nitrat, Ammonium, Harnstoff usw.

Freilebende N-Binder

Bakterien: Azotobacter (in durchlüfteten Böden neutraler Reaktion), *Bacillus amylobacter* und *Chlostridium* (in vielen Böden); *Beijerinckia* (an saure Böden angepasst, da kein Ca-Bedarf, verbreitet in Tropen); einige *Pilze.*

Blaugrüne Algen (Cyanophyceen): *Nostoc, Calothrix, Anabaena* (bedeutsam in Reisböden), ferner Flechten auf Rohböden.

Leistung: Überführung von N_2 in Amino-N von Eiweiß; allerdings nur bei N-armer Ernährung, d.h. weitem C/N-Verhältnis der org. Substanz (Energielieferant) und in Gegenwart von Katalysatoren (Mo); gebundene N-Mengen aber meist gering. Impfung mit Keimen kann bei Neukultivierung nützlich sein. N-Bindung z.T. auch im Bereich der *Phyllosphäre* (d.h. auf den Blättern, z.B. in feuchten Tropen) und damit direkte N-Versorgung.

Assoziierte Bakterien: z. B. *Azospirillum* in Rhizosphäre von Gramineen; Bakterien nutzen Ausscheidungen der Wurzeln und binden 20–50 kg/ha N.

Symbiosebakterien in Kulturpflanzen

Einige Pflanzen (besonders Leguminosen, ferner Erlen, Tamarisken, etc.) enthalten in Wurzelverdickungen N-bindende Bakterien, die mit der Pflanze in Symbiose leben. *Knöllchenbakterien* der Leguminosen *(Rhizobium leguminosarum)* mit spezifischen Rassen und Stämmen für die verschiedenen Leguminosen (Klee, Erbse, Luzerne etc.); an Lebensbedingungen der Wirtspflanze angepasst; bei Erstsaat ist Impfung mit entsprechenden Keimen notwendig.

Tab. 5.1. Überblick: Hauptnährelemente in Boden und Pflanze.

Element	Atomgewicht	Häufige Gehalte in Pflanzen (T. S.) ‰	Aufnahme als Ion	Häufige Gehalte in Pflanzen (T. S.) ‰	Mittlerer Ertrags-Grenzwert im Blatt (T. S.) ‰	Mangelsymptome	Wichtige Funktion in Pflanzen
N	14,0	0,3–3	NO_3^- (NH_4^+)	5–50	30	Spitzenchlorose älterer Blätter	Baustein von Eiweiß, org. Basen, Enzymen, Vitaminen; allgemeine Ionenwirkung
P	31,0	0,1–1	H_2PO_4– HPO_4^{2-}	1–5	3	Dunkelgrün- und Rotfärbung älterer Blätter	Baustein von Phytin, Phosphatiden, Nucleotiden; Aktivierung org. Stoffe durch Phosphorylierung; allg. Ionenwirkung
S	32,1	0,1–1	SO_4^{2-}	0,5–5	2 (5)	Chlorose jüngerer Blätter	Baustein von Eiweiß, Enzymen, Vitaminen, sekundären Pflanzenstoffen; allgemeine Ionenwirkung
K	39,1	2,–30	K^+	5–50	25	Randnekrose älterer Blätter	Allgemeine Ionenwirkung (Quellung), Aktivierung von Enzymen
Ca	40,1	2–15	Ca^{2+}	0,5–50	10	Chlorose jüngerer Blätter	Allgemeine Ionenwirkung (Entquellung); Aktivierung von Enzymen; Baustein von Phytin, Pektin, sekund. Pflanzenstoffen
Mg	24,3	1–10	MG^{2+}	1–10	2	Interkostalchlorose älterer Blätter	Baustein von Chlorophyll, Phytin, Pektin; Aktivierung von Enzymen durch Kopplung; allg. Ionenwirkg

Verlauf der Symbiose: Ruheformen der Bakterien im Boden wandeln sich zu Schwärmern, „infizieren" das Rindenparenchym der Wurzel und bewirken Wucherungen. Nach parasitischem Anfangsstadium beginnt Symbiose: Pflanze liefert Kohlenhydrate, Bakterien binden N_2 mit Hilfe von rotem *Leghämoglobin,* Enzymen und Metallen (Fe, Mo, Co in Vitamin B_{12}) über Hydroxylamin (NH_2OH) zu Eiweiß. Bakterien werden von Pflanze „verdaut" und ihre Aminosäuren verwertet.

Start-N-Düngung: Gabe von 10 kg N/ha günstig zur besseren Überwindung der Infektionsperiode.

Leistung: bei reinem Leguminosenbestand bis über 200 kg N/ha gebunden, davon bleiben etwa 50 % mit Stoppeln und Wurzeln im Boden; in günstigem Klima bis zu 400 kg N. Bei Mischanbau profitiert bereits Getreide vom N aus abgestorbenen Leguminosenwurzeln. N-Bindung ist verringert bei guter N-Versorgung des Bodens (was zusätzliche N-Düngung zu Leguminosen im Intensiv-Anbau problematisch macht).

Symbionten in Gründüngungspflanzen

Der kleine Farn *Azolla* (2–3 cm) schwimmt auf bewässerten Reisböden und bindet N_2 mittels Cyanophycee *Anabaena* im Gewebe; versorgt den wachsenden Reis sowie als Gründüngung die Nachfrucht mit erheblichen N-Mengen (Kap. 8.4.1).

N-Bindung in der Atmosphäre: Menge meist gering, Gesamtzufuhr mit Niederschlägen etwa 10 kg N/ha; größere Mengen bei hohen Emissionen und in Gebieten mit häufigen Gewittern, z. B. in Tropen.

Hypothetische Möglichkeiten der N-Bindung: Verwiesen sei kurz auf die *Hypothese* von SCHANDERL, wonach alle grünen Pflanzen in Blättern N_2 binden können; Leguminosen nur graduell überlegen wegen höherer N-Gehalte im Samenkorn; Hypothese nicht bewiesen.

Nach DHAR (Indien) vermag der Boden das N_2 direkt durch fotochemische Oxidation binden, da sowohl Energie aus Sonnenstrahlung als auch Katalysatoren (aktive Oberflächen, Schwermetalle) vorhanden. Zwar ist Nitrat-Anreicherung auf sonnenbestrahlten Parzellen (verglichen mit abgedeckten) typisch, aber dies hat andere Ursachen. Hypothese unbewiesen.

Fernziel: Da es einigen Pflanzen möglich ist, sich aus dem riesigen N-Vorrat der Atmosphäre direkt zu versorgen, wird angestrebt, dies auch für weitere Pflanzen zu ermöglichen (z.B. mit gentechnischen Veränderungen). Dies wäre ein gewaltiger Fortschritt, ist aber nicht leicht zu realisieren.

N in Böden

Herkunft und Formen: N-Verbindungen fast ausschließlich aus N_2 der Luft durch N-Bindung; nur wenig aus Mineralen (obwohl NH_4^+ in Erdkruste vorhanden). N in Humus gespeichert; wird nach Abbau als Ammonium frei, meist zu Nitrat umgewandelt (Nitrifikation), entweder von Pflanzen genutzt oder von Mikroben fixiert oder ausgewaschen; in ariden Böden evtl. als Salz angereichert.

Fraktionen: Reserve in Mineralböden 0,3–3‰ N = 900–9000 kg/ha N in oberer 20 cm-Lage (≈ Gesamtgehalt); fruchtbare Böden enthalten meist mehr als 5000 kg/ha N; in humusreichen Böden sogar bis >5‰ N.

N-Gehalte auch durch C/N-Verhältnis gekennzeichnet, z.B. N-reicher Boden mit C/N = 10 (~ 5 % N im Humus), N-armer Boden mit C/N = 20 (~ 2,5 % N im Humus). Humus hat etwa 50 % C.

Organische Reserve: in meisten Böden > 95 % des Gesamt-N; viel in Form von (gebundenem) Amino-N, etc. (Kap. 3.2.3); größtenteils erst nach Abbau (Mineralisation) verfügbar (Kap. 6.1.1).

Anorganische Reserve: vor allem fixiertes NH_4^+ in Illiten.

Leicht verfügbare Fraktion:

Wasserlösliches Nitrat (und wenig NH_4^+): in Ackerböden häufig 5–30 ppm NO_3-N, jedoch in weitem Bereich stark schwankend; hohe Gehalte nach Düngung oder in Trockenböden bei starker Mineralisation („Nitratstoß") zu Beginn der Regenzeit). Nitrat ist stabile anorganische N-Form im Boden, daher meist nicht weiter umgewandelt, allerdings leicht ausgewaschen und z.T. denitrifiziert. Laufende Nitrat-Nachlieferung für Versorgung der Pflanze entscheidend. Verfügbare Gesamtmenge im Boden auch als N_{min} (mineralischer N) bezeichnet; dient als Basis für Abschätzung des Düngerbedarfs (Kap. 8.2.3).

Austauschbares NH_4^+: Mengen in meisten Böden gering; Verhalten im Boden ähnlich dem K^+.

N-Dynamik (Fig. 5.1.)

N-Mineralisation (auch Ammonifikation): Umwandlung von org. N-Formen durch Mikroben bis zum mineralischen Endprodukt NH_4^+; jährlich etwa 1–3 % des Gesamt-N mineralisiert, dadurch 10–270 kg N frei, davon etwa 1/3 von höheren Pflanzen genutzt (also sehr weiter Bereich der natürlichen N-Versorgung).

Nitrifikation: im Boden stets ablaufende „natürliche" Oxidation des NH_4^+ durch nitrifizierende Bakterien über Nitrit *(Nitrosomonas)* zu Nitrat *(Nitrobacter)*,

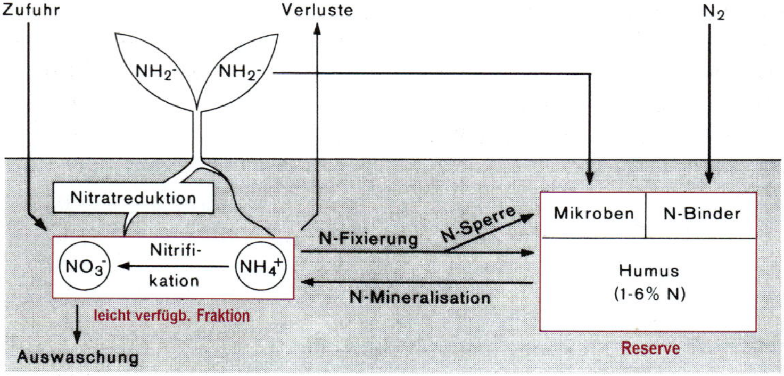

Fig. 5.1. Stickstoff-Kreislauf.

insb. bei guter Bodenlüftung und schwach saurer bis neutraler Bodenreaktion. Nitrifikation heute durch bestimmte org. Verbindungen künstlich blockierbar (Nitrifikationshemmer), um Umwandlung in leicht auswaschbare Nitratform zu verzögern (Maßnahme gegen Verluste und Nitrat-Anreicherung in Blättern).

N-Fixierung: permanenter Einbau von Nitrat in Dauerhumus oder kurzfristige *N-Sperre* durch Mikroben beim Strohabbau (Kap. 6.1.1): vermeidbar durch Ausgleichsdüngung mit 1 kg N/100 kg Stroh.

Ammonium-Fixierung bzw.-Immobilisierung: Einbau von NH_4^+ (wie K^+) in Zwischenschichten der Illite (Fig. 5.2.).

Denitrifikation: mikrobielle Reduktion des Nitrat unter anaeroben Bedingungen (bei Nässe) zu Stickoxiden (z.B. Lachgas,N_2O) oder elementarem N_2.

N-Versorgung: N ist in meisten Böden wichtiger Minimumfaktor: Versorgungsgrad gekennzeichnet durch verfügbaren Anteil (z.B. Nitratgehalt zu Beginn des „Frühjahrs"-Wachstums in 1 m Tiefe = N_{min}) oder aufwendiger durch Nachlieferungsvermögen (leicht mineralisierbarer Anteil).

N in Pflanzen

Aufnahme: über Wurzel vor allem als Nitrat (weil entsprechendes Angebot). Für Einbau zwar vor allem NH_4^+ benötigt, aber NO_3^- in der Wurzel (bzw. bei einigen Pflanzen überwiegend im Blatt) leicht zu

Tab. 5.2. N-Bilanz (z.B. für deutsche Landw.).

		kg N/ha und Jahr
Gewinn:		
Nachlieferung (Mineralisation)		10–270
N-Bindung durch freilebende Bakterien etc.		~ 10
N-Bindung durch Knöllchenbakterien		100–200
Zufuhr aus Atmosphäre		10–20
Zufuhr durch org. Düngung	für landwirtsch.	~ 50
anorg. Düngung	genutzte Fläche	~ 100
Verlust:		
Auswaschung (humide Böden)		10 – >50
Entzug durch eine Ernte		50–300

NH_4^+ (bzw. NH_2–) reduziert. Trotz gleicher Verwertbarkeit von Nitrat und Ammonium aber doch Unterschiede in der Düngerwirkung durch Sekundäreinflüsse (Kap. 7.1.1). Aufnahme von löslichen N-Formen auch über Blatt möglich: Blattdüngung. N-Versorgung einiger Pflanzen direkt durch Symbionten.

Gehalte und Verteilung: aufgenommenes Nitrat z.T. frei im Zellsaft, aber z.T. bereits in der Wurzel reduziert durch Nitratreduktion: Nitrat (NO_3^-) → Nitrit (NO_2^-) → Hydroxylamin (NH_2OH). Entstehende reduzierte N-Formen dann zur Aminosäure-Synthese verwendet (Kap. 3.2.3).

Gesamt-N in T.S. von Pflanzenteilen: 5 (Stroh) – 50‰ (Leguminosenkorn); Grenzwerte etwa 25–30‰ im Blatt. N-Gehalte entsprechen den Eiweißgehalten; junges Gewebe reicher als älteres. Bedarfsmaximum zur Zeit der Hauptblattentwicklung.

Funktionen: Baustein zahlreicher org. N-Verbindungen: Eiweißstoffe, org. Basen, Enzyme, Vitamine, Chlorophyll, etc.; ferner allgemeine Ionenwirkung.

Stickstoff wird ganz überwiegend als Nitrat aufgenommen und dient in reduzierter Form vor allem als Aminogruppe dem Aufbau von Eiweißstoffen.

Wegen des hohen N-Bedarfs und des in vielen Böden knappen Angebots ist meist zusätzliche N-Zufuhr (Düngung) erforderlich.

N-Mangel: Wachstum und Ertrag verringert, schwache Bestockung, vorzeitige Blüte und spärliche Fruchtbildung; Eiweißgehalt und biotische Wertigkeit geringer.

Symptome: ältere Blätter vergilben von der Spitze her *(Spitzenchlorose)* und sterben schließlich ab (Nekrose); gelegentlich rötliche sekundäre Farbstoffe (Anthocyanbildung bei Laubverfärbung im Herbst); Pflanze kleiner, sperrig (Starrtracht) (Kap. 8.2.2).

N-Überschuss: blaugrüne Farbe der Blätter; starke Reife Verzögerung; wegen weichen Gewebes mangelnde Standfestigkeit und stärkere Anfälligkeit gegen Schädlingsbefall; Anhäufung von Amiden ungünstig für Geschmack, Haltbarkeit oder Verwertung (z.B. geringere Zuckerausbeute). Bei sehr hohem Überschuss Anhäufung von >10‰ Nitrat-N (besonders bei geringer Belichtung) und damit Qualitätsminderung (Kap. 9.2). Bei extremem Überschuss Konzentrationsschäden (Salzschäden).

5.1.2 Phosphor (P), Phosphat

Chemie: Nichtmetall; in Boden und Pflanzen vor allem Verbindungen des 5wertigen P, also *Phosphate* (Salze der Phosphorsäure). Phosphorpentoxid (P_2O_5) in Natur nicht vorkommend, aber (insb. bei Düngern) noch als Bezugsbasis für P-Gehalte verwendet (1 % P = 2,3 % P_2O_5).

P in Böden

Herkunft und Formen: vor allem aus Apatiten (natürliche Ca-Phosphate) werden durch Verwitterung Phosphat-Ionen frei; wenig im Boden sorbiert, meist wieder ausgefällt, und zwar pH-abhängig:

in alkalischen Böden: feinkristalline, leichtmobilisierbare Ca-Phosphate mehr oder weniger schnell übergehend in grobkristallinen, schwer mobilisierbaren Apatit;

in neutralen bis schwach sauren Böden: feinkristallines und körniges Di- bzw. Octocalciumphosphat; Defektapatite (rel. gut mobilisierbar) nur langsam übergehend in Apatit oder Fe- und Al-Phosphat (schwer mobilisierbar);

in mäßig bis stark sauren Böden: zunächst feinkristallines, leichtmobilisierbares Fe- und Al-Phosphat; mehr oder weniger schnell übergehend in schwer mobilisierbare Formen (≈ Phosphat-Fixierung).

Wichtige P-Verbindungen in Boden und Pflanze

Formel	Name	
H_3PO_4	(Ortho-) Phosphorsäure; Salze → Phosphate	
$H_2PO_4^-$	primäres Phosphat-Anion (Dihydrogenphosphat)	Hauptanteil des mineral. Phosphats
HPO_4^{2-}	sekundäres Phosphat-Anion (Hydrogenphosphat)	
PO_4^{3-}	tertiäres Phosphat-Anion (neutrales Phosphat)	
$-H_2PO_3$	Phosphorylgruppe; Rest der Phosphorsäure für Kopplung mit org. Verbindungen (Esterbildung)	
$H_4P_2O_7$	Diphosphorsäure; Salze → Diphosphate; z.T. in Pflanze	

Wichtige anorg. P-Formen
(Ca-Phosphate geordnet nach sinkender Löslichkeit)

Dicaldumphosphat		$CaHPO_4$ oder $CaHPO_4 \cdot 2\,H_2O$	
Octocalciumphosphat		$Ca_4H(PO_4)_3 \cdot 3\,H_2O$	
Hydroxid-apatit.	(Phosphorit)	$3Ca_3(PO_4)_2 \cdot Ca(OH)_2$	
Fluor-apatit		$3Ca_3(PO_4)_2 \cdot CaF_2$	
Aluminiumphosphat (Variszit)		$AlPO_4 \cdot 2\,H_2O$	komplexe Formen
Eisenphosphat (Strengit)		$FePO_4 \cdot 2\,H_2O$	

Fraktionen: Reserve in Mineralböden 0,1–1 ‰ P = 300–3000 kg P/ha in oberer 20 cm-Lage (≈ Gesamtgehalt), in humusreichen Böden noch deutlich mehr.

Anorganische Reserve: 40–80 % des Gesamt-P (in Moorböden weniger).

Organische Reserve: 20–60 % des Gesamt-P; meist in Form von Phytin-Derivaten; erst nach mikrobiellem Abbau verfügbar (Kap. 6.1.1).

Austauschbares Phosphat (schwierig definierbar und abzugrenzen): 10–30 ppm P.

Wasserlösliches Phosphat: 0.02–1 ppm P in der Bodenlösung (sehr wenig).

P-Dynamik

Mobilisierung: Aufschluss anorg. bzw. Abbau org. Reserven vor allem durch biotische Aktivität (Kap. 6.1.1), besonders in feuchten Böden bei schwach saurer Reaktion und nach org. Düngung. Anorg. P-Verbindungen um so leichter gelöst, je feinkristalliner und feinkörniger. Mobilisierung ist entscheidender Prozess der P-Versorgung.

Immobilisierung: Umwandlung in leicht- und weiter in schwer mobilisierbare Verbindungen besonders schnell in Fe- und Al-reichen stark sauren Böden bzw. im alkalischen Bereich; ferner Festlegung im Humus; P-Sperre (Kap. 6.1.1).

P-Auswaschung ist wegen starker Immobilisierung auf meisten Böden unbedeutend (< 1 kg/ha P). (Kap. 7.2.3).

P-Versorgung: Phosphat in vielen Naturböden wegen mangelnder Nachlieferung wichtiger Minimumfaktor; in Deutschland noch vor 150 Jahren verbreitet P-Mangel, aber viele Böden jetzt durch langjährige Düngung angereichert. Versorgungsgrad gekennzeichnet durch leicht-mobilisierbaren oder allein durch wasserlöslichen Anteil (Kap. 8.2.3).

Tab. 5.3. P-Bilanz (z.B. für deutsche Landwirtschaft).

Gewinn:	kg P/ha und Jahr
Nachlieferung aus Reserven	5–20
Zufuhr durch org. Düngung	~15
anorg. Düngung	~12
Verlust:	
Auswaschung	meist < 1
Entzug durch eine Ernte	15–50

P in Pflanzen

Gehalte und Verteilung: aufgenommenes Phosphat (meist $H_2PO_4^-$, teilweise HPO_4^{2-}) z.T. frei im Zellsaft, aber überwiegend (ohne Reduktion) mit org. Substanzen (Radikalen = R) mittels Phosphorylierung verbunden:

$$R{-}H + H_2PO_4^- + H^+ \rightleftarrows R{-}H_2PO_3 + H_2O$$

Gesamt-P in Pflanzenteilen 1–5‰; überwiegend in org. Bindung; Grenzwerte s. Kap. 8.2.4. Reproduktive Teile (z.B. Samenkörner) reicher an org. P als Wurzel, Stroh, Holz; junge Pflanzenteile mit starkem Stoffwechsel noch rel. viel anorg. P. Zwei Bedarfsmaxima: im Jugendstadium für Wurzelentwicklung und vor allem für generative Phase.

Funktionen:

a) Energie-Transfer und -Speicherung (z.B. durch ATP, Kap. 3.2.4),
b) Aktivierung org. Substanzen für Synthesen durch Kopplung an Phosphat (Phosphorylierung, Kap. 3.1.1),
c) Baustein wichtiger Verbindungen (Nucleinsäuren, Phospholipide, Phytin),
d) allgemeine Ionenwirkung (Kap. 5.4.1).

Verbindungen:

Phytin: Ca-, Mg-Salz der Phytinsäure = Inosit-Hexaphosphorsäure als Ester des ringförmigen 6-wertigen Alkohols Inosit mit 6 Molekülen Phosphorsäure. Wichtigste P-Reserve: zwar im Blatt nur wenige Prozent, aber im Getreidekorn 80% des P als Phytin (vor allem in Aleuronschicht).

Phosphatide (Lecithin, Phosphoproteide) (Kap. 3.2.2).

Nucleotide, Nucleinsäuren, Enzyme (Kap. 3.2.3).

> Phosphor (P) kommt in Pflanzen nur als Phosphat vor, und zwar überwiegend gebunden an org. Moleküle. P hat zentrale Aufgaben für den Energie-Transfer, die Synthese organischer Substanzen und als Baustein. Phosphat muss im Boden meist mobilisiert werden, weshalb eine gute P-Versorgung durch Düngung wichtig ist.

P-Mangel: Wachstum gehemmt, schwache Wurzelbildung und Bestockung, Blüte und Reife verzögert; gestörte Eiweißbildung durch Anreicherung von Amiden; weniger Vitamine, niedrigerer P-Gehalt und damit Futterwert; verringerte Frostresistenz und Haltbarkeit von Gemüse, Kartoffeln. *Symptome:* ältere Blätter zuerst dunkelgrün (relative Chlorophyll-Anreicherung), dann oft durch Anthocyan rötlich verfärbt (auch Stengel); Pflanzen kleiner, Starrtracht der Blätter; z.T. auch Chlorosen; schließlich Nekrosen, Absterben der älteren Blätter (Kap. 8.2.2).

P-Überschuss: übermäßige Anreicherung von Phosphat in Pflanzen selten, kann aber dann Funktion von Schwermetallen (z.B. Zink) beeinträchtigen (P/Zn-Antagonismus).

5.1.3 Schwefel (S)

Chemie: Nichtmetall; wichtigste Verbindung ist *Sulfat* (Salz der Schwefelsäure). Generell S in Boden und Pflanze in Verbindungen des 2-, 4-, 6-wertigen S. *Nomenklatur:* lat. *sulfur,* engl. sulphur bzw. sulfur.

Wichtige S-Verbindungen in Boden und Pflanze

Formel	Name		
SO_4^{2-}	Sulfat; Anion der Schwefelsäure (H_2SO_4); in Boden und Pflanze		
$-SO_3H$	Sulfogruppe	(Rest der Schwefelsäure für Esterbildung)	in Pflanze und Humus
$-SH$	Thiolgruppe	(Sulfhydrylgruppe)	in Pflanze und Humus
H_2S	Schwefelwasserstoff, für Pflanze giftig; Salze: Sulfide (–S–)		
SO_2	Schwefeldioxid; aus Atmosphäre Aufnahme durch Blätter (Toxizität: Kap. 4.1.6)		

S in Böden

Herkunft und Formen: aus Sulfiden (z.B. FeS) des Gesteins; durch Verwitterung S frei und zu Sulfat oxidiert; z.T. als Sulfat im Gestein. Sulfat ausgewaschen, im Humus fixiert bzw. in ariden Böden angereichert; bei Staunässe zu Sulfiden (FeS) reduziert.

Fraktionen: Reserve 0,1–1 ‰ S (≈ Gesamtgehalt); höhere Gehalte z. B. in Marschböden.

Organische Reserve: 60–90 % des Gesamt-S; meist im Humus-Protein; erst nach Abbau verfügbar (Kap. 6.1.1).

Anorganische Reserve: in humiden Böden als Sulfide (in Reduktionshorizonten); in ariden Böden z.T. hohe Gehalte an Gips ($CaSO_4 \cdot 2H_2O$).

Austauschbares Sulfat: Anteil (bei pH > 5,5) unbedeutend, da Sulfat-Anion nur schwach sorbiert.

Wasserlösliches Sulfat: in humiden Böden 10–100 ppm S als Sulfat; in Salzböden oft viel Na_2SO_4, $MgSO_4$.

S-Dynamik:

Mobilisierung vor allem durch Mineralisation von org. S (entsprechend dem org. N).

Immobilisierung durch Einbau in org. Substanz bzw. als Sulfid.

Umwandlung anorg. S-Verbindungen im Boden durch Schwefelbakterien: Reduktion durch *Desulfovibrio;* Oxidation durch *Thiobakterium* führt zur Schwefelsäure und wirkt stark versauernd (z.B. in „Sauren Sulfatböden" der Tropen).

Tab. 5.4. S-Bilanz (z.B. für deutsche Landw.).

Gewinn:	kg S/ha und Jahr
Nachlieferung aus Reserve	5–20
Zufuhr durch Niederschläge	5–10
Zufuhr durch Düngung	10–50
Verlust:	
Auswaschung (humide Böden)	10–50
Entzug durch eine Ernte	15–50

S-Versorgung: auf humiden Böden bei (neuerdings wegen verringerter Immissionen) geringerer Zufuhr und hoher Auswaschung ist S-Mangel viel häufiger als früher, vor allem bei Pflanzen mit hohem Bedarf, z.B. Raps und Leguminosen. Versorgungsgrad gekennzeichnet durch lösliches mineralisches Sulfat (S_{min}) oder Nachlieferung (entsprechend N). In ariden Böden häufig reichlich Sulfat vorhanden.

S in Pflanzen

Gehalte und Verteilung: aufgenommene Sulfat-Ionen z.T. frei in Zellsaft, aber zum größeren Teil verestert, reduziert und eingebaut; z.T. auch wieder oxidiert (im Gegensatz zu N, bei dem keine Oxidation reduzierter Formen möglich):

$$\text{(oxydierte Form) } SO_4^{2-} \rightleftarrows \left\{ \begin{array}{c} R\text{–}SH \\ R\text{–}S\text{–}R \end{array} \right. \text{ (reduzierte Formen)}$$

Gesamt-S in Pflanzenteilen 1–7 ‰; Grenzwert für Raps Kap. 8.4.2. Ferner S/N-Verhältnis in Pflanze zur Kennzeichnung des Ernährungszustandes verwendet. Eiweißreiche Organe der Pflanzen, Leguminosen (viel Eiweiß) und Cruciferen (viel sekundäre S-Verbindungen) reich an S; in Blättern meist etwas weniger S als P.

In jungem Gewebe vor allem reduzierte S-Formen, in älteren oder in Ruhephasen auch Sulfat. Reserve an Sulfat ist Maß für Versorgungsgrad. Bedarfsmaximum entsprechend der Synthese von Protein bzw. sonstiger S-haltiger Inhaltsstoffe.

Funktionen: Baustein zahlreicher Verbindungen; allgemeine Ionenwirkung (Kap. 5.4.1).

Verbindungen (R als Symbol für org. „Rest", d.h. unterschiedliche Molekülgruppen): Esterschwefelsäuren ($R\text{–}SO_3H$): Primärprodukt, z.B. Cysteinsäure.

Aminosäuren: Cystein (R-SH), Methionin (R–S–R) und Cystin (R–S–S–R) ergeben etwa 50 % des pflanzlichen S. Mit dem Protein ist S auch Bestandteil von Enzymen.

Sekundäre Pflanzenstoffe: z.B. Lauchöle (R–S–S–R): Knoblauchöl, Zwiebelöl; Senföle (R–N=C=S), z.B. Allylsenföl; Verbindungen mit Zuckern ergeben Glykoside, speziell mit Glucose → Glucoside, z.B. im Senf und Raps.

Heterocyclische Verbindungen: S-haltige Vitamine (B_1, Biotin); Penicillin.

Anorg. Verbindungen: z.B. $CaSO_4$.

> Schwefel war lange Zeit ein „vernachlässigtes" Nährelement, weil vom Boden (via Immissionen) reichlich angeboten. Jetzt ist S-Versorgung für Pflanzen mit höherem Bedarf häufig unzureichend und damit Düngung erforderlich.

S-Mangel: gestörte Eiweißbildung, Anreicherung von Amiden; relativer Kohlenhydrat-Überschuss, dickere Zellwände.

Symptome: Chlorose jüngerer Blätter, wobei Adern oft heller als zwischenliegendes Gewebe; Blätter schmaler; verholztes Aussehen des Sprosses (Kap. 8.2.2).

S-Überschuss: Anreicherung von Sulfat relativ unschädlich, solange kritische Salzkonzentration nicht überschritten.

5.1.4 Kalium (K)

Chemie: Alkalimetall; natürliche Isotope (Anhang C). In Boden und Pflanze nur als 1-wertiges Kation (K^+); K-Salze leicht löslich. Kaliumoxid (K_2O) in Natur nicht vorkommend, aber noch als Bezugsbasis für K-Gehalte in Düngern verwendet („Reinkali"). *Nomenklatur:* arab. *al kali* die Asche; engl. *potash* und franz. *potasse* von „Pottasche" (K-carbonat der Holzasche). *Kali:* Trivialname für Kalium in Ionenform (K^+) oder für „Reinkali".

K in Böden

Herkunft und Formen: aus primären Silikaten (Feldspat, Glimmer, etc.) wird durch Verwitterung K^+ frei; im Boden meist sorbiert oder z.T. von illitischen Tonmineralen immobilisiert.

Fraktionen: anorg. Reserve 2–30‰ K = 6000–90.000 kg K/ha in oberer 20 cm-Lage (≈ Gesamtgehalt); hoher Gehalt in tonreichen Böden, Salzböden z.T. noch wesentlich höher.

K^+ entweder fest im Gitter eingebaut oder in Zwischenschichten eingelagert (Fig. 5.2); org. Reserve gering, da Humus < 1‰ K; Moorböden daher geringe Gehalte.

Austauschbares K: 40–400 ppm; K-Anteil an Austauschkapazität sollte bei schweren Böden mindestens 2 %, bei leichten 5 % betragen.

Wasserlösliches K: in humiden Böden etwa 1 % des Austausch-K.

K-Dynamik:

Mobilisierung durch Verwitterung aus Gitter und Zwischenschichten; im Labor ermittelt z.B. durch Extraktion mit heißer n HNO_3.

Immobilisierung: Einlagerung von K^+ in Zwischenschichten von Illiten etc.; teilweise fixiert, dadurch Verringerung von Auswaschung und Luxuskonsum.

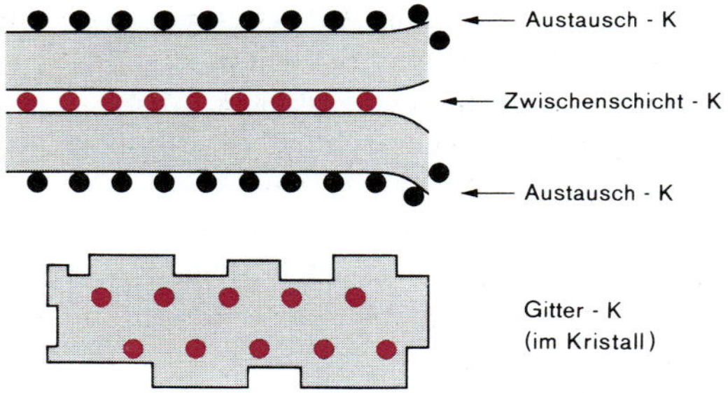

Fig. 5.2. Bindungsformen des Kaliums im Boden (oben: Tonmineral, schemat.).

K-Versorgung: auf humiden Böden bei hoher Auswaschung und starkem Entzug oft K-Mangel, ganz besonders auf schwach nachliefernden Moorböden; in ariden Böden oft ausreichend K vorhanden. Versorgungsgrad gut gekennzeichnet durch Austausch-K (Kap. 8.2.3).

K in Pflanzen

Gehalte und Verteilung: aufgenommene K^+-Ionen zu > 50 % frei in Lösung (Zellsaft), etwa 40 % sorbiert.

Gesamt-K in T.S. von Pflanzenteilen 5–50‰, Grenzwert → Kap. 8.2.4. Vor allem Blätter K-reich, junge Pflanzen mehr K als alte; Bedarfsmaximum in vegetativer Phase (Hauptblattentwicklung).

Tab. 5.5. K-Bilanz (z.B. für deutsche Landw.).

Gewinn:	kg S/ha und Jahr
Nachlieferung aus Reserve	5–50
Zufuhr durch org. Düngung	~50
(Ø BRD) anorg. Düngung	~35
Verlust:	
Auswaschung (humide Böden)	5 – >20
Entzug durch eine Ernte	50–250

Funktionen: allg. Ionen-Wirkung; K^+ wichtigstes Ion zur Erhöhung des osmotischen Drucks und Quellungszustandes (wassersparend), dabei z.T. durch Na^+ und Ammonium ersetzbar (Kap. 5.4.1); z.T. spezifische Aktivierung (Einfluss auf Ladung und Quellung) von Enzymen, z.B. für Energieübertragung. Kalium anscheinend kein Baustein.

> Kalium ist zwar kein Baustein in Pflanzen, aber K-Ionen regulieren wichtige Grundbedingungen für biochemische Prozesse, z.B. Quellungszustand der Protein-Kolloide. Kali wird, wie N, in großer Menge benötigt, d.h. KNO_3 ist das wichtigste Nährsalz.

K-Mangel: Aufbauleistung (Fotosynthese) verringert, weniger höhere Kohlenhydrate (geringere Standfestigkeit), weniger Eiweiß mit relativem Anstieg von Amiden (Geschmack und Haltbarkeit von Gemüse schlechter); Turgor verringert, stärkere Transpiration und Atmung; geringere Dürre- und Frostresistenz (K spart Wasser und erniedrigt Gefrierpunkt).

Symptome: Chlorose und sehr bald Nekrose der älteren Blätter vom Rand her (Randnekrose); Pflanze schlaff, „Welketracht" (Kap. 8.2.2).

K-Überschuss für Pflanze durch hohe Salzkonzentration bzw. antagonistische Störungen (Kap. 5.4.2) nachteilig; extrem hohe Gehalte im Futter für Tiere nachteilig (Kap. 5.3.3, 9.2.2).

5.1.5 Calcium (Ca)

Chemie: Erdalkalimetall; in Boden und Pflanze nur als 2-wertiges Kation (Ca^{2+}), frei oder in Verbindungen; gewisse Neigung zur Komplexbildung durch zwei zusätzliche „Nebenvalenzen".

Ca in Böden

Herkunft und Formen: aus primären Silikaten (z.B. Kalkfeldspat, Augit, Hornblende, Apatit) und sekundären Ca-Mineralen (Calcit, „Kalk" $CaCO_3$, Dolomit $CaCO_3 \cdot MgCO_3$, Gips $CaSO_4 \cdot 2\ H_2O$, Ca-Phosphate); durch Verwitterung Ca^{2+} frei, im Boden meist sorbiert oder wieder als sekundäres Mineral ausgefällt.

Fraktionen: anorg. Reserve 2–15‰ (≈ Gesamtgehalt); extrem hoher Gehalt an $CaCO_3$ in Kalkböden; rel. wenig Ca in Lateritböden der Tropen; org. Reserve unbedeutend, im Hochmoor daher nur sehr geringe Gehalte.

Austauschbares Ca: 400–4000 ppm; hoher Anteil an Austauschkapazität außer in stark sauren Böden (Kap. 2.1.2).

Wasserlösliches Ca: in kalkfreien Böden 1–5 % des Austausch-Ca.

Ca-Dynamik:

Mobilisierung: abnehmend in Reihenfolge Gips > Kalk > sekundäre Ca-Phosphate > primäre Silikate. Kalk besonders bei hohen CO_2-Gehalten in leichter lösliches Bicarbonat übergeführt:

$$CaCO_3 + CO_2 + H_2O = Ca^{2+} + 2\ HCO_3^-$$

Immobilisierung: Ausfällung schwerlöslicher Verbindungen in neutralen und alkalischen Böden; Ausfällung in Form von Kalk und Gips eher vorteilhaft, da somit Überschüsse beseitigt.

Ca-Bilanz: von untergeordneter Bedeutung.

Anhaltswerte in kg/ha pro Jahr:

Nachlieferung aus Reserven:	20–100
Zufuhr durch Düngung (Kalk):	70
Auswaschung (humide Böden):	20–150
Entzug durch eine Ernte:	30–150

Ca-Versorgung: für Pflanzen ist in meisten Böden (außer sehr sauren) genügend verfügbares Ca vorhanden; Ca-Düngung daher nur ausnahmsweise. Kalkzufuhr trotzdem oft notwendig zur Einstellung optimaler Bodenreaktion; Methoden zur Ermittlung des Kalkbedarfs (Kap. 8.1).

Ca in Pflanzen

Gehalte und Verteilung: aufgenommene Ca^{2+}-Ionen zum kleinen Teil frei in Lösung, z. T. sorbiert, großer Teil in schwerlöslichen Verbindungen (z.B. in Zellwänden).

Gesamt-Ca in Pflanzenteilen 0,5–50 ‰; Grenzwert unwichtig, da selten Mangel. Blätter haben höhere Ca-Gehalte als Wurzeln, ältere Blätter oft mehr Ca als jüngere. Bedarf etwa entsprechend dem Wachstum; kein ausgesprochenes Maximum, eher kontinuierliche (tägliche) Aufnahme erforderlich.

Funktionen: allgemeine Ionen-Wirkung; Ca relativ entquellend (Kap. 5.4.1); reguliert Membran-Permeabilität; Aktivierung einiger Enzyme; *Baustein* wichtiger Verbindungen: Phytin, Pektin, Ca-Phosphat; ferner als Ca-oxalat (in Sauerklee, Rhabarber, etc.), anorg. Calcit.

Calcium (als Gegenspieler von K) reguliert Quellungszustand der Kolloide und ist wichtiger Baustein. Ca-Versorgung auf meisten Böden weitgehend gewährleistet; dennoch erhebliche Zufuhr mit Kalkdüngung; daher kaum Ca-Mangel.

Ca-Mangel: Bewurzelung und Wachstum gering; Ca-Mangel im Freiland selten, sog. *Säureschäden* meist komplexer Natur (Kap. 8.1.1).

Symptome: Chlorose jüngerer Blätter, Stippigkeit bei Äpfeln.

Ca-Überschuss: Im Freiland selten, sog. *Kalkschäden* meist durch Sekundärwirkungen verursacht (Kap. 8.1).

5.1.6 Magnesium (Mg)

Chemie: Erdalkalimetall; in Boden und Pflanze nur als 2-wertiges Kation (Mg^{2+}),frei oder in Verbindungen; durch zwei zusätzliche „Nebenvalenzen" ausgeprägte Neigung zur Komplexbildung (z.B. im Chlorophyll); kleinstes aller wichtigen Kationen; stark hydratisiert.

Nomenklatur: „Magnesia" veralteter Trivialname für Magnesium in Verbindungen bzw. Bezeichnung für Bezugseinheit MgO (Magnesiumoxid).

Mg in Böden

Herkunft und Formen: aus primären Silikaten (z.B. Olivin, Biotit und viele andere dunkle, basische Minerale) und sekundären Mg-Mineralen (Magnesit $MgCO_3$, Dolomit $CaCO_3 \cdot MgCO_3$); durch Verwitterung Mg^{2+} frei, im Boden meist sorbiert oder in alkalischen Böden wieder als sekundäres Mg-Mineral ausgefällt; in Salzböden auch $MgSO_4$, $MgCl_2$.

Fraktionen: anorg. Reserve 1–10‰ Mg (≈ Gesamtgehalt); hoher Gehalt in Kalkböden (speziell aus Dolomit); org. Reserve unbedeutend.

Austauschbares Mg: 20–400 ppm; meist 2–20 % der Austauschkapazität (nicht höher, weil Konkurrenz durch stärker sorbiertes H^+ oder Ca^{2+}).

Wasserlösliches Mg: in kalkfreien Böden 1–10 % des Austausch-Mg.

Mg-Dynamik:

Mobilisierung stark aus sekundären Mineralen, schwach aus primären.

Immobilisierung: unbedeutend im sauren Bereich; Ausfällung schwerlöslicher Verbindungen im alkalischen Bereich für Pflanzen vorteilhaft, weil Überschüsse dadurch beseitigt werden.

Mg-Bilanz: Wichtig, weil Mangel weit verbreitet.

Anhaltswerte kg/ha pro Jahr:

Nachlieferung aus Reserven:	5–20
Zufuhr durch Düngung:	5–30
Auswaschung (humide Böden).	5–30
Entzug durch eine Ernte:	10–40

Mg-Versorgung: kalkhaltige Böden haben oft ausreichend verfügbares Mg; Mangel häufig auf sauren Böden ohne Mg-Düngung. Versorgungsgrad gekennzeichnet durch Austausch-Mg (Kap. 8.2.3).

Mg in Pflanzen

Gehalte und Verteilung: aufgenommene Mg^{2+}-Ionen zu 50% frei in Lösung (Zellsaft), 30% sorbiert, Rest in Verbindungen (etwa 15% in Chlorophyll).

Gesamt-Mg in Pflanzenteilen 1–10‰; (Grenzwerte siehe Kap. 8.2.4); Blätter der Leguminosen und Hackfrüchte und viele Leguminosen-Körner besonders Mg-reich. Mg (wie P) in reproduktiven Organen angereichert, Bedarfsmaximum entsprechend.

Funktionen: allgemeine Ionenwirkung (Kap. 5.4.1); Aktivierung von Enzymen speziell bei der Phosphorylierung und der Protein-Synthese u.a. durch Komplexbildung; auch bei Kopplung von Enzym und Substrat. Baustein wichtiger Verbindungen: Chlorophyll; ferner Phytin, Pektin usw.

> Magnesium reguliert in Ionenform wichtige Grundbedingungen für biochemische Prozesse und ist Baustein, vor allem für Chlorophyll. Mg-Versorgung oft unzureichend, daher häufig Zufuhr durch Düngung erforderlich.

Mg-Mangel: Kohlenhydratproduktion verringert; Amide angehäuft. *Symptome:* Chlorose älterer Blätter zwischen den Blattadern (Interkostalchlorose), bei Monocotyledonen (Gräsern) Streifenchlorose, bei Dicotyledonen fleckige Chlorose; später Nekrosen (Kap. 8.2.2).

Mg-Überschuss: auf humiden Böden selten und daher unbedeutend; auf Salzböden z.T. schädlich.

5.2 Spurennährelemente (Mikronährelemente)

Viele Elemente sind in Pflanzen in geringer Menge vorhanden. Davon wurden bisher nur 7 als essentiell bestätigt und sind somit Mikronährelemente. Sie werden in erheblich geringerer Konzentration (sog. „Spuren“) benötigt als Hauptnährelemente, weshalb ihr Wirken früher unbemerkt blieb.

Jedoch mit steigenden Erträgen, Kultivierung ärmerer Böden usw. sowie im Hinblick auf Nahrungs- bzw. Futterqualität reicht die natürliche Versorgung oft nicht mehr aus. Dann sind Maßnahmen zur Steigerung des natürlichen Angebots bzw. Düngung erforderlich.

> Bezüglich der Funktion spielen die „Redox“-Elemente eine besondere biochemische Rolle, also Schwermetalle mit Wertigkeitswechsel (Fe, Mn, Cu, Mo).
>
> Die Auswirkung starken Mangels auf den Ertrag ist erheblich, aber noch bedeutsamer dürften schwache Mängel hinsichtlich gesundheitlicher Spätfolgen von Mensch und Tier sein (Kap. 9.2.3).
>
> Außer den essentiellen sind noch weitere Elemente wichtig (Kap. 5.3.1, 5.3.3).

Reihenfolge: zuerst Kationen- (Fe, Mn, Zn, Cu), dann Anionen-bildende Elemente (Cl, B, Mo); jeweils geordnet nach Ertrags-Grenzwerten (s. Überblick).

5.2.1 Eisen (Fe)

Chemie: Schwermetall; in Boden und Pflanze als 2- und 3-wertiges Kation bzw. Fe-Verbindungen (Oxide, Salze, org. Fe-Verbindungen); leichter Übergang von $Fe^{2+} \rightleftarrows Fe^{3+}$. Durch „Nebenvalenzen“ Neigung zur Komplexbildung (Fe-Chelate). *Nomenklatur:* lat. *ferrum* engl. *iron.*

Fe in Böden

Herkunft und Formen : aus vielen primären, meist dunklen Mineralen (Biotit, Olivin) und sekundären Fe-Mineralen (verschiedene Fe(III)-oxide, z.B. Goethit α-FeOOH, Hämatit α-Fe_2O_3; Fe-Phosphate, Fe-carbonat, Fe-sulfide).

Durch Verwitterung Fe-Ionen frei, aber außer in stark sauren Böden meist schnell wieder als sekundäres Fe-Mineral ausgefällt, zunächst als „amorphe“ Verbindungen kolloidaler Größenordnung mit großer Oberfläche und deshalb relativ guter Mobilisierbarkeit.

Fraktionen: Gesamtgehalt 5–40‰ Fe (meist als anorg. Reserve); wesentlich höherer Gehalt in Lateritböden der Tropen, die zum großen Teil aus Fe-oxiden bestehen. Gehalte in Böden sehr hoch verglichen mit

Bedarf der Pflanzen (10‰ entsprächen 30.000 kg/ha Fe). Andererseits Hochmoor Fe-arm, da org. Fe-Reserve meist unbedeutend.

Austauschbares und wasserlösliches Fe: in durchlüfteten Böden nur wenig; Fe^{3+} in größerer Menge nur in sehr sauren Böden existent, Fe^{2+} unter reduzierenden Bedingungen auch bei höherem pH. Hohe Gehalte an mobilem Fe daher in sauren, schlecht durchlüfteten Böden.

Fe-Dynamik:

Mobilisierung durch anorganische Prozesse und Mikroben in sauren Böden erheblich, in alkalischen gering, aber Pflanze kann ihrerseits Reserven mobilisieren, z.B. mittels *Siderophoren* (Kap. 2.2.2).

Immobilisierung: Ausfällung als schwerlösliche Verbindung (Fe-Phosphat) in sauren Böden ist infolge reichlichen Fe-Angebots für Versorgung relativ belanglos; bei alkalischer Reaktion stärkere Festlegung in Oxidform bis zum Fe-Mangel möglich. Starke Beteiligung von Eisenbakterien an Umwandlungen von Fe-Verbindungen im Boden.

Fe-Bilanz: Gesamtbilanz wenig sinnvoll, da nicht Mengen, sondern Mobilitätsverhältnisse im Boden entscheidend sind. Zufuhr mit üblicher Düngung daher praktisch bedeutungslos. Außer in sauren Böden kaum Auswaschung; eine Ernte entzieht dem Boden etwa 1–2 kg/ha Fe.

Fe-Versorgung: Böden humider Gebiete meist ausreichend mit leichtlöslichem oder mobilisierbarem Fe versorgt; auf Kalkböden häufig Fe-Mangel infolge Festlegung (Kalkchlorosen). Absoluter Mangel nur auf Hochmoor. Ermittlung des Versorgungsgrades meist nur im ariden Gebiet wegen häufigen Mangels wichtig, Methode ähnlich wie für Mn.

Fe in Pflanzen

Gehalte und Verteilung: aufgenommenes Fe (freies Fe^{2+} oder z.B. Fe^{3}-Chelat) bleibt nur zu 10% wasserlöslich oder sorbiert; etwa 80% als Fe^{3+} vor allem in Chloroplasten an Eiweiß gebunden.

Gesamt-Fe in Pflanzenteilen 50–1000 ppm; Grenzwerte problematisch. Einige Pflanzen sehr Fe-reich (Spinat >3‰); hoher Fe-Gehalt in Blättern verglichen mit Wurzel und Stengel.

Bedarfsmaximum entsprechend der Blattentwicklung.

Fe in Pflanze z.T. als Fe-Phosphat und -oxid festgelegt, daher gelegentlich Fe-Mangel trotz hoher Gesamtgehalte an Fe; Kennzeichnung des Fe-Versorgungsgrades dann durch „aktiven“ Anteil oder auch Fe/Mn-Verhältnis, z.B. 2–3.

Funktionen: Fe ist Bestandteil mehrerer prosthetischer Gruppen von Enzymen (Cytochrome, Peroxidase, Katalase), da z.B. in Häminstruktur durch Wertigkeitswechsel $Fe^{2+} \leftrightarrow Fe^{3+}$ für Elektronenabgabe und -aufnahme geeignet (Kap. 3.2.4); über diese und andere Enzymreaktionen notwendig für Aufbau von Chlorophyll und Eiweiß; Fe in anorg. Verbindungen, z.B. Fe-Phosphat (wenn in Wurzel ausgefällt, Fe-Transport behindert). Allgemeine Ionenwirkung wegen geringer Menge unbedeutend.

Eisen (Fe) ist besonders als „Redox"-Element für zahlreiche Enzyme wichtig. In humiden Gebieten sind Pflanzen meist vom Boden ausreichend versorgt, aber im ariden Klima häufig Fe-Mangel wegen Festlegung.

Fe-Mangel: Produktion von Kohlenhydraten und Eiweiß verringert. *Symptome:* Chlorose jüngerer Blätter, wobei Blattadern zunächst noch grün bleiben; bei starkem Mangel weißliche Blätter, dann Nekrose (Kap. 8.2.2).

Fe-Überschuss: unspezifische, toxische Schäden bei sehr hoher Konzentration auf sauren nassen Böden.

5.2.2 Mangan (Mn)

Chemie: Schwermetall; in Boden und Pflanze als 2- und 3-wertiges Kation bzw. überwiegend als Mn-Verbindungen (Oxide, Salze usw.); im Boden ferner z. T. auch als 4-wertiges Oxid, in stark alkalischen Böden z.T. Manganate mit 6-wertigem Mn; leichter Übergang von $Mn^{2+} \leftrightarrow Mn^{3+}$. Durch „Nebenvalenzen" Neigung zur Komplexbildung (Mn-Chelate). *Nomenklatur:* engl. *manganese.*

Mn in Böden

Herkunft und Formen: aus vielen primären dunklen Mineralen (die auch reich an Fe und Mg sind, z.B. Augit) und sekundären Mn-Mineralen (verschiedene Mn-oxide, z.B. Manganit $Mn_2O_3 \cdot H_2O$, Hausmannit Mn_3O_4, Pyrolusit MnO_2, Mn-carbonat, Mn-Phosphate) werden durch Verwitterung Mn-Ionen frei, im Boden z. T. als Mn^{2+} sorbiert oder meist wieder als sekundäres Mn-Mineral (oft Oxide) ausgefällt, zunächst als „amorphe" Verbindung in kolloidaler Größenordnung mit großer Oberfläche und deshalb relativ guter Mobilisierbarkeit; z.T. durch Humus fixiert.

Tab. 5.6. Überblick: Spurennährelemente in Boden und Pflanze.

Element	Atom-gewicht	Häufige Gehalte in Böden (T. S.) ppm	Aufnahme als Ion	Häufige Gehalte in Pflanzen (T. S.) ppm
Fe	55,9	5 000–40 000	Fe^{2+} (Fe-Chelat)	50–1 000
Mn	54,9	200–4 000	Mn^{2+} (Mn-Chelat)	20–200
Zn	65,4	10–300	Zn^{2+} (Zn-Chelat)	10–100
Cu	63,5	5–100 (Ø 20)	Cu^{2+} (Cu-Chelat)	2–15
Cl	35,5	50 – > 1 000	Cl^{-}	200–10 000
B	10,8	5–100 (Ø 15)	$H_2BO_3^{-}$ HBO_3^{2-}	2–100
Mo	95,9	0,5–5	MoO_4^{2-}	0,2–3

Mittlerer Ertrags-Grenzwert im Blatt (T. S.) ppm	Mangelsymptome	Wichtige Funktion in Pflanzen
50	Chlorose jüngerer Blätter	Bestandteil von Redox-Enzymen, dadurch beteiligt an Fotosynthese, Atmung etc.
40	Fleckigkeit älterer Blätter bei Getreide, Betarüben, Obst. Fleckigkeit jüngerer Blätter bei Kartoffeln, Leguminosen	Aktivierung von Enzymen durch Kopplung; Bestandteil von Redox-Enzymen, dadurch beteiligt an Synthesen etc.
30	Chlorose jüngerer Blätter	Aktivierung von Enzymen durch Kopplung, beteiligt an Fotosynthese etc.; Förderung der Wuchsstoffbildung
5	Chlorose jüngerer Blätter	Bestandteil von Redox-Enzymen, dadurch beteiligt an Fotosynthese etc.
100	Chlorose; praktisch nie auftretend	allgemeine Ionenwirkung (quellend); Einfluss auf Enzyme
30 (Betarübe, Legum.) 5 (Getreide)	Chlorose und Nekrose jüngerer Blätter	Baustein für Kohlenhydratester, Zellwand; Regulierung der Wuchsstoffwirkung; allgemeine Ionenwirkung (entquellend)
0,3	Chlorose und Verformung jüngerer Blätter	Bestandteil von Enzymen (Nitratreduktase, Phosphatase)

Fraktionen: Gesamtgehalt 200–5000 ppm Mn (meist als anorg. Reserve); Mn-Gehalt steigt mit Tongehalt; in org. Böden z.T. niedrige Gehalte. Für Pflanzen bedeutsam ist *aktiver* (leicht mobilisierbarer) Anteil der Reserve: Oxide mit geringem Oxidationsgrad (Manganit besser mobilisierbar als Pyrolusit), Oxide mit geringem Grad der Kristallordnung (Manganit besser verfügbar als Hausmannit); insgesamt Oxide mit kleinen Partikeln, ungeordneter Oberfläche oder instabil durch Einbau von Fremd-Ionen besser mobilisierbar.

Austauschbares Mn^{2+}: 2–10 ppm; Grenzwert für ausreichende Versorgung etwa 3 ppm; Gehalt sehr variabel, im neutralen und alkalischen Bereich sehr gering; Anstieg bei Lufttrocknung oder starker Befeuchtung, Abfall bei schwacher Durchfeuchtung.

Wasserlösliches Mn^{2+}*:* 1–10 % des Austausch-Mn, sehr variabel.

Mn-Dynamik:

Mobilisierung in sauren Böden ausreichend (u.a. Reduktion durch Mikroben); ferner durch Pflanzen mittels Ausscheidungen von Säuren, Reduktionsmitteln, Komplexbildnern (Kap. 2.2.3).

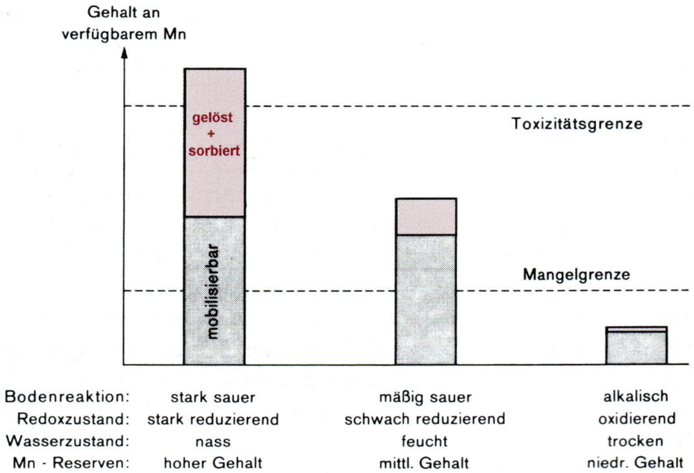

Fig. 5.3. Verfügbarkeit des Mangans in Abhängigkeit von Bodenfaktoren.

Immobilisierung: Festlegung in Form inaktiver Oxide vor allem auf leichten, gut durchlüfteten Böden mit pH >6 (Überkalkungsschäden, Kap. 8.1.1), dagegen weniger auf lehmigen und tonigen Böden selbst bei hohem pH, aber möglich durch Zunahme von Partikelgröße und Kristallordnung; z.T. auch Festlegung durch Humusstoffe (Kap. 6.1.2).

Mn-Bilanz: Gesamtbilanz völlig unwichtig, da nicht Mengen, sondern Mobilitätsverhältnisse im Boden entscheidend; kaum Auswaschung, außer in sehr sauren Böden; Entzug durch eine Ernte 0,3–1 kg/ha.

Mn-Versorgung: viele Böden ausreichend mit leicht verfügbaren und mobilisierbarem (aktivem) Mn versorgt; Mangel auf leichten Böden vor allem in Trockenperioden fleckenweise auf überkalkten Stellen (bei oft guter Versorgung des übrigen Feldes) oder (seltener) auf neutralen mittleren und schweren Böden großflächig verbreitet. Versorgungsgrad wird über Austausch-Mn oder „aktives" Mn (durch schwache Reduktionsmittel mobilisierbar) ermittelt (Kap. 8.2.3).

Mn in Pflanzen

Gehalte und Verteilung: aufgenommenes Mn (freies Mn^{2+} oder Mn^{3+}-Chelat) zum kleinen Teil wasserlöslich oder sorbiert, zum größten Teil an organische Substanz gebunden.

> *Gesamt-Mn* in Pflanzenteilen 20–200 ppm; Grenzwerte 30–40 ppm. Pflanzen auf sauren Böden z.T. wesentlich Mn-reicher (> 500 ppm); Blätter besonders Mn-reich. Mobilität nach Pflanzenart unterschiedlich (Kap. 2.3.3); Bedarfsmaximum entsprechend der Blattbildung.

Funktionen: Aktivierung von Enzymen teils durch Kopplungsfunktion entsprechend dem Mg (z.B. bei Phosphorylierung), vor allem als Bestandteil durch Wertigkeitswechsel ($Mn^{2+} \leftrightarrow Mn^{3+}$), z.B. bei Oxidasen; über Enzyme ist Mn beteiligt an Fotosynthese und Chlorophyllbildung, an Eiweißstoffwechsel, an Synthese von Vitamin C. In anorg. Form z.T. als Pyrolusit (MnO_2) abgelagert.

> Mangan ist besonders als „Redox"-Element für viele Enzyme wichtig. Ausreichende Mn-Versorgung der Pflanzen oft besser durch Aktivierung der Bodenreserven als durch Düngung möglich.

Mn-Mangel: Wachstum und Ertrag von Kohlenhydraten und Eiweiß verringert. *Symptome:* bei einzelnen Arten sehr unterschiedliche Fleckigkeit je nach Mobilität (Kap.8.2.2). Besonders empfindlich sind Hafer (Dörrfleckenkrankheit) und Zuckerrüben. Symptome verstärkt in „Stress"-Situation, z.B. nach Wuchsstoffspritzung.

Mn-Überschuss: unspezifische toxische Schäden bei extremen Gehalten in Pflanzen (>1000 ppm).

5.2.3 Zink (Zn)

Chemie: Schwermetall; gehört mit Cu und Mo zu den drei schwersten lebensnotwendigen Elementen; in Boden und Pflanze teilweise als Kation Zn^{2+}, überwiegend als Zn-Verbindungen; in stark alkalischen Böden evtl. Zinkate. Durch „Nebenvalenzen" Neigung zur Komplexbildung (Zn-Chelate).

Zn in Böden

Herkunft und Formen: aus primären dunklen (Fe- und Mg-haltigen) Mineralen und sekundären Zn-Mineralen (z.B. Zinksulfid ZnS; Zn-carbonat, Zn-oxid, Zn-Phosphat) durch Verwitterung Zn^{2+} frei: im Boden sorbiert, als sekundäres Mineral ausgefällt oder im Humus fixiert.

Fraktionen: Gesamtgehalt 10–300 ppm Zn (überwiegend als anorg. Reserve); hohe Gehalte in Galmeiböden mit viel Zn-carbonat. *Lösliche und sorbierte Fraktion:* geringer Anteil an Zn^{2+} (ähnlich Cu).

Zn-Dynamik: Verringerung der Verfügbarkeit mit steigendem pH ähnlich wie Mn. Org. Komplexe weniger fest als bei Cu, daher geringere Fixierung durch Humusstoffe.

Zn-Bilanz: weniger wichtig als Mobilität; Entzug pro Ernte 100–500 g/ha Zn.

Zn-Versorgung: viele Böden ausreichend mit Zn versorgt; Mangel vor allem in Gebieten mit höherem Bedarf der Pflanzen wegen starker Sonneneinstrahlung, bei geringem Gehalt an mobilem Zn infolge hoher pH-Werte und bei hohem Ertragsniveau. Versorgungsgrad wird mit Komplexbildnern ermittelt (Kap. 8.2.3).

Zn in Pflanzen

Gehalte und Verteilung: aufgenommenes Zn (freies Zn^{2+} oder Zn-Chelat) nur zum kleinen Teil wasserlöslich oder sorbiert, zum größten Teil an org. Substanzen gebunden.

Gesamt-Zn in Pflanzenteilen 2–100 ppm, Grenzwert etwa 30 ppm im Blatt (T.S.).

Funktionen: Aktivierung von Enzymen durch Kopplungsfunktion (wie Mg und Mn, die sich dabei z.T. ersetzen können) oder durch andere Einwirkung (Dehydrasen, Peptidasen); über Enzyme beteiligt an Chlorophyllbildung etc; Förderung der Wuchsstoffbildung, z.B. durch erhöhte Tryptophan-Synthese als Vorstufe von Auxinen.

> Zink aktiviert Enzyme und fördert Wuchsstoff-Produktion.
> Zn-Versorgung der Pflanzen oft ausreichend, aber teilweise knapp bei hohen Erträgen und fixierenden Böden.

Zn-Mangel: Wachstum und Ertrag von Kohlenhydraten und Eiweiß verringert; Auftreten von Symptomen vor allem bei starker Sonnenstrahlung, die Wuchsstoffgehalt verringert (Zn fördert Neubildung).

Symptome: Chlorose meist jüngerer Blätter bei Mais, Tabak, Baumwolle; Rosettenkrankheit bei Obst (Äpfel, Citrus): kleine, eng zusammenstehende Blätter. (Beispiel für Zn-Mangel Kap. 1.2.3).

Zn-Überschuss: unspezifische Schäden, im Freiland selten.

5.2.4 Kupfer (Cu)

Chemie: Schwermetall; in Boden und Pflanze teilweise als Kation Cu^{2+} bzw. $[Cu(H_2O)_4]^{2+}$, überwiegend als Cu-Verbindungen in org. Bindungen (z.T. auch als 1wertiges Cu). Durch Nebenvalenzen starke Neigung zur Komplexbildung (Cu-Chelate). *Nomenklatur:* lat. *cuprum,* engl. *copper.*

Cu in Böden

Herkunft und Formen: aus primären dunklen (Fe- und Mg-haltigen) Mineralen und sekundären Cu-Mineralen (sulfidische z.B. $CuFeS_2$ und oxidische Erze) wird durch Verwitterung Cu^{2+} frei: im Boden sorbiert, als sekundäres Mineral ausgefällt oder im Humus fixiert.

Fraktionen: Gesamtgehalt 5–100 ppm Cu, meist als anorg. Reserve; Cu-Gehalt steigt mit Tongehalt; auf humusreichen Böden bis zur Hälfte in organischer Form.

Austauschbares Cu: 0,2–2 ppm; als Cu^{2+} oder $CuOH^+$; an org. Austauscher am festesten von allen Nährstoffen sorbiert.

Wasserlösliches Cu: 1–10 % des Austausch-Cu; sehr wenig.

Cu-Dynamik:

Mobilisierung stärker auf sauren als auf neutralen Böden, aber pH-Abhängigkeit weniger scharf als beim Mn. Von Pflanzen vor allem durch Komplexbildner mobilisiert.

Fixierung vor allem durch bestimmte Humusstoffe, daher Cu-Mangel auf moorigen Böden verbreitet (Heidemoorkrankheit). In Kautschukplantagen z.T. org. Düngung zur Festlegung von qualitätsmindernden Cu-Überschüssen.

Cu-Bilanz: Gesamtbilanz von untergeordneter Bedeutung, da Mobilität im Boden entscheidend; kaum Auswaschung. Entzug durch eine Ernte 30–100 g Cu/ha; gewisse Zufuhr als Nebenbestandteil mit üblicher Düngung; gelegentlich beträchtliche Mengen durch Spritzung von Cu-haltigen Pflanzenschutzmitteln.

Cu-Versorgung: viele Böden ausreichend mit leicht verfügbarem oder mobilisierbarem Cu versorgt; Mangel aber verbreitet auf leichten, humosen Böden und anderen Cu-armen oder -fixierenden Standorten (vor allem in Trockenperioden) und bei hohem Ertragsniveau. Auf Grünland oft genügend Cu für Gräser vorhanden, aber nicht für höhere Ansprüche der Kühe. Versorgungsgrad durch mobilisierbares Cu ermittelt (Kap. 8.2.3).

Cu in Pflanzen

Gehalte und Verteilung: aufgenommenes Cu (freies Cu^{2+} oder Cu-Chelat) nur zum kleinen Teil in Pflanze wasserlöslich oder sorbiert, etwa 70 % an Eiweiß gebunden in Chloroplasten.

Gesamt-Cu in Pflanzenteilen 2–20 ppm; Grenzwert etwa 5 ppm im Blatt (T.S.). Blätter besonders Cu-reich; ferner infolge geringer Beweglichkeit rel. hohe Cu-Gehalte in Wurzeln. Bedarfsmaximum entsprechend der Blattentwicklung.

Funktionen: Bestandteil von Enzymen (Oxidasen) auf Grund des Wertigkeitswechsels $Cu^{2+} \leftrightarrow Cu^{+}$: Laccase, Phenoloxidasen (oxidieren bei Sauerstoffkontakt Phenole zu Chinonen, die zu dunkelgefärbten Melaninen polymerisieren, z.B. Braunfärbung von Äpfeln und Kartoffeln an der Schnittstelle), Ascorbinsäure-Oxidase (katalysiert terminale Oxidation). Über Enzyme beteiligt an Fotosynthese und Chlorophyllaufbau; ferner Cu (mit Fe) an zweitem Schritt der Nitratreduktion vom Nitrit zum Hydroxylamin beteiligt.

Kupfer ist notwendiges „Redox“-Element für viele Enzyme.
Cu-Versorgung nur bei niedrigem Bedarf ausreichend;
auf Rohhumus-Böden leicht Mangel wegen Fixierung.

Cu-Mangel: Wachstum und Ertrag von Kohlenhydraten und Eiweiß verringert. *Symptome:* Chlorose und Weißfärbung der jüngsten Blätter (Kap. 8.2.2); besonders empfindlich sind Hafer und Sommergerste (Weißspitzigkeit, Heidemoor- oder Urbarmachungskrankheit); bei Obst Chlorose und Verkümmern der Spitzentriebe. Mangel verstärkt in „Stress-Situation“, z.B. nach Wuchsstoffspritzung. Bei Kühen „Lecksucht“ (Kap. 5.3.3)

Cu-Überschuss: unspezifische Schäden, im Freiland selten.

5.2.5 Chlor (Cl), Chlorid

Obwohl seit langem als nützliches Element bekannt, Nachweis der Lebensnotwendigkeit erst später, weil Cl nur in sehr geringen Mengen erforderlich, die weit unter der Nützlichkeitsgrenze liegen. Cl hat damit Sonderstellung: a) in „Spuren” für alle Pflanzen essentiell, b) in größeren Mengen für manche Pflanzen nützlich (Kap. 5.3.1).

Chemie: Nichtmetall; in Boden und Pflanze nur als Chlorid-Anion (Cl^-); Chloride (Salze der Salzsäure HCl) leicht löslich. Elementares Chlor in molekularer Form (Cl_2) und z.B. Chlorat (ClO_3^-) für Pflanzen toxisch.

Cl in Böden

Herkunft und Formen: aus vielen Cl-haltigen Mineralen (z.B. Chlorapatit) wird durch Verwitterung Chlorid frei; meist ausschließlich in Bodenlösung, da Sorption und Ausfällung unbedeutend; aus humiden Böden leicht ausgewaschen, in ariden oft angereichert (Kap. 5.3.5).

Fraktionen: Gesamtgehalte sehr variabel (bis > 1‰), fast ausschließlich als anorg. Reserve, hohe Gehalte in marinen Ablagerungen und manchen ariden Böden.

Lösliche Fraktion: fast nur wasserlösliches Chlorid; 10–1000 ppm Cl in Bodenlösung, sehr variabel.

Cl-Dynamik: Mobilisierung in Anbetracht der großen mobilen Fraktion unwichtig; Immobilisierung praktisch nicht vorhanden.

Cl-Bilanz: trotz hoher Auswaschungsverluste und z.T. beachtlichem Entzug ist Bilanz durch Zufuhr mit Niederschlägen (5–20 kg Cl/ha und Jahr) und üblicher Düngung (vor allem mit Kali) praktisch immer ausgeglichen.

Cl-Versorgung: alle Böden sind für Deckung des lebensnotwendigen Bedarfs ausreichend versorgt; nur wenn die für einige Pflanzen günstigen (etwas größeren) Mengen gelegentlich fehlen, ist Düngung zweckmäßig, am besten als Nebenbestandteil (z.B. mit KCl). Aride Böden Cl-reich. Kennzeichnung des Versorgungsgrades praktisch unwichtig.

Cl in Pflanzen

Gehalte und Verteilung: aufgenommenes Cl in löslicher Form meist im Zellsaft; Gehalte sehr variabel, in Pflanzenteilen häufig 1–5‰; stark abhängig vom Cl-Gehalt im Substrat; bei zu hohem Angebot leicht Konzentrationsschäden. Ertrags-Grenzwert als Spurenelement etwa 100 ppm.

Für *Chlorid-liebende* Pflanzen noch höhere Cl-Gehalte als 5‰ wachstumsförderlich: Betarüben, Spinat, Sellerie, Kohl. *Chlorid-empfindliche* Pflanzen („Sulfatpflanzen“) reagieren dagegen auf höhere Cl-Gehalte negativ: Kartoffel, Tomate, Tabak, Bohnen, Beerenpflanzen, Wein, Obst, Zierpflanzen.

Funktionen: allgemeine Ionen-Wirkung (stark quellend) hat Einfluss auf Enzymtätigkeiten, z.B. offenbar spezifischen Einfluss auf O_2-Freisetzung bei Fotosynthese. Bei „Sulfatpflanzen“ stört Cl^- die Verlagerung von Stärke aus dem Blatt in die Reserveorgane (dadurch Stärkegehalt der Kartoffelknolle gesenkt).

> Chlor hat als Chlorid wichtige Ionen-Funktionen. Cl-Mangel sehr selten, aber bei besonderem Bedarf wegen Nützlichkeit gewisse Cl-Zufuhr zweckmäßig.

Cl-Mangel: Chlorose; allerdings nur bei strengstem Ausschluss von Chloriden in Wasserkultur zu erzielen; im Freiland kaum vorkommend. Bei Fehlen der günstig wirkenden Mengen zeigen Chlorid-liebende Pflanzen verringertes Wachstum vor allem der Vegetationspunkte und der Wurzel.

Cl-Überschuss: Salzschäden (Kap. 5.3.5).

5.2.6 Bor (B)

Chemie: Nichtmetall; leichtestes aller mineralischen Nährelemente; in Boden und Pflanze in Verbindungen des 3-wert. B: (Ortho-) Borsäure H_3BO_3, Anion $H_2BO_3^-$ oder HBO_3^{2-}, ferner Salze wasserärmerer Borsäuren (Metaborsäure HBO_2, Polyborsäuren z. B. Ca-borate CaB_4O_7 u. a., Natriumtetraborat = Borax $Na_2B_4O_7 \cdot 10\ H_2O$). *Nomenklatur:* engl. *boron.*

B in Böden

Herkunft und Formen: aus Turmalin (3–4 % B) sowie Silikaten mit B als Nebenbestandteil (Glaukonit, Muskovit) und sekundären B-Mineralen (z.B. Caborate meist komplexer Natur) werden durch Verwitterung Borate bzw. Borsäure frei, zum kleinen Teil in Bodenlösung oder sorbiert, meist wieder als sekundäres Mineral ausgefällt; in Salzböden gelegentlich als lösliche Borate angereichert (Kap. 5.3.5).

Fraktionen: Gesamtgehalt 5–100 ppm B (meist als anorg. Reserve); höhere Gehalte in Böden aus marinen Ablagerungen; feinkörnige Böden meist B-reicher als grobkörnige. Org. Reserve relativ gering, in org. Böden daher nur niedrige B-Gehalte.

Austauschbares Borat: 0,5–2 ppm B; rel. unübersichtlich, da Bindung z.T. komplexer Natur.

Wasserlösliches Borat: 0,1–1 ppm B im Boden; entscheidend für Versorgung der Pflanzen. Für Getreide 3 ppm schon toxisch.

Bor-Bilanz: wegen unterschiedlichen Bedarfs wichtiger Kulturpflanzen ist weniger Gesamtbilanz als spezifische Versorgung wichtig. Einige Hinweise: Menge in g/ha B pro Jahr: Nachlieferung 10–100; Zufuhr durch übliche Düngung und Niederschläge (in Meeresnähe) 30–100; Auswaschung (humide Böden) 20–100: Entzug durch eine Ernte 50–500 (z.B. wenig bei Getreide, viel bei Raps).

B-Dynamik:

Mobilisierung vor allem aus sekundären B-Mineralen bedeutsam, bei vielen Böden in ausreichenden Mengen.

Immobilisierung stärker mit steigendem pH: dadurch verstärkte Sorption und Ausfällung schwer löslicher Borate, weiteres Ca/B-Verhältnis (>1500 : 1); Festlegung durch Austrocknung besonders begünstigt.

B-Versorgung: für Pflanzen mit geringem B-Bedarf (z.B. Getreide) sind Böden meist ausreichend versorgt; bei Pflanzen mit höherem Bedarf (z.B. Beta-Rüben, Raps) oft Mangel auf schwach nachliefernden Böden bei hohem pH und Trockenheit. Überschuss-Schäden gelegentlich nach starker Düngung bei empfindlicher Nachfrucht. Teilweise natürliche Anreicherung in ariden Böden. Versorgungsgrad durch (heiß-) wasserlösliches B gekennzeichnet (Kap. 8.2.3).

B in Pflanzen

Gehalte und Verteilung: aufgenommenes $H_2BO_3^-$, HBO_3^{2-} (oder auch H_3BO_3) nur zum kleinen Teil in wasserlöslicher Form oder sorbiert, meist in Zellwänden und anderen Strukturen fest eingebaut (daher in Pflanzen schwer verlagerbar).

Gesamt-B in Pflanzenteilen 2–100 ppm; Grenzwerte siehe Kap. 8.2.4. Viele Dicotyledonen (z.B. Betarübe, Luzerne) haben höheren B-Bedarf als Gräser (Getreide); oberirdische Teile reicher als Wurzeln; aktives Gewebe (z.B. Kambium) und Blüten besonders B-reich. Bedarfsmaximum: kontinuierliche (tägliche) Aufnahme erforderlich (wie Ca).

Funktionen: Baustein wichtiger Verbindungen: Borsäureester mit Zuckern begünstigen Kohlenhydrat-Stoffwechsel; org. B-Verbindungen ermöglichen erst Gewebedifferenzierung und Feinstruktur der Zellwände, dadurch werden auch Kohlenhydrat-Transport durch Zellen und Ionenaufnahme verbessert.

Aktivator bzw. auch *Inaktivator* von Wuchsstoffen; B soll z.B. Wuchsstoff-Überschüsse festlegen, B-Mangel entspricht dann einem Wuchsstoff-Überschuss.

Allgemeine Ionenwirkung entquellend, aber Menge gering.

B für Bakterien offenbar kein Nährelement.

Bor ist notwendig als Baustein, für Gewebestruktur und zur Wuchsstoff-Regulation.

B-Zufuhr vor allem für Pflanzen mit hohem B-Bedarf, kaum für Gräser (Getreide).

B-Mangel: gehemmter Wuchs; wachsendes Gewebe geschädigt, vor allem Vegetationspunkt, Kambium (sekundäres Dickenwachstum); Verkorkung und Risse der Epidermis (Äpfel), Hohlräume in Stengel (Kohl) und Wurzel (Steckrübe).

Symptome: Chlorose und sehr bald auch Nekrose jüngerer Blätter (Kap. 8.2.2); besonders empfindlich sind Betarüben (Herz- und Trockenfäule), Steckrüben (Glasigkeit), Luzerne.

B-Überschuss: nekrotische Fleckigkeit der Blätter, bevorzugt bei Getreide, Kartoffeln, Bohnen.

5.2.7 Molybdän (Mo)

Chemie: Schwermetall; schwerstes der notwendigen Elemente; in Boden und Pflanze vor allem in Verbindungen des 6-wertigen Mo, d. h. als Molybdat-Anion MoO_4^{2-}, bzw. in saurer Lösung Polymolybdate $Mo_7O_{24}^{6-}$, $Mo_8O_{26}^{4-}$. Ferner als 4- und 5-wertiges Mo im Boden (Oxide, Sulfide) und in Redoxsystemen der Pflanze. *Nomenklatur:* engl. *molybdenum.*

Mo in Böden

Herkunft und Formen: aus Mo-haltigen primären Silikaten (Olivin) und Fe-Oxiden sowie sekundären Mo-Mineralen (Mo-sulfid MoS_2, Mo-oxide z.B. MoO_2, Fe-molybdat, Ca-molybdat) wird durch Verwitterung Molybdat-Anion frei; nur zum kleinen Teil in Bodenlösung oder sorbiert, meist wieder ausgefällt.

Fraktionen: Gesamtreserve 0,5–5 ppm Mo ≈ 1,5–15 kg Mo/ha in oberer 20-cm-Lage; sehr arme Böden nur 0,2–0,3 ppm, reiche (z.B. Galmeiböden) > 10 ppm; org. Reserve gering.

Austauschbares und wasserlösliches Mo: etwa 1–10 % des Gesamt-Mo; relativ unübersichtlich, da an Fe-oxide z.T. festere als einfache Austauschbindung.

Mo-Dynamik:

Mobilisierung stärker im neutralen und alkalischen Bereich und unter oxidierenden Bedingungen. *Immobilisierung:* in sauren Böden Ausfällung von Fe-molybdaten; unter reduzierenden Bedingungen Umwandlung relativ mobiler 6-wertiger Mo-Verbindungen in schwermobilisierbare 4- und 5-wertige Mo-oxide.

Mo-Bilanz: Gesamtbilanz von untergeordneter Bedeutung, da Mobilitätsverhältnisse im Boden entscheidend; kaum Auswaschung.

Entzug durch eine Ernte 5–30 g/ha Mo.

Mo-Versorgung: Böden meist ausreichend mit Mo versorgt; Mangel bevorzugt auf sauren Böden mit viel mobilem Eisen (Ausfällung), gelegentlich auf anderen Standorten aus weniger klar erkennbaren Ursachen.

Überschuss bei viel wasserlöslichem Mo (bis >50 % des Gesamt-Mo möglich); Versorgungsgrad über mobilisierbares Mo (Oxalatlösung, pH 3,3) ermittelt.

Mo in Pflanzen

Gehalte und Verteilung: aufgenommenes MoO_4^{2-} (bzw. Polymolybdate) in Pflanzen weitgehend an org. Substanzen gebunden; schwer verlagerbar. Gehalt meist 1/10 des B-Gehalts, aber auf Äquivalentbasis wegen hohen Atomgewichtes nur 1/100 vom Bor.

Gesamt-Mo in Pflanzenteilen häufig 0,2–5 ppm, Grenzwert für Rapsblätter (T.S.) etwa 0,5 ppm; Gehalte in Leguminosen auf Kalkböden und Kohlarten bis >10 ppm; Gehalt kann ohne Schaden für viele Pflanzen weit höher ansteigen (da stark immobilisiert), aber für Tiere bereits etwa 10 ppm toxisch.

Funktionen: Bestandteil von Enzymen (Reduktasen): Nitratreduktase für Umwandlung vom Nitrat zu Nitrit durch Flavoprotein unter Wertigkeitswechsel Mo (VI) ↔ Mo (V). Pflanze hat bei Nitrat-Ernährung daher höheren Mo-Bedarf als bei NH_4-Ernährung). Ferner in Reduktase der Leguminosen für N_2-Bindung; über Enzyme beteiligt am P-Stoffwechsel (über Phosphatase an Phosphorylierung und P-Einbau), an Ascorbinsäure-Synthese etc.

Für Alge *Scenedesmus* Mo nur notwendig bei Nitrat-Ernährung, dafür aber Vanadin erforderlich.

> Molybdän wird in geringster Menge benötigt, speziell für gewisse Enzymfunktionen.
> Mo-Zufuhr nur bei seltenen Mangel-Situationen.

Mo-Mangel: Wuchs und Fotosynthese gehemmt; Nitrat-Anreicherung. *Symptome:* Chlorose jüngerer Blätter; löffelförmige Blätter bei jungen Kohlpflanzen; bei Blumenkohl „Klemmherz" (besonders empfindlich gegen Mo-Mangel) (Kap. 8.2.2). (Beispiel für Mo-Mangel Kap. 1.2.3).

Mo-Überschuss: allgemeiner Kümmerwuchs, im Freiland selten.

5.3 Sonstige Mineralstoffe

Außer den für *alle* Pflanzen essentiellen sind noch andere Elemente wichtig

- nützliche (oder notwendige) Elemente für einzelne Gruppen von Pflanzen
- in Nahrung für Mensch und Tier notwendige oder nützliche Elemente
- auch toxische Stoffe sind zu beachteten.

5.3.1 Nützliche Elemente

Für höhere Pflanzen (und teilweise auch für niedere) sind einige zusätzliche Elemente in geringen Konzentrationen (selbst bei guter Versorgung mit Nährelementen) wachstumsfördernd und daher als „nützlich“ eingestuft. Wenn die nützliche Wirkung nur auf teilweisem Funktionsersatz eines Nährelements wegen Ähnlichkeit der Ionen (Rb^+ statt K^+, Sr^{2+} statt Ca^{2+}, Bromid statt Chlorid, Selenat statt Sulfat) beruht, so spielt dies praktisch kaum eine Rolle.

Einige Elemente sind aber (aus unterschiedlichen Gründen) für einige höhere Pflanzen von erheblichem Nutzen, nämlich: Na, Cl, Si, Al, Co, Ni (u.a.?).

> *Nützliche Elemente* (engl. *beneficial elements)* fördern das Wachstum einiger Pflanzen durch unterschiedliche Funktionen. Sie sollten daher ggf. bei der Düngung berücksichtigt werden.

Natrium (Na)

Menge und Mobilität des Na^+ in vielen Böden etwa gleich der des K^+. Aride Böden meist höhere Gehalte. Viele Pflanzen nehmen aber weit weniger Na als K auf. Im Weizen wirken 1–2‰ Na bereits ertragsmindernd. „Na-liebende“ Pflanzen enthalten in Blättern (T.S.) 10–30‰ Na: Betarüben, Spinat, Sellerie, Kohl, Gerste. Ausgesprochene Halophyten (Salzpflanzen) ertragen bis 100‰ Na. Rel. hohe Na-Gehalte im Gras günstig für Weidetiere.

Allgemeine Ionenfunktion des Na (stark quellend) ermöglicht teilweisen Ersatz des K: günstiger Einfluss auf Wasserhaushalt, besonders bei ungenügender

K-Versorgung (Na in Pflanze aber wegen großer Wasserhülle weniger gut beweglich). Noch unklar, ob außerdem *spezifische Funktion* in „Na-liebenden" Pflanzen, da auch bei guter K-Versorgung zusätzliche Na-Zufuhr oft wachstumsfördernd.

Notwendigkeit des Na bisher nur für einige Salzpflanzen (*Atriplex*) und Algen nachgewiesen.

Chlor (Cl)

Chlorid ist wichtiger nützlicher Nährstoff für einige „Salz-liebende" Kulturpflanzen, also jenseits seiner Bedeutung als Spurennährelement. Nützliche Konzentrationen liegen weit über dem Ertrags-Grenzwert (Kap. 5.2.5).

Silicium (Si)

Hauptbestandteil der Böden (30 %), aber sehr immobil; Aufnahme vor allem als Silikat-Anion (SiO_4^{4-}).

Gehalte in Blättern vieler Pflanzen rel. hoch, 1–5 ‰ Si in T.S. (wie P); Gräser (Getreide), aber insbesondere Farne, Schachtelhalme besonders Si-reich (bis 50 ‰). Si für Diatomeen (Kieselalgen) lebensnotwendig als Baustein.

Funktion: durch Ablagerung in Gräsern meist als amorphe Kieselsäure (Bio-Opal) in Zellwänden stärkere Festigung des Stützgewebes (damit höhere Standfestigkeit), ferner bessere Mehltau-Resistenz und andere weniger klare Funktionen. Silikat-Düngung im Reis-Anbau als Maßnahme gegen „Lagerkorn" durch Sturm. Obwohl Silikat-Anion dem Phosphat ähnlich, kein Ersatz möglich; günstige Düngerwirkung von Silikat bei P-Mangel erklärbar durch Austausch von Phosphat (Silikat kann P-Versorgung verbessern). Bei Schafen evtl. durch nadelförmige Kieselsäure-Ablagerungen im Gras Schäden am Verdauungstrakt.

Aluminium (Al)

Hauptbestandteil der Böden (8 %); nützlich für einige an stärker saure Böden angepasste Pflanzen, z.B. Tee (2–3 ‰ Al in T.S. der Blätter). Aufnahme als Al^{3+}-Ion; Funktion nicht eindeutig. Möglicherweise für Farne essentiell. Hauptbedeutung für höhere Pflanze als toxischer Substanz (Kap. 5.3.4).

Kobalt (Co)

Obwohl nicht essentiell, ist Co für N-bindende Pflanzen außerordentlich wichtig. In Böden meist 1–10 ppm Gesamt-Co (gute Beziehung zum Fe-Gehalt). Fraktionen wie bei Zn und Cu; mobilisierbares Co mit schwacher Säure oder Komplexbildnern extrahierbar. Aufgenommenes Co^{2+} kann über Enzym-Beeinflussung mehrere (meist unspezifische) Funktionen ausüben.

Co unbedingt notwendig für Tätigkeit von (Symbiose-) N_2-Bindern (Bakterien, Blaugrüne Algen) als Bestandteil des an N-Bindung beteiligten Vit. B_{12}. Co daher von großem Nutzen für Leguminosen. Gehalte s. Tab. 5.7.

Co möglicherweise für Leguminosen essentiell (unabhängig von Knöllchenbakterien), da Vit. B_{12} auch in oberirdischen Pflanzenteilen nachgewiesen; Beweis fehlt jedoch bisher. Für Bedarf von Kühen reicht Vit. B_{12}-Gehalt des Futters nicht aus, aber eigene Produktion mittels Mikroben des Pansens; dafür rel. hoher Co-Bedarf (> 0,1 ppm Co im Weidefutter); Co-Mangel führt zur „Lecksucht“ (Kap. 5.3.3).

Co-Versorgung: für Bedarf der Leguminosen auf meisten Böden ausreichend; für Bedarf der Kühe auf armen oder immobilisierenden Böden ungenügend. Alternative: Co-Düngung oder Zufütterung. Eine Ernte entzieht dem Boden einige g Co/ha.

Tab. 5.7. Co-Gehalte (ppb in T.S. der Pflanzen).

für Leguminosen in Nährlösung für Leguminosen in Blättern für Leguminosen in Knöllchen (als Grenzwerte opt. Versorgung)	0,01-0,1 5 100	(in Blättern 1/100 des Mo-Bedarfs)
für Kühe und Schafe im Futter	~ 100	(20fache des Pflanzenbedarfs)
Bereich der Co-Gehalte in Pflanzen	30–300	

Nickel (Ni)

Seit wichtige Funktionen des Ni sowie verbessertes Wachstum durch Ni-Zufuhr bei einigen Pflanzen nachgewiesen, ist Ni zumindest als nützlich einzustufen (möglicherweise für einige Pflanzen auch essentiell).

Wichtig als Aktivator der Urease (verbreitetes Enzym in Pflanzen); daher bei unzureichender Versorgung Störungen des N-Stoffwechsels mit toxischer Urea-Anreicherung und speziellen Symptomen, z.B. bei Pecan-Nussbäumen. Möglicherweise auch noch für weitere Enzyme erforderlich; z.T. Funktions-Ersatz anderer Metalle möglich. Aufnahme als Ni^{2+}-Ion. Gehalte in Pflanzen (T.S.) von 1–5 ppm (toxisch > 10).

Auf Grund der praktischen Bedeutung für einige Pflanzen und um Düngung zu ermöglichen, ist Ni aus legislativer Sicht in den USA bereits als essentiell eingestuft, was zweckmäßig sein mag, aber nach strengen Kriterien als verfrüht erscheint (Kap. 1.5; Kap. 5.3.2).

5.3.2 Potentielle Nährelemente

Die Anzahl der für alle höheren Pflanzen als essentiell bestätigten mineralischen Elemente beträgt bisher 13. Künftig erscheint durchaus Erhöhung dieser Zahl um einige Elemente aus der „Warteliste" möglich, nämlich um bisher „nur" als nützlich eingestufte Elemente oder für Tiere bereits als essentiell nachgewiesene Elemente oder sogar bisher nur für niedere Pflanzen wichtige Elemente.

Weitere biotisch bedeutsame Stoffe vor allem unter den ersten 38 Elementen des Periodensystems zu vermuten (bekannte Ausnahmen: Nr. 42 (Mo), Nr. 48 (Cd), Nr. 50 (Sn), Nr. 53 (J), Tab. 5.8).

Berechtigung zur Prognose weiterer Nährelemente folgt aus Vergleich zwischen üblichen Konzentrationsangaben und *atomarer Betrachtungsweise,* die letztlich für Wirksamkeit von Atomen (Ionen) in der Zelle maßgeblich ist (Tab. 5.9).

Essentialität von Elementen mit deutlich geringerem Grenzwert als Molybdän, also < 0.1 ppm, durchaus möglich (Co?, Ni?, Se?), wenn auch schwer nachzuweisen (Anhang C). Unterste Wirkungsgrenze vermutlich bei 10^2 bis 10^3 Atomen pro Zelle. Eine (potentiell mögliche) neue Gruppe von „Ultra-Spurenelementen" (die sich für Tiere andeutet) ist für Pflanzen vorläufig nicht abzusehen.

Insgesamt dürfte Anzahl der (nach strengen Kriterien) essentiellen mineralischen Elemente nicht wesentlich mehr als 15 betragen. Auf keinen Fall sind

Tab. 5.8. Bedeutung der ersten 38 Elemente des Periodensystems für Pflanze, Tier und Mensch (ohne die 13 mineral. Nährelemente für Pflanzen; ohne Edelgase; zusätzlich Cd, Sn, Jod).

Element		Normaler Gehalt in Pflanzen (T. S.) ppm	Bedeutung für Pflanzen		Bedeutung für Nutztiere (und Menschen)	
Symbol	Name		für einige Pflanzen notwendig	für einige höhere Pflanzen deutlich nützlich	notwendig	vermutlich nützlich
Li	Lithium	0,1–5				
Be	Beryllium	<0,1				
F	Fluor	0,1–10			X	
Na	Natrium	500–30000	X (Salpfl.)	X	X	
Al	Aluminium	20–50	(X?) (Farne)	X (Tee)		
Si	Silicium	1000–10000	X (Diatom.)	X (Getreide)	X	
Sc	Scandium	?				
Ti	Titan	2–100				
V	Vanadin	0,05–1	X (Alge *Scenedesm.*)		X	
Cr	Chrom	0,1–1			X	
Co	Kobalt	0,03–0,3	X (N_2Binder)	X (Legumin.)	X (Vit.B_{12})	
Ni	Nickel	1–5		X	X	
Ga	Gallium	<0,1	X (Pilze)			
Ge	Germanium	<0,1				
As	Arsen	0,1–0,5	X (Alge *Asparagopsis*)			
Se	Selen	0,1			X	
Br	Brom	1–100			X	
Rb	Rubidium	10–100				
Sr	Strontium	10–100				(X?)
Cd	Cadmium	0,1–1				(X?)
Sn	Zinn	0,2 (?)			X	
J	Jod	0,1–2			X	

Tab. 5.9. Konzentration und Atomzahl von Nährelementen (errechnet aus Loschmidt'scher Zahl und geschätzter Zellzahl 10^9).

Element	Konzentration im Blatt ppm	Atome pro Zelle einer jungen Pflanze	Ø Nettoaufnahme von Atomen in eine Zelle pro Sekunde
K	20000	10^{12} = 1000000000000	100000
Mn	40	10^9 = 1000000000	100
Mo	0,4	10^7 = 10000000	1
Co	0,004	10^5 = 100000	0,01

alle Elemente in Pflanzen auch lebensnotwendig – nicht einmal alle Elemente, die eine Funktion ausüben.

5.3.3 Nährelemente für Nutztiere

Tiere (sowie Menschen) benötigen mehr Nährelemente als Pflanzen.

Mineralstoffbedarf vieler Tiere (vor allem pflanzenfressender Nutztiere) durch Inhaltsstoffe des pflanzlichen Futters gedeckt, aber Bedarf von Pflanze und Tier nur z. T. übereinstimmend:

- Tiere haben (entsprechend) etwa gleichen Bedarf wie Pflanzen an meisten Nährstoffen
- Tiere benötigen weniger als Pflanzen von: Kalium, Bor
- Tiere benötigen bei hoher Leistung mehr als Pflanzen: P, Cl, Mg, Mn, Cu
- Tiere benötigen zusätzliche Elemente: Na, Si, F, J, Co, Se, Cr, Ni, Sn, V, Br (u.a.?).

Richtige Ernährung, z.B. von Weidetieren, erfordert Berücksichtigung dieser Diskrepanzen des Bedarfs bei der Düngung von Grünland und im Acker-Futterbau (von Mineralstoff-Zufütterung einmal abgesehen). Dazu einige kurze Angaben:

Natrium und *Chlor:* diese beiden Bestandteile des Kochsalzes sind wegen des hohen Bedarfs der Tiere bei der Düngung (meist als Nebenbestandteil) zu berücksichtigen. Aber auch direkte Zufütterung mit Lecksteinen möglich.

Kalium und *Magnesium:* Ertragsgrenzwert von 25 ‰ K im Blatt sollte möglichst nicht weit überschritten werden. Daher keine K-Luxusdüngung. Extrem hohe K-Gehalte senken die für Tiere wichtigen Mg-Gehalte (> 2 ‰ erforderlich) und erhöhen damit beim Tier die Gefahr der Weidetetanie (Krämpfe, die zum Tode führen können).

Phosphat: bei hoher Milchleistung mehr P im Futter erforderlich als für hohe Pflanzenerträge. Daher P-Anreicherung in hohen Optimalbereich (für Gras) anzustreben.

Mangan und *Kupfer:* für hohe Leistungen der Kühe etwa doppelt so hohe Gehalte wie für Höchsterträge der Pflanzen erforderlich: Mn im Gras für Pflanze 40 ppm, für Kühe etwa 80 ppm; Kupfer im Gras für Pflanze 5 ppm, für Kühe 8–10 ppm. Bei Cu-Mangel „Lecksucht", auch in Kombination mit Co-Mangel.

Kobalt: als Bestandteil des Vit. B_{12} für hohe Leistungen der Kühe mindestens 0,1 ppm Co im Futter notwendig. Falls dieser Wert nicht erreicht, Zufuhr mit Dünger erforderlich, ggf. Co mit Mineralstoff-Mischung.

Selen: Notwendig für Glucose-Stoffwechsel, bestimmte Enzyme, z.B. Gluthation-Peroxidase (als Antioxidans) u.a.

Bei Se-Mangel: Wachstums- und Fruchtbarkeits-Störungen, Muskeldystrophie (Weißmuskel-Krankheit), Pankreas-Störung, (bei Menschen: mögliche Schäden an Knochen, Augen?). Schwacher Se-Mangel auf Grünland verbreitet. Anzustrebender Gehalt im Gras (T.S.): 0,1–0,2 ppm Se (wird auf vielen Weiden armer Böden nicht erreicht). Düngung mit Se-haltigem Dünger erhöht suboptimale Se-Gehalte; aber richtige Dosierung beachten, da Se-Überschuss nachteilig. (> 5 ppm toxisch).

F (Fluor), Br (Brom), J (Jod): zusätzlich zum Chlorid sind alle diese Halogenide für Tier und Mensch essentiell (zumindest von erheblichem Nutzen): Fluorid für Zähne und Knochen, Jod für Schilddrüsen-Hormon Tyroxin.

Nickel: Aktivator von Enzymen für Pansen-Bakterien, ferner offenbar weitere Funktionen im tierischen Stoffwechsel.

Chrom: notwendig u.a. für Glucose-Stoffwechsel.

Sn (Zinn) und *V (Vanadin):* offenbar spezielle, aber noch unklare Funktionen.

5.3.4 Toxische Stoffe im Boden

Als toxische Stoffe werden solche bezeichnet, die zwar in geringen Konzentrationen ohne Einfluss auf Pflanzenwachstum, aber in höheren Dosen nachteilig wirken. Solche Substanzen kommen sowohl natürlich in Böden vor, werden aber teilweise über Dünger, mehr noch über Abfallprodukte dem Boden zugeführt (s. Kap. 7.2.3).

Toxische Stoffe des Bodens

Alle Stoffe in chemisch aktiver Form wirken in entsprechend hoher Konzentration toxisch (giftig) auf die Pflanzen. Manche Stoffe aber bereits in sehr geringen Konzentrationen toxisch (z.B. Beryllium, aber selten) oder (ohne Einfluss bei geringer) erst bei höherer Konzentration. Schließlich ist auch die Überdosierung von Nährstoffen schädlich (Kap. 5.3.5).

Verbindungen eines Elements können teils nützlich (z.B. Chlorid als Nährstoff), teils toxisch sein (z.B. Chlorat als Herbizid zur Vernichtung von Pflanzen).

Toxisch wirkende Gehalte bestimmter Substanzen kommen auf extremen Standorten natürlicherweise vor und verursachen Störungen oder gar Vernichtung des Pflanzenwuchses, z.B. Aluminium in stark sauren Böden bzw. verschlechtern Qualität des Futters oder der Nahrung mit entsprechenden Schäden.

Größere Bedeutung der Toxizitätsschäden jedoch erst als anthropogene (durch Tätigkeit des Menschen bedingte) Umweltschäden (durch Abgase, Abwässer, Abfallstoffe etc.).

Pflanzen wehren sich gegen Aufnahme von Schadstoffen zunächst durch weitgehenden Ausschluss (Nichtaufnahme). Bei Überschreiten der Selektionskapazität (Kap. 2.2.3) erfolgt z.T. Immobilisierung in der Wurzel oder auch noch in oberirdischen Teilen. Bleiben die Schadstoffe aber aktiv, dann leicht Schäden an Enzymsystemen (sofern keine Toleranz-Mechanismen bestehen).

Folgende Elemente (überwiegend Metalle) für Pflanzen bzw. in Nahrung für Mensch und Tier als toxische Stoffe im Boden besonders bedeutsam (alphabetisch, alle Gehalte in T.S.):

Aluminium (Al): obwohl hohe Gehalte von 8 % Al in Böden, besteht im üblichen pH-Bereich keinerlei Toxizität; nur bei tiefem pH nennenswerte Gehalte an mobilem Al (Kap. 8.1.1). Al in Pflanzen z.T. bereits bei Gehalten von 50–100 ppm toxisch: (Störungen des P-Stoffwechsels etc.). Toxische Grenze für Tiere weit höher. Al-Toxizität war in Europa und ist global noch weit verbreitet; Al vermutlich praktisch wichtigster Schadstoff auf großen Flächen (z.B. saure Sulfatböden). Toxizität kann durch Kalkung völlig beseitigt werden (aber nicht überall ist Kalk günstig erhältlich).

Arsen (As): in Böden etwa 5 ppm, in Pflanzen 0,1–0,5 ppm; Arsenate für Pflanzen kaum toxisch, aber für Tiere ab etwa 2 ppm As (Lähmungen).

Blei (Pb): in Böden 5–100 ppm, aber von Wurzeln schlecht aufgenommen und nur teilweise weitergeleitet; in Blättern 0,1–10 ppm (durch Autoabgase stark erhöht, trotzdem kaum Schäden bei Pflanzen). Gesundheitsgefahr durch höheren Pb-Gehalt der Nahrung auch wegen radioaktiver Beimengungen z.B. Polonium.

Cadmium (Cd): in Böden 0,1–2 ppm, in Pflanzen etwa 0,05–1 ppm (>5ppm in „Cd-verseuchten" Gebieten). Für Menschen vor allem im Trinkwasser toxisch.

Chrom (Cr): in Böden 10–100 ppm, in Pflanzen 0,1–1 ppm. Hohes Chromat-Angebot (CrO_4^{2-}) für Pflanzen toxischer als Cr^{3+}-Ionen.

Nickel (Ni): in Böden 10–100 ppm, in Pflanzen 0,5–5 ppm; toxisch über 10–20 ppm.

Quecksilber (Hg): in Böden etwa 0,05 ppm, in Pflanzen etwa 0,002 ppm. In Nahrung sollten weniger als 0,05 ppm sein.

Selen (Se): in Böden 1–20 ppm (bis > 100), in Pflanzen etwa 0,1 ppm. Selenat SeO_4^{2-} für Pflanzen nicht toxisch, da ähnlich dem Sulfat (z.T. Einbau des Se statt Schwefel in Aminosäuren). Für Tiere ab 5–10 ppm im Futter toxisch (Haarausfall, Steifheit).

Strontium (Sr): Sr^{2+} dem Ca^{2+} sehr ähnlich, für Pflanze bei üblichem Angebot offenbar nicht toxisch (Gehalte 10–100 ppm); für Tiere vermutlich nützlich. Besonderes Problem: gelangt radioaktives ^{90}Sr aus Atombomben-Explosion mit Niederschlägen in Böden, wird es von Pflanzen wie Ca aufgenommen; Einbau in Knochenmark des Menschen schädigt Blutbildung.

Beispiel für toxische Konzentrationen von Nährelementen

Einige Fluss-Auenböden am Nordrand des Harzes sind durch Abwässer des früheren Silberbergbaus stark mit Zink, Kupfer etc. angereichert. Cu-Gehalte im Getreide um das 5fache erhöht (bis über Schadgrenze von 20 ppm); Zn-Gehalte von 20 ppm bis über das 50fache (Schadgrenze für Rotklee etwa 200 ppm, für Hafer 400 ppm). Schwere Gesundheits-Schäden bei Weidetieren.

Schadstoffe in Abfallprodukten

Im Zuge verstärkter Rückführung *(„recycling")* von Siedlungsabfällen (Müll, Müllkompost, Klärschlamm) zur Nutzung der Pflanzennährstoffe, können die ebenfalls enthaltenen beträchtlichen Schwermetallgehalte (z.B. Cadmium, Chrom) eine erhebliche Belastung bedeuten und bedürfen daher der Kontrolle (Kap. 6.2.3).

In Abfällen z.T. auch schädliche organische Stoffe enthalten, wobei Hemmstoffe für Pflanzen (Kap. 6.2.2) weniger bedeutsam sind als potentiell gesundheitsschädliche Stoffe (dies ist aber noch unzureichend untersuchtes Problem). Jedenfalls werden durch effektive Kompostierung org. Schadstoffe ganz oder teilweise abgebaut (weshalb die Verwertung städtischer Abfälle via gründlicher Kompostierung der direkten Anwendung vorzuziehen ist).

Möglichkeiten zur Beseitigung anorganischer Schadstoffe

Beseitigung von Toxizitäten weit schwieriger als einfache Behebung eines Mangels durch Düngung. Bisher gibt es kaum effektive, praktikable Gegenmittel. Auswaschung ist nur für wasserlösliche Stoffe (z.B. Salz) möglich. Meist ist der Versuch zur stärkeren Immobilisierung im Boden angebracht, z.B. durch Kalk- und Phosphatdüngung kann Cd-Aufnahme gesenkt werden (insgesamt aber nur begrenzt wirksam). Gewisse Abhilfe gegen (sekundär entstehende) Chlorosen durch Bespritzen, z.B. mit Eisen-Lösungen, bei Schäden, die in einer Blockierung der Fe-Wirkung bestehen.

5.3.5 Salzüberschuss

Häufigste Überschuss-Schäden durch zu hohe Konzentration an Salzen im Boden und damit in der Pflanze; vor allem im ariden Gebiet auf Salzböden, aber z.T. auch „Salzprobleme" in gärtnerischen Unterglaskulturen. Zwei Ursachen negativer Wirkung hoher Salzkonzentration auf Pflanzen: allgemeine osmotische Wirkung und spezifische toxische Ionen-Wirkungen.

Osmotische Wirkung

Hoher Salzgehalt im Boden macht Wasseraufnahme schwierig und schließlich unmöglich; in Extremfällen sogar Entzug von Wasser aus der Pflanze (Kap. 4.2.2); Pflanzen „vertrocknen" gewissermaßen auf nassen Salzböden.

Kulturpflanzen gegen Salz unterschiedlich empfindlich; für alle ist Salz besonders schädlich im Keimlingsstadium (behindert die Wasseraufnahme).

Spezifische Ionenwirkung

Bereits vor Eintreten stärkerer osmotischer Wirkung evtl. schädliche Wirkung einzelner Ionen der Salze durch Überschreiten der Toxizitäts-Grenze. Relative Toxizität von Einzelsalzen: Na_2SO_4 = 1; NaCl, Mg-

Salze, $NaHCO_3$ = 3–5; Na_2CO_3 (Soda) = 10; Borate ~ 1000 (toxische Grenze für Bor im Bewässerungswasser bei 1 ppm). Gemisch verschiedener Salze im Boden meist weniger toxisch als Einzelsalze (Soda und Borate ausgenommen).

Beurteilung des Salz-beeinflussten Wachstums nach:

- Art der Salze (ob Sulfat, Chlorid oder gar Bicarbonat usw.)
- Salzgehalt im Boden
- Salzgehalt und Zusammensetzung des Bewässerungswassers.

Salzgehalt im Boden wird auf einfache Weise via Leitfähigkeit gemessen und beurteilt, und zwar im Sättigungsextrakt (Bodenprobe wird mit Wasser versetzt bis zur „Fließgrenze"; Wasser dann abgesaugt und Leitfähigkeit elektrometrisch gemessen). Umrechnung: 1 mS (milli-Siemens) = 0,64‰ Salz bei 25 °C.

Dieser Wert wird ohne Umrechnung auf Salzgehalt direkt zur Bewertung benutzt. (Tab. 5.10). Grenzwerte für detaillierte Beurteilung s. Literatur. In Salz-Literatur noch häufig gebräuchlich Einheit für Leit-

Tab. 5.10. Beurteilung von Pflanzenwachstum auf Salzböden (für Böden mit Sulfat- bzw. Chloridsalzen).

Messwert für Boden	Salz-empfindl. Pflanzen		mäßig tolerante Pflanzen		stark tolerante Pflanzen
	Ertrag normal	starker Abfall	Ertrag normal	starker Abfall	Ertrag normal
Leitfähigkeit* (mS/cm)	< 2	> 4	< 4	> 10	< 10
Salzgehalt** (‰)	< 0,6	> 1,2	< 1,2	> 3	< 6
Typische Pflanzen	Zuckerrohr Bohnen Apfel Pfirsich		Weizen Hafer Mais Reis Wein		Gerste Zuckerrübe Raps Baumwolle

*) Leitfähigkeit des Sättigungs-Extrakts

**) Näherungswerte für Böden mittlerer Textur (sand. Lehm)

fähigkeit (S = Siemens) ist *mho*, d.h. Umkehrung von (Maß für Widerstand) Ohm (1 mmho = 1 mS/cm = 1 dS/m); Messung bei 25°C.

Maßnahmen gegen überhöhten Salzgehalt

Gründlich aber aufwendig ist Melioration durch Auswaschung der schädlichen Salze in den Untergrund (und Ableitung durch Drainage).

Häufige Situation für Farmer in Entwicklungsländern ist aber der Zwang, mit einem gewissen schädlichen Salzgehalt wirtschaften zu müssen. Hierfür einige, den Salzschaden lindernde Hinweise:

- möglichst gutes Bewässerungswasser verwenden (was problematisch sein kann)
- mit der Düngung möglichst keine unnötigen Salz-Komponenten: als N-Dünger Ammonnitrat oder Harnstoff, als K-Dünger am besten K-Nitrat oder jedenfalls Sulfat (kein Chlorid), Phosphat reichlich, da Trockenheits-Resistenz gefördert; ferner Sekundärschäden (Chlorosen) durch Spurenelement-Mangel mit entsprechenden Maßnahmen beseitigen.

Beurteilung des Bewässerungs-Wassers

Einteilung für Brauchbarkeit zur Bewässerung vor allem nach Gesamt-Salz (Gehalt in ‰) oder direkt als gemessene Leitfähigkeit (mS/cm); von sonstigen Kennwerten hier nur Na-Gehalt angeführt.

- „gutes" Wasser ohne Beschränkung (in vielen großen Flüssen der Welt): <0,5‰ Salz (Leitfähigkeit <0,7 mS); Na <0,07‰
- leichte bis mäßige Beschränkung (leichte Salzschäden an Pflanzen): 0,5–2‰ Salz (Leitfähigkeit 0,7–3 mS); Na 0,1–0,2‰
- starke Beschränkung (schwere Salzschäden an Pflanzen): >2‰ Salz (Leitfähigkeit >3 mS).

5.4 Zusammenwirken der Mineralstoffe in Pflanzen

5.4.1 Gemeinsame Funktionen der Ionen

Neben spezifischen bestehen auch *allgemeine Ionenfunktionen,* wobei Zusammenspiel aller beteiligten Ionen entscheidend ist, vor allem bei der Regulierung von Quellung, pH-Wert und Redoxpotential der Zellen.

Regulierung des Quellungszustandes der Pflanze

Wichtige Voraussetzung für alle Lebensvorgänge ist der optimale Quellungsgrad der kolloidalen Zellbestandteile, insbesondere des Plasma-Proteins. Er wird reguliert durch eine entsprechende Zusammensetzung der Ionen-Garnitur.

Ionen sind von unterschiedlich großer Wasserhülle umgeben *(Hydratation* je nach Größe und Ladung), entsprechend ist Quellung/Entquellung relativ zum Mittelwert; lyotrope Reihe nach HOFMEISTER:

Kationen: $Na^+ > K^+, NH_4^+, H_3O^+ > Mg^{2+} > Ca^{2+} > Al^{3+}$

quellend ← → entquellend

Anionen: $OH^- > Cl^- > NO_3^- >> SO_4^{2-} > PO_4^{3-} > H_2BO_3^-$

Durch entsprechende Kombination von Kationen und Anionen kann die Pflanze Quellung und osmotischen Druck (Wasserhaushalt) regulieren. Ionen wirken dabei *antagonistisch* (z.B. stark quellendes Na oder Cl gegen entquellendes Ca oder PO_4) oder *synergistisch* (Cl und NO_3 gleichermaßen quellend, SO_4 und PO_4 beide entquellend).

Ionen beeinflussen Quellungszustand als Gesamtheit, wobei sie sich gegenseitig teilweise vertreten können.

Regulierung des pH-Wertes der Zellen

Richtiger pH-Wert von Plasma und Zellsaft Voraussetzung für optimale Aufnahme und Mobilität von Nährstoffen sowie Tätigkeit von Enzymen. Durchschnitts-pH der Zelle etwa 4–6 (sauer); diese Angabe ist jedoch nur Mittelwert aus vielen unterschiedlichen pH-Bereichen im Mikrobereich.

Pflanze beeinflusst pH ihrer Zellen durch:

- verstärkte Produktion org. Säuren beim Zuckerabbau (pH-Senkung) und durch Abbau von Säuren (pH-Erhöhung);

- stärkere oder schwächere Dissoziation von Phosphaten bzw. Phosphorsäureestern: $H_2PO_4^- \rightleftarrows HPO_4^{2-} + H^+$
- stärkere Kationen-Aufnahme im Austausch gegen H^+: ergibt pH-Erhöhung in der Pflanze; umgekehrt durch rel. stärkere Anionen-Aufnahme pH-Senkung. Kationen und Anionen dadurch an der pH-Regulierung beteiligt (bei N wahlweise Aufnahme von Nitrat oder Ammonium).

Regulierung des Redoxpotentials der Zellen

In Pflanzen zahlreiche Reduktions-Oxidationsvorgänge (Redox-Prozesse):

Reduktion: Aufnahme von Elektronen bzw. Anlagerung von Wasserstoff oder Abgabe von Sauerstoff.

Oxidation: Abgabe von Elektronen bzw. Abgabe von Wasserstoff oder Aufnahme von Sauerstoff.

Beispiele wichtiger Redoxprozesse:

CO_2	Reduktion	(CH_2O)
SO_4	$\longrightarrow$	S, SH
H_2O	Oxidation	H
Fe^{3+}	$\longleftarrow$	Fe^{2+}

Richtung des Prozessablaufs abhängig vom Redoxpotential als Maß für die reduzierende bzw. oxidierende Wirkung eines Redoxsystems, d. h. Prozessablauf ist abhängig vom Redoxpotential des Redoxpaares unter Standardbedingungen *(Normalpotential),* von der Temperatur, den Konzentrationen der Redoxpartner und dem pH-Wert.

Je höher das Normalpotential, desto stärker ist oxidierende Wirkung (z.B. Mn^{3+} oxidiert Fe^{2+} und wird dabei selbst reduziert). Mit steigendem pH wird reduzierte Form leichter oxidierbar.

Einfluss der Ionen auf das Redoxpotential:

Direkte Beteiligung von Ionen mit Wertigkeitswechsel: Fe^{2+}/Fe^{3+}, Mn^{2+}/Mn^{3+}, Cu^2+/Cu^{1+}, Mo(VI)/Mo (V); auch richtiges Verhältnis der „Redox-Ionen“ zueinander notwendig, z.B. Fe/Mn;

Indirekte Beteiligung aller Ionen über Beeinflussung auch org. Redoxsysteme der Pflanze, z.B. über pH-Wert: Sulfhydril/Sulfat (Kap. 5.1.3), Hydrochin/Chinon.

5.4.2 Wechselwirkungen (Antagonismen)

Mineralstoffe der Pflanze wirken in vielfacher Wechselwirkung gegeneinander *(Antagonismus)* und miteinander *(Synergismus).* Mögliche Wechselwirkungen durch Konkurrenz bzw. Förderung bei der Aufnahme, Verlagerung oder Funktion.

> *Antagonismus* (Gegenwirkung): Hemmung der Wirkung bzw. Senkung der Konzentration eines Ions durch ein anderes.
> Negative Wechselwirkung der Antagonisten (Gegenspieler).
> *Synergismus* (gleichgerichtete Wirkung): Förderung der Wirkung bzw. Steigerung der Konzentration eines Ions durch ein anderes.
> Positive Wechselwirkung der Synergisten.

Aufnahme-Antagonismus

Konkurrenz der Ionen bei der Aufnahme (z.B. um die spezifischen Bindungsstellen am Träger) am stärksten ausgeprägt bei Hauptnährstoff-Kationen:

steigendes K-Angebot senkt Aufnahme von Mg, (Ca),
steigendes Ca-Angebot senkt Aufnahme von Mg, K,
steigendes Mg-Angebot senkt Aufnahme von K, (Ca).

Aufnahme-Antagonismus in seiner Auswirkung leicht mit Verdünnungseffekt (Kap. 2.3.2) zu verwechseln, der einen Antagonismus vortäuscht: in beiden Fällen z.B. nach verstärkter K-Düngung Absinken der Mg-Konzentration in der Pflanze. Aufnahme-Antagonismus resultiert aus begrenzter Aufnahmekapazität der Pflanze, Steigerung eines Ions daher nur auf Kosten eines anderen möglich. Da Kationen und Anionen etwa in äquivalenten Mengen aufgenommen werden, ergibt sich folgende Regel von der *Konstanz des Kationen/Anionen-Quotienten* in der Pflanze (ausgedrückt in Äquivalenten):

$$\frac{NH_4 + K + Na + Ca + Mg}{NO_3 + Cl + SO_4 + PO_4} = \text{etwa konstant (etwas größer als 1).}$$

Dieser Quotient durch Düngung kaum zu verändern, z.B. wird hohe K-Aufnahme durch geringe Mg-Aufnahme (Antagonismus) oder hohe Nitrat-Aufnahme durch stärkere Kationen-Aufnahme (Synergismus) kompensiert.

In der Pflanze wird Überschuss freier Kationen durch organische Anionen kompensiert.

Wechselwirkung kann konzentrationsabhängig sein: steigende K-Gehalte steigern Na-Gehalte bei niedrigem K-Gehalt, steigende K-Gehalte senken Na-Gehalte bei hohem K-Gehalt. Entgegen meist beobachtetem Antagonismus K/Ca fördert Ca in geringen Konzentrationen die Aufnahme von K (VIETS-Effekt).

Verlagerungs-Antagonismus

Meist bedingt durch gegenseitige Ausfällung als schwerlösliche Verbindung oder Inaktivierung als Komplex: P und Fe (Fällung als Fe-Phosphat), Mn und Si, Fe und Mn, Fe und Mo, etc.

Funktions-Antagonismus

Antagonismus im engsten Sinne. Möglich bei allgemeiner Ionenwirkung oder bei speziellen Funktionen (z.B. Fe/Mn-Einfluss auf Enzyme); auch Synergismen möglich.

Multiple Wechselwirkungen

Veränderung der Konzentration eines Elements beeinflusst zwar oft in stärkerem Maße nur *ein* anderes Element, aber Wechselwirkung generell weitreichend und auf viele Elemente ausgedehnt (gut untersucht z.B. bei *Citrus*-Bäumen).

6 Organische Stoffe und Pflanzenwachstum

Organische Stoffe sind zwar für Pflanzen nicht lebensnotwendig, aber dennoch von erheblichem Einfluss auf das Wachstum, zur Verbesserung der Nährstoffversorgung und direkt durch Wirkstoffe. Die Förderung der Pflanzen durch org. Stoffe (als Dünger) schon bei Beginn des Ackerbaus entdeckt und seitdem genutzt.

Grobe Einteilung der org. Substanz des Bodens (*Humus: Mull, Moder, Rohhumus*) aus landwirtschaftlicher Sicht in:

- *Dauerhumus* (Stoffgemisch aus vielen hochpolymeren Verbindungen mit dunkler Farbe, z.B. Huminstoffe); meist schwer zersetzbar; ferner viele weitere Stoffe
- *Nährhumus* (Stoffgemisch aus pflanzlichen Rückständen, abgestorbenen Bodenlebewesen sowie Umsetzungsprodukten); rel. leicht zersetzbar, wobei Nährstoffe freigesetzt werden.

Im Boden außer Humusstoffen auch lebende org. Substanz der *Bodenorganismen: Bodenflora* (Bakterien, Actinomyceten, Pilze, Algen) und *Bodenfauna* (Protozoen, Würmer, Insekten, etc.). Vor allem Mikroorganismen für Stoffumsetzung bedeutsam (große Zahl mit hoher Aktivität).

6.1 Organische Stoffe und Bodenfruchtbarkeit

Zahlreiche organische Stoffe (des Bodens und organische Dünger) verbessern die Bodenfruchtbarkeit auf vielfältige Weise; aber teilweise auch nachteilige Wirkungen.

6.1.1 Bodenverbesserung

Unterteilung in physikalische Verbesserungen durch organische Stoffe und chemische Einwirkungen (meist positiv).

Physikalische Verbesserung des Bodens

Erhöhung der Wasserkapazität: Humus bindet 3- bis 5-fache seines Gewichtes an Wasser, ferner durch Strukturverbesserung. Material: Torf oder synthetische Stoffe.

Verbesserung der Durchlüftung: Humus als *Strukturelement* stabiler Krümelstruktur (Ca-Humate verkitten feinkörnige Mineralpartikel); Nährhumus fördert *Lebendverbauung* des Bodens durch Pilzhyphen und Bakterienschleim. Auch synthetische „Strukturbildner“.

Erhöhung der Temperatur: dunkle Farbe des Humus verbessert Wärmeabsorption des Bodens; zu verstärken durch dunkle Stoffe oder Abdeck-Folien.

Übersicht 6.1. Einfluss organischer Stoffe auf die Pflanzen (rot = negativer Einfluss).

- *über physikal. Bodeneigenschaften*
  - → Erhöhung der Wasserkapazität
  - → Verbesserung der Durchlüftung (Struktur)
  - → Erhöhung der Temperatur
- *über chem. Bodeneigenschaften*
  - → Nährstoffe
    - → Sorption
      - → Speicherung in leicht verfügbarer Form
    - → Mobilisierung
      - → aus org. Reserve (Nährhumus)
        - → CO_2
        - → mineralische Nährstoffe
        - → org. Nährstoffe
      - → aus anorg. Reserve
        - → direkt durch Humateffekt
        - → indirekt über pH, Redoxpotential
    - → Immobilisierung
      - → kurzfristig in Mikroben (Nährstoffsperre)
      - → mittel- und langfristig in Humusstoffen
    - → Zufuhr
      - → N-Bindung durch Mikroben beim Humusabbau
  - → Wirkstoffe
    - → Wuchsstoffe
    - → Hemmstoffe
    - → Resistenzstoffe

Chemische Wirkungen org. Stoffe

Sorption und Mobilisierung von Nährstoffen: Dauerhumus sorbiert Austausch-Kationen, besonders in Sandböden. Abbau des Nährhumus liefert *Kohlendioxid* und *mineralische Nährstoffe, vor allem* N, P, S. Ferner auch org. Moleküle in geringer Menge freigesetzt; z.B. Zucker, org. Säuren, Aminosäuren (aber Aufnahme für Kulturpflanzen wenig bedeutsam).

Mobilisierung aus anorg. Reserven: Aufschluss durch pflanzliche oder mikrobielle Ausscheidungen (Humateffekt); z.B. durch Komplexbildung mit Eisen kann Phosphat aus schwerlöslichem Fe-Phosphat mobilisiert werden. Einsatz von Phosphat-mobilisierenden Bakterien bisher mit umstrittenen Erfolg.

Indirekter Aufschluss durch Senkung des Redoxpotentials, weil Humusabbau viel O_2 benötigt; unter reduzierenden Bedingungen z.B. Mn mobilisiert (Oxid $Mn_2O_3 \rightarrow Mn_2^+$)

Immobilisierung von Nährstoffen (meist negativer Effekt). Kurzfristige Festlegung durch Mikroben (*Nährstoffsperre*): Abbau org. Substanz (z.B. Stroh) erfordert für Mikroben zusätzlichen Bedarf an N, P, S; dadurch diese Nährstoffe für Pflanzen vorübergehend „gesperrt" (erst nach Wochen wieder „frei").

- *N-Sperre* beim Abbau von org. Substanz mit C/N > 25
- *P-Sperre* beim Abbau von org. Substanz mit C/P > 150
- *S-Sperre* beim Abbau von org. Substanz mit C/S > 150
- *Sauerstoff-Sperre:* O_2-Verbrauch der Mikroben behindert z.B. Keimung.

Langfristige Festlegung in Huminstoffen: Fester Einbau von N, P, S in org. Makromoleküle fixiert zwar Nährstoffe, bewirkt aber vorteilhafte Zunahme von Dauerhumus. Feste Komplexbildung von Metallen dagegen meist nachteilig, z.B. Cu-Fixierung durch Rohhumus (nur gelegentlich vorteilhaft, z.B. bei gezielter Festlegung von Cu-Überschuss in Kautschuk-Plantagen).

> Organische Substanzen beeinflussen Nährstoff-Dynamik des Bodens: bei der Mineralisation werden Nährstoffe mobilisiert, aber durch kurzfristige mikrobielle *Nährstoffsperre* oder gar langfristigen Einbau werden Nährstoffe unverfügbar.

6.1.2 Wirkstoffe

Org. Wirkstoffe können Stoffwechsel bereits in kleinsten Mengen beeinflussen, und zwar als Wuchsstoffe, Hemmstoffe oder Resistenzstoffe. Da Wirkstoffe teilweise aus dem Boden aufgenommen werden, sind sie im Rahmen der Pflanzenernährung zu berücksichtigen.

Wuchsstoffe der Pflanze

Stoffwechsel der Pflanzen reguliert durch *Wuchsstoffe, nämlich* Phytohormone, Auxine (Fachgebiet der Pflanzenphysiologie; hier nur kurze Hinweise). Wirkung meist über Enzymsystem und bereits in sehr kleinen Konzentrationen. Aber Eingriffe mit zugeführten synthetischen Stoffen möglich.

Beispiele für Wuchsstoffe:

Indolessigsäure (früher „Heteroauxin“) verstärkt Zellstreckung, Zellteilung und damit Wachstum. *Anwendung:* Förderung der Keimung und Stecklingsbewurzelung, Regulierung von Blühbeginn, Verhinderung vorzeitigen Fruchtabfalls.

Gibberelline: fördern Längenwachstum u.a. Anwendung zum Vorverlegen des Blühbeginns, Umstimmen zweijähriger Pflanzen in einjährige (Ersatz des Kälte-Reizes).

Kinine, z.B. Kinetin zur Verhinderung vorzeitigen Protein- und damit Chlorophyll-Abbaus (hemmt Alterungsprozess).

Halmverkürzungsmittel: Im Getreidebau ist vor allem Verkürzung der Stengel (Halme) angebracht. Bei Weizen besonders günstig, wenn Halm verkürzt und im unteren Teil verdickt wird; ergibt höhere Standfestigkeit (bei Sturm) und ermöglicht stärkere N-Düngung ohne Gefahr von „Lagerkorn“.

Verkürzungsmittel, z.B. Chlorcholinchlorid (CCC), hemmt als „Antimetabolit“ Zellteilung und -streckung in Sprossgewebe; verkürzt Pflanzenhöhe ohne deformierende Nebeneffekte; Anwendung durch Spritzung bei 10–20 cm Pflanzenhöhe.

Herbizide: Im Getreide zur „chemischen“ *Unkrautbekämpfung,* weil Dicotyledonen (viele Unkräuter) empfindlicher gegen spezielle Wuchstoffe als Monocotyledonen (z.B. Weizen).

Wirkstoffe im Boden

Pflanzen werden durch Wirkstoffe (im Boden von Mikroben produziert) positiv oder negativ beeinflusst; viele dieser Stoffe wegen niedrigen Molekulargewichts (< 500) gut aufnehmbar.

Wuchsstoffe

Boden enthält Vielzahl von Stoffen mit Wuchsstoff-Wirkung: eigentliche Wuchsstoffe z.B. *Indolessigsäure* (in „mikrobiell aktiven“ Böden ~ 0,02 ppm), ferner Vitamine (z.B. 0,02 ppm Vit. B_1, 1 ppm Vit. B_2) und zahlreiche phenolische Stoffe wie Hydrochinon, Anthrachinon, Salicylsäure (Wuchsstoffe fördern zwar Wurzelwachstum, aber nur geringe Auswirkung auf Ertrag).

Hemmstoffe

Stoffe, die bereits in kleinsten Mengen Wachstums-hemmend wirken, können aus Pflanzenrückständen (z.B. bei Strohrotte) entstehen und sind gelegentlich für Wachstumsschäden verantwortlich. Beispiele: *Alkohole* (Propanol, Butanol); org. *Säuren* (Propionsäure, Buttersäure); phenolische Stoffe (z.B. Vanillinsäure). Beseitigung von Hemmstoffen: meist natürlicher Abbau nach einiger Zeit durch Bodenmikroben; Fruchtwechsel als Vorbeugemaßnahme.

Resistenzstoffe (z.B. Antibiotika)

Grenzgebiet Pflanzenernährung/Phytopathologie; erst in Anfängen der Erforschung. Ökologische Bedeutung der Resistenzstoffe möglicherweise größer als der von Wuchs- und Hemmstoffen, da Antibiotika, von Bodenpilzen erzeugt, in die Pflanzen gelangen. Gehalte in fruchtbaren Böden oder Kompost in Größenordnung der mobilen Spurenelemente (meist in adsorbierter Form): *Streptomycin* ~ 5 ppm, *Terramycin* ~ 0,1 ppm, *Aureomycin* ~ 0,02 ppm.

Mögliche *Bedeutung:* verstärkte Resistenz der Pflanzen gegen Bakterienbefall (damit via Nahrung in gewissem Grade auch natürliche Antibiotika-Versorgung von Mensch und Tier).

6.2 Organische Dünger

Hier Einteilung in *Wirtschaftsdünger* (bei der Bewirtschaftung anfallende Abfallprodukte) und zugekaufte organische Dünger aller Art. Zusätzlich noch weitere „Hilfsstoffe“ zur Düngung behandelt. Organische Dünger enthalten meist auch Anteile an mineralischen Nährstoffen (falls diese gezielt zugegeben, Bezeichnung als *organisch-mineralische Dünger*).

6.2.1 Wirtschaftsdünger

Zahlreiche Abfallprodukte aus Ackerbau und Viehhaltung seit alters her angewendet (Kap. 1.2.2) zur allgemeinen Bodenverbesserung sowie zum Nährstoff-Kreislauf (früher nicht als solcher erkannt).

Stallmist (als Prototyp der Wirtschaftsdünger; Tab. 6.1)

Festmist aus tierischen Exkrementen mit Stroh; Abfallprodukt der Stallhaltung von Haustieren; Multifunktions-Dünger für Bodenstruktur und Nährstoffversorgung. Unterschiedliche Formen vom Frischmist bis zum „reifen“ Rottemist. N-Ausnutzung 20–30 % im 1. Jahr; relativ umweltverträglicher Dünger.

Gülle

Flüssigmist der modernen Tierhaltung ohne Strohlager; vor 1950 bedeutungslos, aber heute größter Anteil. Gülle ist (genau genommen) organisch-mineralischer Mehrnährstoffdünger (N zur Hälfte oder mehr als Ammonium, Kali als K^+). Lagerung in Behältern; Anwendung von 15–40 m^3/ha, meist durch Versprühen mit erheblichen N-Verlusten (optimal wäre Einbringen in den Boden). N-Ausnutzung im 1. Jahr 30–40 % (des in den Boden gelangenden Gülle-N). Gülle-Anwendung häufig Kompromiss zwischen Nutzung und Beseitigung (Kap. 7.2.2). Umstellung von Stallmist auf Gülle zwar betriebswirtschaftlich rentabel, aber insgesamt (nicht nur aus düngetechnischer Sicht) eher ein „fragwürdiger“ Fortschritt. Verbesserung wäre möglich durch Aufbereitung zu einem gut anzuwendenden Festdünger.

Ernte-Nebenprodukte und Gründünger

Stroh wurde früher viel genutzt als Einstreu für Tiere, heute meist als Nährhumus auf dem Feld belassen; enthält aber nur wenig Nährstoffe, weshalb zur besseren Zersetzung mit 1 kg N pro kg Stroh versetzt (sofern im Boden ungenügend vorhanden). Schnelle Strohbeseitigung durch Abbrennen möglich, wobei Asche dann die Nährstoffe (außer N) enthält; (Verbrennung aber in manchen Ländern verboten). Außer Stroh zahlreiche weitere Ernterückstände (Stengel, Stoppeln, Blätter). Ferner gezielt erzeugte Gründüngung, z.B. als Zwischenfrucht direkt zur Düngung (teilweise auch als Futter). Zahlreiche Gründüngungs-Pflanzen, auch zur Nährstoffspeicherung sowie schnellen Bodenbedeckung. Leguminosen besonders günstig, weil N-Gewinn und damit höherer N-Gehalt im Gründünger.

Kompost

Erzeugung durch Mischen (lat. *componere* = zusammensetzen) und gesteuerter Verrottung pflanzlicher Abfälle, oft mit mineralischen Zusätzen (Kalk u.a.). Ziel ist weitgehende „Vererdung“ der Substanzen durch Tätigkeit zahlreicher Kleinlebewesen von Mikroben bis Regenwürmer (spez. *Eisenia fötida*). Kompostierung jedoch z.T. nur partiell.

Tab. 6.1. Wirtschaftsdünger.

Bezeichnung	Bestandteile	Ø Gehalt der Frischsubstanz (%)				Anwendung und Anmerkung
		T. S.	N	P	K	
Stallmist (Rinder, Schweine)	Kot, Stroh	25	0,5	0,1	0,5	200 dt/ha alle 3 Jahre; N-Ausnutzg. 25 % im 1. Jahr
Jauche	Harn (+ Wasser)	1	0,2	0,01	0,5	10 m³/ha für 20 kg N
Gülle	Kot, Harn					15–40 m³/ha;
vom Schwein		10	0,7	0,2	0,3	N-Ausnutzg. 35 %
vom Rind		10	0,4	0,1	0,5	im 1. Jahr
Getreidestroh	Halm, Blatt	85	0,5	0,1	1,0	zur Vermeidung der N-Sperre Zugabe von 1 % N
Kompost	org. Abfälle	30	0,3	0,1	0,3	} z.B. 200 dt/ha; günstig, aber rel. teuer
Gründünger (z.B. Leguminosen)	grüne Pflanzenteile	20	0,5	0,1	0,5	

Zahlreiche Rezepte für optimale Kompostierung in Europa, Indien, China. Gute Komposte sind problemlos anzuwendende, wirksame Dünger zur Bodenverbesserung.

6.2.2 Organische Handelsdünger

Für Zukauf (betrieblichen „Import“) gibt es große Auswahl. Die Dünger dieser sich zunehmend ausweitenden und heterogenen Gruppe werden unterschiedlich eingestuft und gesetzlich reglementiert. Hier zweckmäßigerweise aus der Sicht der Düngung in drei Gruppen aufgeteilt: Handelsdünger aus Torf, zahlreiche Dünger aus Sekundärrohstoffen, Spezialdünger unterschiedlicher Art (Dünger aus Siedlungsabfällen, Kap. 6.2.3). Wichtige Qualitäts-Kriterien sind: Trockensubstanz und damit Wassergehalt, Anteil an org. Substanz sowie C/N-Verhältnis, Nährstoffgehalte; leichte Anwendbarkeit; keine Schadstoffe oder unterhalb der Grenzwerte.

Handelsdünger auf Basis Torf

Früher org. Standarddünger, heute abnehmende Bedeutung. Torf bedeutet Weißtorf (hat bräunliche Farbe); vor allem zur Bodenlockerung und Wasserbindung; enthält 40–50 % org. Substanz, aber praktisch keine Nährstoffe. Aus Torf werden organisch-mineralische Torfmischdünger produziert, z.B. mit 1–3 % N und anderen Nährstoffen. Da Weißtorf knapp wird, teilweise auch stärker zersetzte Schwarztorfe verarbeitet.

Sekundärrohstoff-Dünger

Aus pflanzlichen und tierischen Abfällen (die als Futtermittel nicht geeignet sind, aber als Dünger gewissen Wert haben). Zahlreiche Produkte bei Verarbeitung anfallend; meist erheblicher Anteil an org. Substanz. Für Handelsware zugesicherte Nährstoffgehalte (in Deutschland als „Serodünger" nur teilweise gehandelt).

Dünger aus pflanzlichen Abfällen, z.B.:

- von Zucker- und Stärkepflanzen: Bagasse, Vinasse, Schlempe
- Pressrückstände von Ölpflanzen, Obst und Weintrauben (Trester)
- Rinden und Sägemehl; Bioabfall von grünem Material
- Asche (unterschiedlicher Herkunft)
- Komposte; Biogas-Rückstände

Dünger aus tierischen Abfällen, z.B.:

- Knochenmehl, Hornmehl, Federmehl
- Fleischmehl, Blutmehl, Fischmehl

Wichtig ist die richtige Aufbereitung: *Sekundärrohstoffdünger* müssen hygienisch unbedenklich sein, in gut anwendbare Form gebracht werden und dürfen keine bzw. nur unbedeutende schädliche Bestandteile enthalten. Nach Aufbereitung (und ggf. Zusätzen) sind sie feste N-Dünger, P-Dünger, NP-Dünger oder NPK-Dünger; teilweise auch Düngerlösungen. Die Nährstoffgehalte gering oder hoch (bis 14 % N im Blutmehl, etwa 30 % P_2O_5 im Tierknochenmehl).

Sonstige organische Dünger, Bakteriendünger u.a.

Unabhängig von juristischer Einstufung soll hier eine Reihe sonstiger Dünger angeführt werden (auch aus globaler Sicht).

Bodenverbessernde Dünger: physikalische Auflockerung durch Styropor-Flocken; höhere Wasserhaltekraft durch poröse Stoffe wie Hygromull; Mineral-verklebende Stoffe als „Bodenkrümler“ (Krilium, Acronal, Alginure, Polyvinyle). (Hierher gehören auch einige mineralische Dünger, worauf nur verwiesen sei).

(Boden-) Impfmittel (engl. *biofertilizers*)

- symbiotische N-Binder, z.B. *Rhizobium*-Kulturen beim Erstanbau von Leguminosen (unbedingt erforderlich) oder Keime von freilebenden N-Bindern wie *Azotobacter* (meist wenig ergiebig).
- Phosphat- oder Kali-Reserven aufschließende Bakterien (z.B. *Bacillus megaterium*), auch Mykorrhiza-Pilze (teilweise mit fraglichem Erfolg)
- Wachstums-fördernde Rhizobakterien, z.B. *Pseudomonas* (in Erprobung)
- Aufbereitungshilfsmittel für Kompost, spez. für Abbau von Cellulose und Lignin

Wachstums-Regulatoren (Kap. 6.1).

Dünger zur allgemeinen Wachstumsförderung: teils mit gewisser Wirkung, aber auch einige „unorthodoxe“ Dünger im Erprobungsstadium (wobei teilweise die behauptete Wirkung im Widerspruch zur nachgewiesenen steht).

Dem Erfindergeist sind bezüglich neuer Dünger jedenfalls keine Grenzen gesetzt.

6.2.3 Siedlungsabfälle

Abfälle von Siedlungen sind die ältesten Dünger überhaupt. Das Wort *Dünger* abgeleitet von Dung (*Tung* als das Bedeckende, d.h. Bodenbedeckend und -verbessernd). Abfälle der Nahrungszubereitung und Verdauung sind gewissermaßen „Urtyp“ der Dünger (gut wirksam ohne schädliche Nebenwirkungen).

In Städten entstehen durch den Nahrungsverbrauch erhebliche Mengen an pflanzlichen Abfällen, ferner Abwässer mit Exkrementen. Diese Stoffe müssen irgendwie entsorgt werden (in den meisten Städten der Welt nach traditionellen Beseitigungs-Verfahren). Zweckmäßigerweise sollten jedoch die darin enthaltenen Nährstoffe in den Stoffkreislauf zurückgeführt werden (z.B. als *Sekundärrohstoffe*). Anwendung der

Produkte in anfallender Form meist schwierig, daher vorzugsweise als Kompost aufbereitet.

Ziel der Städte ist, Dünger aus Müll oder Klärschlamm an Landwirtschaft zu verkaufen oder gratis abgeben (notfalls mit Zuschuss). Aber Hauptproblem: Abfälle sind oft gegenüber dem Ausgangsmaterial mit (meist) metallischen Schadstoffen, z.B. Cadmium, angereichert (mögliches Vorkommen organischer toxischer Stoffe noch wenig untersucht). Vor allem erhöhte Gehalte an „toxischen" Metallen machen ihre beliebige Anwendung problematisch.

Gesetzliche Regelung daher in zweifacher Hinsicht:

- nur unbelastetes Material darf verwendet werden, d.h. mögliche Schadstoffgehalte müssen unter den festgesetzten Grenzwerten liegen,
- Anwendung darf nur auf „unbelasteten" Böden erfolgen, d.h. deren relevante Schadstoffgehalte müssen unter den kritischen Grenzen liegen.

Klärschlamm: aus Abwasser (mit etwa 5 % T.S.) bereiteter feuchter Festdünger mit z.B. 4 % N, ferner Anteil an Phosphat und Kali. Weiter aufbereitet als Klärschlamm-Kompost: auf Böden anwendbar, aber mit Beschränkungen.

Müllkompost: Hausmüll, spez. Biomüll, bisher nur zum geringen Teil kompostiert. Dünger vorzugsweise als Müllkompost; ebenfalls Anwendungsbeschränkungen.

Kommentar zu Siedlungsabfällen: Mit zunehmender Verstädterung der Weltbevölkerung (bis zu Megastädten mit > 10 Mill. Einwohner) entstehen riesige Mengen an Abfallstoffen, die zum „Recycling" der Landwirtschaft angeboten werden – zwar mit nutzbaren Nährstoffen, aber oft ohne Ausgleich für das damit verbundene Risiko und mit möglicher Kritik an der Landwirtschaft wegen „belasteter" Nahrung („Verursacher" als Ankläger). Vor allem keine Garantie, dass Grenzwerte künftig nicht „verschärft": dann stünden vielbeanspruchte Böden längerfristig vor dem „Aus". Dies sei bei der Einplanung billiger „Abfall"-Nährstoffe bedacht (solange Anwendung von Siedlungsabfällen noch freiwillig ist).

7 Mineraldünger und ihre Anwendung

Düngemittel (Dünger) dienen meist zur Ergänzung, teils auch zur Förderung der natürlichen Nährstoffversorgung aus dem Boden. Als Nährstoffträger (engl. *nutrient sources*) bestehen sie entweder aus Pflanzennährstoffen oder liefern Nährstoffe erst nach Umsetzung. Düngemittel sind keine gereinigten Chemikalien, sondern technische Produkte mit Nebenbestandteilen. Übliche Einteilung in organische Dünger (Kap. 6.2) und Mineraldünger (Kap. 7.1). Ferner Einteilung nach sonstigen Aspekten in:

- natürliche (z.B. Mergel) oder künstliche Dünger („Kunstdünger" aus der Fabrik)
- Pflanzendünger (direkt wirkend) oder Bodendünger (indirekt wirksam; bodenverbessernd)
- Wirtschaftsdünger (z.B. Stallmist) oder Handelsdünger (vom Handel bezogen)
- Einnährstoffdünger (Einzeldünger) oder Mehrnährstoffdünger.

> *Düngemittel (Dünger):* Nährstoffhaltige Substanzen zur Ergänzung der Nährstoffversorgung von Pflanzen oder sonstige Stoffe zur Bodenverbesserung. *Düngung:* Zufuhr von Düngern zum Substrat (meist Boden) oder direkt auf Blätter.

Gehaltsangaben von Nährstoffen in Düngern

Zum Vergleich wertbestimmender Bestandteile ist einheitliche Bezugsbasis notwendig; dabei ist folgende Unterscheidung erforderlich:

Gehalte an Inhaltsstoffen: N, P, K; CaO oder MgO bei Kalken,

„Gehalte" an traditioneller Bezugsbasis: P_2O_5, K_2O; MgO bei Pflanzendüngern.

Traditionelle Bezugsbasis (obwohl als solche nicht in Düngern vorhanden) ist umständlich.

Bei Kationen ist Angabe des Elements ohnehin übersichtlicher (K, Mg); bei Phosphat ist P_2O_5 insofern vertretbar, als P stets mit Sauerstoff verbunden.

7.1 Mineraldünger

Mineralische Düngemittel (engl. *fertilizers*) sind wichtige Produktionsmittel im modernen Landbau. Früher viel verwendete Substanzen wie Asche, Mergel, Guano oder Chilesalpeter heute bei intensiver Landwirtschaft von untergeordneter Bedeutung.

Große Fülle von möglichen Mineralstoffen, die als Handelsdünger vom Betrieb „importiert" werden. So sind alle 25 Salze der fünf wichtigsten anorganischen Säuren und Laugen als Dünger geeignet (vom Na-nitrat bis zum Ammonium-carbonat).

Aus systematischen Gründen werden auch einige org. Substanzen (z.B. Harnstoff) als „mineralisch" eingeordnet, zumal sie nach Umsetzung auch Mineralstoffe ergeben. Mineraldünger meist in fester Form produziert, und zwar als Granulat (zur einfachen Verteilung); aber auch zunehmend Flüssigdünger zur Spritzung. Die relative Bedeutung der Hauptnährstoffe im zeitlichen Verlauf zeigt sich am Nährstoffverhältnis ($N : P_2O_5 : K_2O$); Deutschland 1970 etwa 1:0,8:1,0; 2000 etwa 1:0,3:0,4 (Welt etwa 1:0,4:0,3).

7.1.1 Stickstoffdünger

Großes Sortiment von N-Düngern; heute nur noch wenig aus natürlichen Lagerstätten (Chilesalpeter), sondern meist synthetisch erzeugt. Da Stickstoff in Böden verbreiteter Minimumfaktor, sind N-Dünger (Übersicht 7.1) der wichtigste „Treibstoff" der pflanzlichen Produktion: Weltproduktion fast 100 Millionen t N (≈ 400 Millionen Tonnen Dünger pro Jahr); entspricht 16 kg N bzw. 300 kg Getreide pro Kopf.

> *N-Dünger:* aus Luftstickstoff (via Ammoniak) gewonnene Ammonium- und Nitrat-Salze, einzeln, kombiniert oder umgewandelt; ferner vor allem Harnstoff; z.T. auch andere Substanzen.

Herstellung von N-Düngern (vereinfacht)

Meist nach Haber-Bosch-Verfahren (Ammoniak-Synthese):

$$N_2 \text{ (aus Luft)} + 3\ H_2 \text{ (aus Erdgas u.a.)} \rightarrow 2\ NH_3 \text{ (Ammoniak)}$$

Ammoniak auf zweierlei Weise weiter verarbeitet:

Übersicht 7.1. N-Dünger (meist synthetisch).

1. Ammoniumdünger

a. Ammoniak: NH_3, gasförmig bzw. flüssig in Druckflaschen: 82 % N; preisgünstig, aber mit Spezialgeräten in den Boden einzublasen.

b. Ammoniumsulfat: $(NH_4)_2SO_4$, 21 % N (+ 24 % S); stark bodenversauernd.

c. Ammoniumcarbonat, Ammoniumchlorid (z.B. in China).

2. Nitratdünger

a. Natriumnitrat (Natronsalpeter): $NaNO_3$, 16 % N; als Chilesalpeter erster N-Handelsdünger seit etwa 1820.

b. Kalksalpeter = Calciumnitrat: $Ca(NO_3)_2$, 16 % N; schnell wirkender „Kopfdünger".

c. Kaliumnitrat, KNO_3, 13 % N + 38 % K (gefährlich, da „Schießpulver").

3. Ammonnitratdünger

a. Ammoniumnitrat: NH_4NO_3, 35 % N, idealer Dünger, aber explosiv; daher in reiner Form meist nicht zugelassen.

b. Kalkammonsalpeter (KAS): $NH_4NO_3 + CaCO_3$; 27 % N; universeller Dünger; schnell und langsamer wirkend; in Deutschland vorherrschend.

c. Ammonsulfatsalpeter: $(NH_4)_2SO_4 + NH_4NO_3$; 26 % N; schnell und langsamer wirkend; bodenversauernd.

4. Amiddünger

a. Harnstoff (Carbamid, engl. *Urea*): $CO(NH_2)_2$; 46 % N; Biuret sollte < 1 %; als Boden- und Blattdünger; weltweit wichtigster N-Dünger.

b. Kalkstickstoff = Calciumcyanamid: $CaNCN + CaO$; 22 % N; gleichzeitig Herbizid (zur Unkrautbekämpfung vor der Saat)

5. „Depot"-N-Dünger: Gruppe von Langzeit-N-Düngern, z.B. *Harnstoff-Kondensationsprodukte:* CD-(Crotonylidendi)-Harnstoff, etc.; langsam fließendes N-Angebot ohne Überangebot; z.B. für Gartenbau.

6. Düngerlösungen, z.B. Ammonnitrat-Harnstoff-Lösung (AHL), 28 % N

Hinweise: Einzeldünger z.T. auch in Kombination mit anderen Nährstoffen; vor allem Tendenz zu schwefelhaltigen Formen (wegen zunehmenden S-Mangels).

- $NH_3 + HNO_3$ (Salpeters., aus NH_3) $\rightarrow NH_4NO_3 \rightarrow$ weiter zu KAS.
- $NH_3 + CO_2 \rightarrow CO(NH_2)_2$ Carbamid (Harnstoff, Urea; möglichst kein Biuret).

Wirkung und Anwendung

N-Dünger in ihrer Ertragswirkung etwa gleichwertig, aber Unterschiede in Geschwindigkeit, pH-abhängiger Wirkung, Nebenwirkungen mit Einfluss auf Boden-pH und Verlusten.

Wirkungsgeschwindigkeit

N-Dünger werden für unterschiedlichen Einsatz benötigt, teils schnell, teils langsam. Die meisten N-Dünger wirken meist schneller als der langsam steigende Pflanzenbedarf. Ammonium wirkt zwar langsamer als Nitrat, weil erst weitgehend adsorbiert und erst nach Nitrifikation (als Nitrat) in der Bodenlösung, aber immer noch recht schnell.

Schnell wirkend: leicht löslich und sofort verfügbar sind *Nitratdünger; daher* als „Kopfdünger" eingesetzt, günstig in kühlem Frühjahr.

Mäßig schnell wirkend sind *Ammoniumdünger* (wegen erfolgender Nitrifikation).

Langsam wirkend und erst nach Umsetzung gut verfügbar:

- Harnstoff wird erst bakteriell zu Ammoniumcarbonat abgebaut.
- Kalkstickstoff zunächst über Cyanamid (Unkrautbekämpfung!) zu Harnstoff.

Sehr langsam wirkend: Langzeit-N-Dünger mit schwer abbaubaren Molekülen.

Wirkung kann ferner verlangsamt werden *durch*

- *Zusatz von Nitrifikationshemmern* zu Ammondüngern, z.B. DCD, Dicyandiamid, was dann „stabilisierte" N-Dünger ergibt (die auch Aufnahme von Ammonium relativ zu Nitrat fördern), z.B. *Alzon*.
- mechanische Bremsung (z. B. Umhüllung der Düngerkörner mit Folien).

Praktische Problemlösung: statt einer N-Gabe mit „gebremster" Wirkung die meist preisgünstigere Aufteilung der Gesamtmenge in mehrere Gaben.

Ertragswirkung abhängig vom Boden-pH:

Ertragswirkung von Ammonium- und Nitratdüngern sowie Harnstoff im (häufigen) schwach sauren pH-Bereich etwa gleich;

im schwach alkalischen Bereich Ammondünger z.T. etwas unterlegen (wegen geringer Verluste);

im stärker sauren Bereich bewirken Ammondünger verstärkte Bodenversauerung (was nachteilig ist); jedoch bei pH 6–7 kann „Säurestoß“ günstig wirken (Mn-Mobilisierung).

Nebenwirkungen

Direkt durch weitere Nährstoffe (z.B. Schwefel, Magnesium, Spurennährstoffe), indirekt durch Einfluss auf Bodenreaktion.

pH-Veränderung durch N-Dünger

N-Dünger haben in wässriger Lösung ein „Eigen-pH“ , was jedoch unwichtig ist verglichen mit der nach Umsetzung resultierenden pH-Veränderung bzw. dem Kalkverlust des Bodens. Große Unterschiede innerhalb der N-Dünger: Ammondünger „sauer wirkend“, Nitratdünger „alkalisch wirkend“. Besonders stark versauernd wirkt Ammonsulfat (wegen des Sulfat-Anteils); daher aber auch gezielt zur Bodenversauerung einsetzbar. Kalkammonsalpeter versauert wegen des Kalkanteils nur etwa ¼ vom Normwert.

„Normal“ versauernd wirken Ammondünger und Harnstoff (da Umsetzung zu Ammonium). Ursache: Ammonium wird weitgehend erst im Boden zu Salpetersäure oxidiert:

$$\text{Nitrifikation: } NH_4OH + 2\,O_2 \rightarrow H^+ + NO_3^- + 2\,H_2O$$

Dabei liefert1 kg N (als NH^{4+}) maximal 72 val H^+ (≈ 2 kg CaO). Bei üblicher Annahme von 50 % Einwirkung auf den Boden, beträgt Verlust die Hälfte davon, also etwa 1 kg CaO. Die alkalische Wirkung von Ca- und Na-Nitrat ist entsprechend, hat aber wegen der geringen Anwendung wenig Bedeutung.

> Bodenversauerung durch Ammondünger bzw. Harnstoff:
> 1 kg N bewirkt unter bestimmten Annahmen einen Verlust von etwa 1 kg CaO.

Verluste: von Ammondüngern und Harnstoff, insb. auf neutralen und Kalkböden, entweicht Ammoniak z.T. gasförmig, speziell wenn Dünger länger an der Oberfläche liegt. Einige Verluste von Nitratdüngern auf nassen Böden durch Denitrifikation (Kap. 8.4.1).

Ausnutzung für die meisten N-Dünger im 1. Jahr 60–70 % (bei Reis nur 40 %); ungenutzter Rest wird im Boden gespeichert, von Folgepflanzen genutzt oder geht verloren.

7.1.2 Phosphatdünger

Rohphosphate (Ausgangssubstanz der P-Dünger) entstanden aus geologischen Ablagerungen von tierischen Überresten (z.B. Knochen, Zähnen von Sauriern); teilweise auch magmatischen (vulkanischen) Ursprungs. Lagerstätten in Nordafrika (Marokko, Tunesien), USA (Florida), UdSSR (Kola) u.a.

Bestandteile: Apatite (spezielle Ca-Phosphate); vor allem feinkristalliner Phosphorit mit Beimengungen; Konsistenz von „weicherdig“ bis „steinhart“. Gehalte: 20–40 % P_2O_5.

Rohphosphat-Vorräte sind begrenzt! Nur noch etwa 10.000 Millionen t P_2O_5 von bekannten und wahrscheinlichen Reserven, d.h. reichen nur noch für 100–200 Jahre. Auch wenn Vorräte damit noch nicht erschöpft sein sollten, so ist doch mit erheblicher Knappheit zu rechnen. Phosphat ist (im Gegensatz zu knappen Metallen) durch nichts zu ersetzen. Daher Prinzip des „Recycling“ viel stärker nutzen.

> P-Dünger: natürliche Phosphate, die durch chemischen Aufschluss (teilweise nur durch Feinvermahlung) in besser düngewirksame Formen umgewandelt wurden.

Aufschluss mit Schwefelsäure (vereinfacht): Rohphosphat $Ca_3(PO_4)_2$ + $H_2SO_4 \rightarrow$ wasserlösliches $Ca(H_2PO_4)_2 + CaSO_4$ (für Teilaufschluss mit weniger Schwefelsäure. TSP mit Phosphorsäure aufgeschlossen).

Wirkung und Anwendung von Phosphatdüngern

Wasserlösliche P-Dünger liefern im Boden sofort verfügbares Phosphat. Dies wird aber teilweise immobilisiert, in Extremfällen sogar fixiert. Global werden im Landbau vor allem TSP und DAP eingesetzt (Löslichkeit in Ammon-citrat ist ähnlich zu bewerten).

Rohphosphat-Dünger sind zwar preisgünstig, müssen aber im Boden erst mobilisiert werden (um so schneller, je saurer, wärmer und biotisch aktiver). Bewertet nach Gesamt-P-Gehalt, aber Löslichkeit in Ameisensäure bietet Anhalt für Wirksamkeit. Rohphosphate zwar keine schnelle Wirkung, aber eine langfristig wirkende Ergänzung der Bodenreserven auf Böden im sauren Bereich. Besonders gut geeignet für die Melioration stark saurer Böden, insb. mit Kalkzusatz.

Übersicht 7.2. Phosphatdünger.

1. Wasserlösliche P-Dünger

a. Superphosphat: fast ganz wasserlöslich, Rest in Ammon-citrat; 18 % P_2O_5 ; ältester synthetischer Mineraldünger.

b. Triplesuperphosphat (TPS): fast ganz wasserlöslich, Rest in Ammon-citrat; 48 % P_2O_5 ; verbreiteter P-Dünger.

2. Teilaufgeschlossene P-Dünger, 40 % wasserlösl.; 30 % Citronensäure-lösl. (z.B. *Novaphos*)

3. Rohphosphat-Dünger: sehr fein gemahlene, „weicherdige" d.h. weiche und damit leicht mobilisierbare Rohphosphate (je mehr Ameisensäure-löslich, desto besser);
Körnung meist weit < 0,1 mm; 15–35 % P_2O_5 ; (z.B. *Hyperphos* 31 %); teilweise mit Kalkzusatz.

4. NP-Dünger (überwiegend als wasserlöslicher P-Dünger eingesetzt):

MAP: Monoammoniumphosphat, $NH_4H_2PO_4$; z.B. mit 11 % N + 55 % P_2O_5;

DAP: Diammoniumphosphat, $(NH_4)_2HPO_4$, z.B. mit 18 % N + 46 % P_2O_5

(**Weitere P-Dünger:** früher bedeutsames Thomasphosphat aus Stahlwerken meist nur noch als PK-Dünger; ferner Rhenania-Phosphat. Aber immer mehr *Fe-Phosphat* aus Kläranlagen).

Zeitpunkt und Art der Anwendung der P-Dünger

Meist einmalig zur Saat (als Grunddüngung), aber auch Vorratsdüngung für kurze Fruchtfolgen.

Dünger bei meisten Pflanzen gleichmäßig verteilt, aber bei weitem Reihenabstand P-Aufnahme zu verbessern durch (mechanische) Platzierung wasserlöslichen Phosphats in den Wurzelraum.

Ausnutzung der P-Dünger

Ein Hauptproblem der P-Düngung ist die geringe Ausnutzung von nur etwa 15 % im 1. Jahr, mit Nachwirkung von 1–2 % jährlich (also in 20 Jahren etwa nur die Hälfte). Auch mit Platzierung im Anwendungsjahr nur 20–25 % erreichbar. Bei einer Ausnutzung von 20 % wäre theoretisch der 5fache Bedarf zu düngen. Jedoch auf Böden mit langjähriger P-Düngung kann statt der wirklichen die *scheinbare* P-Ausnutzung zugrunde gelegt werden, die mit nahezu 100 % angesetzt werden kann (und damit Düngung in Höhe des Entzuges ermöglicht) (Finck, 1992).

Nebenbestandteile und -Wirkung

positiv: weitere Nährstoffe wie Mg, S, Spurennährstoffe;

negativ: vor allem gewisser Cadmium-Gehalt (in Rohphosphat von 1–90 ppm Cd); aber lösbares Problem (Kap. 5.3.4).

Durch wasserlösliche P-Dünger geringe Bodenversauerung; durch Rohphosphat gegenteilig.

Verluste: P-Verluste durch Auswaschung sehr gering (< 1 kg/ha) und damit bedeutungslos; Abspülung von P-Düngern durch Bodenerosion nur problematisch bei unsachgerechter Anwendung.

7.1.3 Kalidünger

K-Dünger werden aus *Kali-Rohsalzen* hergestellt. Diese entstanden durch Eintrocknung von Meerwasser in früheren geologischen Epochen (z.B. Zechsteinmeer des Perm). Tiefliegende Schichten mit Rohsalz sind durch Faltung nahe an die Erdoberfläche gelangt und werden dort als K-Gesteine abgebaut.

Rohsalze nach Vermahlung direkt als Dünger nutzbar, aber zweckmäßiger ist das Abtrennen unnötiger oder nachteiliger Bestandteile. Aufbereitete Dünger sind dann K-Chlorid bzw. K-Sulfat. Aufbereitung aus K-Mineralen (Sylvin KCl, Carnallit $KCl \cdot MgCl_2 \cdot 6\ H_2O$, Kainit $KCl \cdot MgSO_4 \cdot 3\ H_2O$) mit Löseverfahren oder Flotation bzw. mittels elektrostastischer Verfahren.

> *K-Dünger:* vor allem die Salze K-chlorid und K-sulfat, (z.T. mit Mg, Na, S), hergestellt aus natürlichen Rohsalzen durch Abtrennung von Begleitstoffen; auch vermahlene K-Rohsalze.

Wirkung und Anwendung von Kalidüngern

Alle K-Dünger im Hinblick auf K-Wirkung praktisch gleichwertig, aber Unterschiede bedingt durch Anionen und Begleitstoffe.

Übersicht 7.3. K-Dünger.

1. **Dünger aus K-chlorid**: 40er, 50er, 60er Kalisalz (d. h. mit 40, 50, 60 % K_2O)
   Standarddünger; preiswert und für viele Pflanzen einsetzbar
2. **K-sulfat** (K_2SO_4), 50 % K_2O, (ferner 18 % S)
   Dünger für Chlorid-empfindliche Pflanzen
3. **Kalimagnesia** (Patentkali): $K_2SO_4 \cdot MgSO_4$; 28 % K_2O + 6 % Mg + 18 % S)
   enthält 3 Nährstoffe; günstig für gleichzeitige K- und Mg-Versorgung auf Sulfat-Basis
4. **Kali-Rohsalze**, z.B. Kainit (Handelsname), 13 % K_2O; rel. hoher Anteil an NaCl günstig z.B. für Weidedüngung; früher wegen Ätzwirkung auch zur Unkrautbekämpfung verwendet.

Weitere K-Dünger: K-nitrat, KNO_3 mit 38 % K, als Dünger nur in wenigen Ländern zugelassen (Schießpulver); feines Gesteinsmehl (vulkanischen Ursprungs), aber sehr langsam wirkend.

Anionen:

Chlorid günstig für „Cl-liebende" Pflanzen (Kap. 5.2.5) und alle Cl-indifferenten Pflanzen (da billiger als Sulfat).

Sulfat günstig für Cl-empfindliche Pflanzen (Sulfatpflanzen, z.B. Kartoffeln und viele Gartenpflanzen). Ferner günstig für Pflanzen mit hohem S-Bedarf (Raps).

Begleitstoffe und Nebenwirkung

Na-Anteil vorteilhaft für „Na-liebende" Pflanzen und für Tiere auf Grünland, aber nachteilig auf leicht verschlämmenden Böden.

Mg-Anteil günstig für Mg-arme Standorte und auf Grünland für Tiere.

Kalidünger bewirken Ca-Verlust, wenn überschüssiges Cl als $CaCl_2$ ausgewaschen; aber quantitativ rel. unbedeutend.

Zeitpunkt der Anwendung: am besten zur Saat; auch gewisse Vorratsdüngung möglich (außer auf sorptionsschwachen Böden wegen möglicher Auswaschung).

Ausnutzung und Verluste:

Im 1. Jahr etwa 60 % ausgenutzt. K-Auswaschung nur auf leichten Böden bedeutsam; Verluste aus Umweltsicht bedeutungslos. Ungenutzter

Rest bleibt (außer auf Sandböden) weitgehend als Reserve für Folgefrucht.

7.1.4 Sonstige Einzeldünger

Schwefeldünger: S meist als Sulfat mit anderen Düngern zugeführt, z.B.: $(NH_4)_2SO_4$ (24 % S), KAS plus S (6 % S), Superphosphat (11 % S), K_2SO_4 (18 % S). Elementarer gelber S vor allem zur pH-Senkung verwendet (produziert Schwefelsäure).

Magnesiumdünger: Kieserit $MgSO_4 \cdot H_2O$ (17 % Mg, wasserlöslich); ähnlich ist Bittersalz (10 % Mg). Mg oft als Bestandteil anderer Dünger zugeführt: z.B. Mg-Kalke (5–20 % Mg), Kalimagnesia (5 % Mg), Stickstoffmagnesia (5 % Mg).

Eisendünger: *Fe-sulfat* $FeSO_4$ (20 % Fe) oder *Fe-Chelate* (Fe-Ionen in Chelatoren gebunden);

Chelatoren sind besondere Komplexbildner, z.B. EDTA (engl. **E**thylene**d**iamin **t**etra **a**ceticacid) oder DTPA (**D**iethylene **t**riamin **p**enta **a**cetic acid). Diese Chelat-Dünger insbesondere zur Blattspritzung, andere für Anwendung auf den Boden.

Mangandünger: *Mn-sulfat* $MnSO_4$ (24 % Mn), auch Mn-Chelate, ferner *Mn-Oxide* (langsam wirkend); $MnSO_4$-Zusätze zu Mehrnährstoffdüngern.

Kupferdünger: *Cu-sulfat* $CuSO_4$ (25 % Cu), *Kupferkalke* (45 % Cu); auch in metallischer und oxidischer Form (z.B. Cu-Dünger *Excello* oder *Urania*; auch *Cu-Chelate.*

Zinkdünger: Zinksulfat $ZnSO_4$ (23 % Zn), auch Zn-Chelate.

Bordünger: Borax (Natriumtetraborat) $Na_2B_4O_7$ (11 % B), Solubor (Na-Octoborat mit 21 % B), auch Borsäure H_3BO_3 (18 % B). Angewendet meist als Zusatz zu andern Düngern.

Molybdändünger: Natriummolybdat Na_2MoO_4 (40 % Mo).

Kobaltdünger (Co): Co-Sulfat (20 % Co) oder Co-Chelat

Selendünger (Se): Na-Selenat Na_2SeO_4 (40 % Se).

Ausnutzung von Spurennährstoffdüngern über den Boden meist nur einige Prozent (im 1. Jahr).

7.1.5 Mehrnährstoffdünger

Da für praktische Düngung meist mehrere Nährstoffe gleichzeitig benötigt werden, sind Kombinationen zweckmäßig, d.h. mit 2, 3 oder mehreren Nährstoffen.

> *Mehrnährstoffdünger:* Kombinationen von Nährstoffen mit wesentlichem Anteil von 2, 3 oder mehrerer praktisch bedeutsamer Nährelemente.

Gehaltsangaben in % handelsüblicher Bezugsbasis (meist mit + verbunden), z.B.:

NPK-Dünger: 13 + 13 + 21 (13 % N, 13 % P_2O_5, 21 % K_2O).

PK-Dünger: 0 + 15 + 25 oder 15 + 25 (0 % N, 15 % P_2O_5, 25 % K_2O).

NMgCu-Dünger: 20 + 8 + 0,2 (20 % N, 8 % MgO ≈ 5 % Mg, 0,2 % Cu).

Zweinährstoffdünger

Bereits einige Einzeldünger enthalten 2 oder 3 Nährstoffe. Typische Zweinährstoffdünger sind aber zusammengestellt (teilweise zusätzlich mit Spurennährelementen).

NP-Dünger: Stickstoffphosphat (z.B. 20 % N + 20 % P_2O_5); MAP und DAP (s. P-Dünger)

NK-Dünger: Stickstoffkali (z. B. 20 % N + 20 % K_2O)

NS-Dünger: Ammonsulfat-Harnstoff (12 % S)

NMg-Dünger: Stickstoffmagnesia (z.B. 20 % N + 5 % Mg)

PK-Dünger: Phosphatkali (z.B. 7 % P_2O_5 + 30 % K_2O), Thomaskali, Rhe-Ka-Phos

KMg-Dünger: (siehe K-Dünger).

Dreinährstoffdünger (z.B. NPK-Dünger)

Typisch für diese Gruppe sind NPK-Dünger (auch als „Volldünger" bezeichnet). Sie werden in großer Vielfalt hergestellt, auch mit Zusätzen weiterer Nährstoffe bis zu Düngern mit allen Nährstoffen („komplette" Volldünger). Das Ziel ist ein vielfältiges Angebot von Nährstoff-Kombinationen zur Vereinfachung der praktischen Düngung.

Herstellung (vereinfacht): Rohphosphat aufgeschlossen mit Salpetersäure (oder zusätzlich Schwefelsäure); entstehende Produkte mit Ammoniak versetzt, was NP-Dünger ergibt; durch Zumischen von Kalidünger resultieren NPK-Dünger.

Zusammensetzung:

N-Anteil oft zur Hälfte aus Ammonium und Nitrat;
P-Anteil oft 1/3 wasserlöslich, 2/3 citratlöslich;
K-Anteil aus Chlorid oder Sulfat.

NPK-Standardtypen (% von N + P_2O_5 + K_2O)

13 + 13 + 21 (rot gekennzeichnet), K als Chlorid
15 + 15 + 15 (gelb gekennzeichnet), K als Chlorid
12 + 12 + 17 + 2 (blau gekennzeichnet), K als Sulfat; zusätzlich Mg: als „MgO" angegeben

Alle festen NPK-Dünger sind gekörnt zur Erleichterung der Ausbringung (Kap. 7.2.1).

Zur Alternative ob Einzeldünger oder NPK-Dünger (bzw. Kombinationen generell): Beide Düngerformen haben ihre spezifischen Vorteile (und gewisse Nachteile) bezüglich Düngungs-Vereinfachung, sachgerechter Düngung, Düngerkosten. Zur Frage „Selbstmischen" oder „Hofnahes Düngermischen" (Kap. 7.2.1).

Mehrnährstoff-Flüssigdünger

NPK-Dünger auch als Lösungen bzw. Suspensionen hergestellt (zur Ausbringung mit Spritzgeräten); Gehaltsangaben stets als Gewichts-% (beachten, dass spezifisches Gewicht der Lösungen etwa 1,2, der Suspensionen etwa 1,5).

7.1.6 Kalkdünger (und versauernde Dünger)

Doppelfunktion: überwiegend zur Erhöhung der Bodenreaktion; daneben z.T. auch Pflanzendünger (Ca-, Mg-Versorgung). Kalke in Natur weit verbreitet; kalkhaltiger Mergel aus Untergrund von Feldern seit 2000 Jahren zur Bodenverbesserung benutzt. (Hinweis auf gezielte Bodenversauerung am Ende dieses Kapitels).

Herkunft und Aufbereitung:

Naturkalke (Ca-Carbonat, $CaCO_3$, auch mit Anteilen von Mg-Carbonat; teilweise Dolomit $CaCO_3 \cdot MgCO_3$) meist entstanden als chemische und biogene marine Ablagerungen früherer geologischer Epochen (z.B. Kreidezeit vor 100 Mill. Jahren). Aus Naturkalken werden durch Feinvermahlung (z.B. 70 % <1 mm) wichtige Düngekalke hergestellt. Kalkdünger aus hartem Gestein im Boden jedoch langsamer umgesetzt als aus weicher Kreide; ausgedrückt als *Reaktivität* von Kalkdüngern. Für Kalkung vor allem Carbonat-Dünger verwendet, aber schnellere Wirkung mit Branntkalk oder Löschkalk.

Weitere Kalkdünger: *Industriekalke* (Hüttenkalk, industrielle Abfallkalke) (Übersicht 7.4). Ferner Kalkanteile in andern Düngern.

Gips ($CaSO_4 \cdot 2H_2O$) und Calciumchlorid ($CaCl_2$) sind keine Kalkdünger, aber Ca-Dünger (Gips auch zur Bodenverbesserung).

> *Kalkdünger:* meist aus natürlichen Carbonaten bereitete Dünger mit basischer, d.h. Bodensäure-neutralisierender, Wirkung.

Übersicht 7.4. Kalkdünger.

1. **Carbonat-Kalke**
   Kohlensaurer Kalk = Kalkmergel, $CaCO_3$, (als *Kalk mit Mg*, wenn > 5 % $MgCO_3$);
   Kohlensaurer Magnesiumkalk (wenn > 15 % $MgCO_3$);
   Gehalte z.B. 70–90 % $CaCO_3$; entspricht 40–55 % basisch wirksamem CaO;
   insgesamt langsam wirkend; wichtigste Kalkdünger.
2. **Branntkalk** oder **Löschkalk** (CaO bzw. $Ca(OH)_2$); Branntkalk z.B. mit 90 % CaO schnell wirkend; speziell für schwere Böden
3. **Industriekalke**, z.B.
   Hüttenkalk: Ca-Silikat aus Metall-Verhüttung (47 % CaO; mit Mg u.a.) sehr langsam wirkend;
   Konverterkalk: CaO und Ca-Silikate (aus Eisenindustrie);
   Rückstandkalke: z.B. Carbokalk aus Zuckerfabrik (Ca-Carbonat mit Nährstoffanteilen).

Bewertung der Kalkdünger zur Neutralisation von Bodensäure: Letztlich wirksam ist bei allen Kalken das nach Umsetzung entstehende Ca-hydroxid $Ca(OH)_2$, wofür als Maß der Gehalt an „basisch wirksamem CaO“ dient.

Vorgang der Neutralisation (vereinfacht):

$$CaCO_3 \rightarrow Ca(OH)_2, + H^+ \text{ („Bodensäure“)} \rightarrow H_2O + Ca^{2+} \text{ (Ca-Ionen)}$$

Wirkung und Anwendung von Kalkdüngern

Kalkdünger (auf Wirkungsbasis CaO) für Zwecke der pH-Erhöhung etwa gleichwertig, aber Unterschiede in Wirkungsgeschwindigkeit sowie Anteil an Mg, Spurenelementen.

Schnell wirkend: Brannt- oder Löschkalk; günstig insb. für schwerere Böden, weil schnellere Durchdringung des Bodens mit Kalk und kaum Überkalkungsgefahr.

Langsam wirkend: Carbonat-Kalke; für alle Böden geeignet. Für die alle paar Jahre erfolgende *Erhaltungs-Kalkung* ist schnelle Wirkung von geringerer Bedeutung als für Melioration.

Höhe der Kalkung

Für *Meliorationskalkung* (Nachholbedarf) unbedingt nach Bodenuntersuchung (Kap. 8.1.2), aber auch für *Erhaltungskalkung* zu empfehlen; weil sonst auf leichten Böden, insb. bei ungleichmäßiger Verteilung, Gefahr der stellenweisen Überkalkung (und damit Mn-Mangel).

Rohe Anhaltswerte: alle drei Jahre bei mittlerer Bodenart 20–40 dt $CaCO_3$/ha (≈ 0,2–0,4 kg/m^2). Preis für Kalkdünger (Kap. 7.2.3) bei 20 dt/ha etwa 60 Euro/ha (dazu Ausbringung).

Zeitpunkt der Kalkung beliebig; am einfachsten auf unbewachsenem Boden im Herbst; auch „Kopfkalkung" bei trockenen Jungpflanzen außer mit Carbonatkalk möglich (z.B. für Kartoffeln).

Düngung zur Bodenversauerung

Während auf den meisten Böden Kalkung angebracht ist, kann gelegentlich auch gezielte Versauerung notwendig sein, z.B. bei „Überkalkung" oder Sodaböden (Kap.8.3.1).

Versauerung im Prinzip mit Schwefelsäure (aber selten verwendet), z.B. für Umwandlung von Na-carbonat in Na-sulfat. Üblich sind feste Dünger, die nach Umsetzung im Boden Schwefelsäure liefern: gelber Schwefel, Pyrit (FeS_2), Al-sulfat. Die notwendige Menge für eine pH-Senkung, z.B. von pH 9 auf 7, ist ähnlich berechenbar wie die Kalkmenge. Im üblichen Anbau gelegentlich Ammoniumsulfat zur schwachen pH-Senkung, z.B. für bessere Mn-Versorgung (dies gilt, zwar schwächer, auch für Harnstoff).

7.2 Anwendung von Düngern

Wichtige Fragen sind: Lagerung von Düngern, Technik der Ausbringung auf Boden oder Pflanze, Einflüsse der Dünger auf die Umwelt einschließlich legislativer Aspekte, ferner die Rentabilität.

7.2.1 Ausbringung bzw. Verteilung

Dünger wird größtenteils über Boden (Substrat) den Pflanzen zugeführt, z.T. auch direkt zum Blatt gegeben. Oft muss Dünger nach dem Einkauf zeitweilig gelagert werden, wobei insbesondere bei loser Ware die Hygroskopizität (Problem des Feuchtwerdens) besteht, ebenfalls wenn Einzeldünger vor der Ausbringung noch gemischt werden.

Verteilung von Düngern auf dem Feld ist technisches Problem, erfordert aber Berücksichtigung möglicher chemischer Umsetzungen beim Kontakt des Düngers mit Atmosphäre und Boden.

Mischen von Düngern

Wenn statt fertiger Mehrnährstoffdünger Einzeldünger verwendet wird, kann Mischen erforderlich sein. Von Firmen angebotenes „Hofnahes Düngermischen" ermöglicht auch individuelle Mischungen.

Mischung von Einzeldüngern ist weitgehend möglich, aber in drei Fällen unzweckmäßig:

- *N-Verluste:* NH_4-Dünger + Kalke oder kalkhaltige Dünger verursachen Entweichen von *Ammoniak* (Ausnahme KAS); bei Nitrat-Dünger mit Harnstoff entweichen *Stickoxide.*
- *Phosphat-Immobilisierung:* wasserlösliches Phosphat wird durch Kalke oder kalkhaltige Dünger in wasserunlösliche Formen umgewandelt (dadurch in der Wirkung vermindert).
- *Verhärten bzw. Zerfließen* des Gemisches infolge Hygroskopizität: hygroskopische Dünger ziehen Luftfeuchtigkeit an; Mischen daher (wenn überhaupt) nur bei trockener Luft und kurz vor dem Ausstreuen. Hygroskopizität abnehmend vom Kalksalpeter (stark) bis zum Ammonsulfat (kaum).

Technik der Ausbringung fester Dünger

Verteilung von granulierten Düngern meist mit *Schleuderstreuer* (durch rotierende Teller bis zu 30 m weit). Nach Ausgleich der „Verdünnung" am Rand durch Überlappung ergibt dies eine für viele Zwecke ausreichende Gleichförmigkeit der Verteilung bei hoher Flächenleistung. Alternativ für genauere Verteilung *Pneumatikstreuer* (Verteilung per Luftdruck aus zahlreichen Düsen) mit Arbeitsbreiten bis zu 20 m. In besonderen Fällen per Flugzeug (z.B. in schwer zugänglichem Gelände).

Auf Bodenoberfläche gestreute Düngerkörner entweder bald „eingearbeitet" (insb. wenn Verluste durch Umsetzungen zu erwarten) oder Nährstoffe dringen „von selbst" nach Auflösung durch Regen in den Wurzelraum (Nitrat schnell, Phosphat langsam).

Gelegentlich kann mechanische *Platzierung* des Düngers in den Wurzelraum zweckmäßig sein (vor allem bei P-Düngern), z.B. Reihendüngung bei Mais in Wurzelnähe.

Ausbringung von Lösungen und Suspensionen:

Vorteil der Flüssigdüngung: hohe Flächenleistung mit Spritzgeräten und sehr genaue Dosierung möglich; Einsparung von Transportarbeit (keine Säcke). Nachteile: Transport von Wasser, ferner Zweigleisigkeit der Düngung (für flüssige und feste Stoffe).

Ausbringung gasförmiger Dünger:

preisgünstiges *Ammoniak* mit Injektionsgeräten gasförmig 10–15 cm tief in schwach feuchten Boden geblasen, um NH_3-Verluste zu vermeiden.

Düngerverteilung auf uneinheitlichen Feldern (Präzisions-Düngung)

Grundprinzip der Düngeranwendung ist die gleichmäßige Verteilung auf dem Feld (tradtioneller Größe), wobei Nährstoffgehalt im Boden (bis zu einigen ha) als weitgehend gleichförmig unterstellt wird. Wenn aber kleinräumige Unterschiede bestehen (bei sehr großen Feldern ohnehin), bietet sich Präzisions-Düngung an (engl. *precision fertilization*).

Ziel: auf weniger gut versorgten Teilflächen die Düngung (und damit den Ertrag) zu erhöhen und auf gut versorgten Teilflächen Dünger einzusparen (also insgesamt höhere Erträge mit weniger Dünger).

Kleinflächen-spezifische Düngung erfordert viel „Know-how" und erheblichen technischen Aufwand, nämlich präzise Ortsbestimmung (z.B. mit GPS, engl. *Global Positioning System*) und per Computer regulierbare Düngerstreuer. Beides ist zwar aufwendig, aber technisch realisierbar (wenn auch nur bei sehr großen Flächen rentabel).

Nur teilweise gelöst ist jedoch die entscheidende Voraussetzung, nämlich die Diagnose der Nährstoffversorgung auf den kleinen Teilflächen: Ganz gut funktioniert die N-Düngung von Pflanzenbeständen, weil mit Sensoren der Grad einer vermutlich durch N-Mangel bedingten Chlorose (via Grün-Farbton) gleich beim Düngerstreuen schnell erfasst werden kann (bisher ungelöstes Problem: Unterscheidung von Chlorosen bedingt durch N-Mangel oder S-, Mg-, Mn-Mangel). Sehr problematisch bei Bodendüngung, da es keine Sensoren für verfügbare Nährstoffe im Boden gibt. Ersatzweise könnten „kleinflächig" viele Bodenproben (z.B. für P, K, Mg) untersucht werden (jedoch sehr aufwendig). Jedenfalls sollte eine Ausbringung nicht als „präzise" deklariert werden, wenn sie auf fraglicher diagnostischer Basis beruht.

Beurteilung der Präzisions-Düngung: Ausgleichende N-Düngung von Pflanzen auf uneinheitlichen kleinen Teilflächen mittels Sensoren-Diagnostik ist oft vorteilhaft; jedoch für die Grunddüngung zum Boden (ohne Sensoren) den üblichen Verfahren kaum überlegen (aber teurer).

Präzisions-Düngung sollte Kleinflächen-orientiert sein, um diese Bezeichnung zu verdienen und die Kosten zu rechtfertigen. Bei der Grunddüngung kommt hinzu, dass eine im ganzen reichliche Düngung eher vorteilhaft ist.

Beispiel für differenzierende Düngung nach traditioneller Methode: Feld von 50 ha wird nach den Ergebnissen von 25 oder 50 Bodenproben für die Grunddüngung grob in z.B. 5 Teile unterteilt und diese je nach Versorgungsgrad unterschiedlich gedüngt. Dies wäre gute fachliche Praxis ohne hohe Extrakosten. Ziel ist ohnehin, die Felder im Hinblick auf Nährstoffversorgung zu vereinheitlichen.

Blattdüngung (Nährstoffspritzung)

Blätter sind befähigt, Nährstoffe aufzunehmen (Kap. 2.2.1). Blattdüngung sehr effektiv, weil hoher Ausnutzungsgrad erzielt wird; aber bei zu hoher Salzkonzentration leicht Verätzungsgefahr (daher Harnstoff als organisches Molekül günstiger als Salze).

Blattdüngung vor allem mit N-Düngern, aber auch mit anderen Nährstoffen möglich; oft mit Pflanzenschutz-Spritzungen kombinierbar. Einsatz sowohl von Lösungen als von Suspensionen, z.T. mit Zusätzen für eine (langsame) Depotwirkung und Verringerung der Ätzgefahr.

Blattdüngung: Bespritzen der Blätter mit verdünnten Nährstofflösungen, vorbeugend zur Ergänzung der Versorgung oder zur Beseitigung eines Mangels.

Übersicht 7.5. Beispiele für Blattdüngung (bei Spritzmenge 400 l/ha; für Getreide bzw. Bor für Raps).

1. Harnstoff (46 % N):	12 %ige Lösung;	50 kg Dünger ergeben 23 kg/ha N
2. AHL (28 % N):	6 %ige Lösung;	25 kg Lösung ergeben 7 kg/ha N
3. Mg-Sulfat (17 % Mg):	2 %ige Lösung;	8 kg Dünger ergeben 1,4 kg/ha Mg
4. Mn-Sulfat (24 % Mn):	1 %ige Lösung;	4 kg Dünger ergeben 1 kg/ha Mn
5. Solubor (21 % B):	0,5 %ige Lösung;	2 kg Dünger ergeben 0,4 kg/ha B

7.2.2 Rentabilität der Düngung (Preise)

Dünger sind Betriebsmittel zur Steigerung von Produktion und Einkommen. In Zeiten oder Ländern mit Nahrungsmangel wird (im Rahmen des jeweiligen Anbausystems) der durch Düngung erzielbare *Höchstertrag* angestrebt („Normalsituation" seit Jahrhunderten).

In monetär-orientierter Wirtschaft interessiert dagegen auch die *Rentabilität* der Düngung, also das Verhältnis Gewinn zu Kosten (Ertragsgesetze Kap. 9.1.1).

Düngung verursacht Kosten: a) geringe feste Kosten durch Ausbringung und b) hohe variable Kosten durch Düngemittel. Der Gewinn resultiert aus dem erzielten Mehrertrag.

Untere Grenze der Rentabilität unbedeutend, aber auch bei sehr hohen Düngergaben (trotz geringfügig höheren Ertrags) bereits geldlicher Verlust.

Grenze der noch rentablen („ökonomischen") Düngung in Modellen und Diagrammen (Fig. 7.1.) anschaulich darzustellen; in Feldversuchen aber nur aufwendig und ungenau zu ermitteln.

Im entscheidenden Bereich rentabler Düngung können entweder *maximale Kapitalverzinsung* (bei Geldknappheit) oder *maximaler Reingewinn* (bei Bodenknappheit) angestrebt werden.

Kosten-Überlegungen haben vor allem für N-Düngung praktische Bedeutung. Dagegen ist eine reichliche Versorgung, d.h. gewisser Überschuss z.B. an Phosphat, auch seitens der Bodenfruchtbarkeit eher günstig.

In Deutschland sind Dünger überaus rentable Betriebsmittel. Dadurch liegt die Rentabilitätsgrenze recht nahe am „Höchstertrag". Praktisch ist daher fast jede Düngung noch lohnend, die einen deutlichen Mehrertrag bringt.

Der Produktionswert von 1 kg N beträgt bei mittlerem Produktionsniveau etwa 15–25 kg Korn. (Überschlägige Rechnung: 1 Liter Öl ≈ 1 kg N (als Dünger) ≈ 20 kg Korn bzw. Brot).

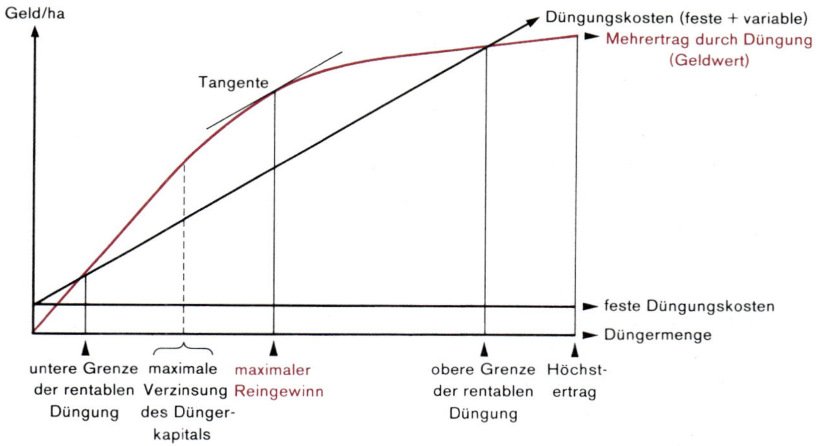

Fig. 7.1. Gewinn und Kosten der Düngung (schematischer Kurvenverlauf).

Direktvergleich von Preisen und Gewinn

Im Frühjahr 2006 etwa folgende Düngerpreise (für größere Mengen, ab Lager, ohne MwSt):

Stickstoff:	0,50–0,60 Euro/kg N
Phosphat	0,40–0,50 Euro/kg P_2O_5
Kali	~ 0,40 Euro/kg K_2O
Kalk (mit Mg)	~ 0,03 Euro/kg $CaCO_3$.

Auf dieser Basis betragen NPK-Düngerkosten z.B. für Weizen mit 100 dt/ha Ertrag (Kap. 8.4.1), etwa 250 Euro/ha (netto). Dabei entfällt etwa die Hälfte der Kosten auf N-Dünger.

Der erzielte Gewinn ist schwieriger zu ermitteln, weil viele Böden mit Nährstoffen angereichert sind, d.h. Weglassen der Düngung bewirkt im 1. Jahr bei weitem nicht Abfall der Erträge auf früheres Niveau ungedüngter Böden (etwa 10 dt/ha), sondern z.B. nur 30 % weniger. Dies ist aber nicht maßgebend. Als rohen Anhalt: Rechnet man z.B. bei Weizen mit etwa 80 dt/ha Mehrertrag durch Düngung, so wäre dies ein Gewinn von etwa 1100 Euro (11 + 3 Prämie) und damit etwa das 4-fache der Kosten (alles ohne MwSt).

In Entwicklungsländern, wo heute die meiste Düngung stattfindet, ist der Vergleich einfacher. Hier gilt die Faustregel: Düngung ist noch rentabel, wenn sie mindestens den doppelten Geldertrag (gegenüber ungedüngt) einbringt; ausgedrückt als VCR (Value-Cost-Ratio) >2 (d.h. in exakten Versuchen ermittelt, was für die Praxis eher 1,5 bedeutet).

Eine Düngung muss also mindestens das 1,5–2fache an Wertzuwachs bringen, sonst ist sie zwecklos oder sogar ein Verlust. Erreicht werden VCR-Werte von 4 bis >6.

7.2.3 Düngung und Umwelt

Düngung hat positive und negative Einflüsse auf die Umweltbereiche Boden, Wasser und Luft.

Vorteilhaft sind für

Boden: Verbesserung der Fruchtbarkeit, Aktivierung des Bodenlebens.

Wasser: Gewisse Nährstoffzufuhr zu „armen" Gewässern für Pflanzen, Fische usw.

Luft: Produktion von mehr Sauerstoff und Luftreinigung durch Filterwirkung (Weizenfeld liefert netto mehr O_2 als Wald; Urwald liefert netto überhaupt keinen O_2).

Mögliche nachteilige Einflüsse

Boden: Zufuhr toxischer Stoffe mit Qualitätsminderung von Produkten.

Wasser: Eintrag von Nährstoffen kann Gewässer und Grundwasser belasten.

Luft: Stickoxide aus Düngerumsetzungen schädigen schützende Ozonhülle der Erde.

Mögliche Gewässer-Belastung (durch Eutrophierung)

Relevant ist praktisch nur Nitrat, weniger Phosphat. Alle Böden, ob gedüngt oder nicht, geben Nährstoffe an angrenzende Gewässer ab. Mit intensiverer Nutzung und damit Düngung steigen die (unbeabsichtigten) Verluste durch Auswaschung an Nitrat oft an, aber keineswegs proportional zur Düngerhöhe. Jedenfalls kann Verlust an Nitrat durch sachgerechte Düngung in tolerierbaren Grenzen gehalten werden (z.B. < 50 kg/ha N). N-Verluste durch Auswaschung vor allem durch (unnötigen) N-Überhang zur Erntezeit, der nicht gleich von Folgefrucht genutzt wird, ferner durch Düngungsfehler (speziell bei Gülle).

Zur Problematik der Aussagen über Düngungs-bedingte Belastungen:

Die wirkliche Höhe der Auswaschung ist nur annähernd an Beispielen zu messen. Deshalb basieren Aussagen über regionale Belastung durch Nitrat vor allem auf indirekten Methoden. Jedoch Untersuchungen von Gewässern dann fraglich, wenn „verborgene“ Eutrophierung durch kommunale „Abwässer“ nicht differenziert erfasst. Aus regionalen Input/Output-Bilanzen wird für Deutschland ein Verlust von etwa 100 kg/ha N angenommen (für einige Regionen noch wesentlich mehr). Aus kritischer Sicht sind diese Werte aber zu hoch (und damit diskriminierend), weil der wesentliche Bilanzposten *N-Speicherung im Boden* nicht berücksichtigt wurde. Allerdings waren solche zweifelhaften Werte auch ein Anlass für verschärfte Gesetzgebung.

Für Phosphat ist die Lage weniger kritisch. Auch bei steigender P-Düngung bleibt die P-Auswaschung praktisch bedeutungslos (< 1 kg/ha P). Jedoch kann P-Dünger z.B. durch Abspülung (Bodenerosion) bei hängigem Gelände in angrenzende Gewässer gelangen, was aber durch sachgerechte Bewirtschaftung vermeidbar ist.

Düngung und Schadstoffe der Luft

Ammoniak-Verluste können (insb. bei Gülle-Ausbringung) beträchtlich sein. NH_3 ist zwar in üblichen Konzentrationen nicht toxisch, bewirkt aber über die Niederschläge eine unerwünschte N-Zufuhr zu Naturflächen oder Gewässern (z.B. 10–15 kg/ha N) bzw. zusätzliche Versauerung von Böden nach Nitrifikation.

Stickoxide, vor allem Lachgas N_2O, sind nachteilig wegen dadurch verursachter Schäden an der Ozonhülle der Erde. In meisten Ackerböden nur vorübergehend in sehr nassen Phasen; bedeutsame Mengen aber bei bewässertem Reis. Insgesamt sind aber offenbar N-Dünger nicht Hauptproduzenten von Ozon-Schadstoffen.

7.2.4 Verordnungen zur Düngung

Als die Anwendung von „künstlichen Düngemitteln“ größere Bedeutung erlangte, wurde 1918 eine gesetzliche Verordnung erlassen, um den damals unübersichtlichen (teilweise sogar unredlichen) Handel mit den neuen Mineraldüngern (das „in Verkehr bringen“) zu standardisieren und damit dem Landwirt wirksame Produkte mit zugesicherten Eigenschaften zu garantieren.

In der Folgezeit wurde Düngemittelgesetz mit Verordnungen immer weiter vervollkommnet, vor allem durch

- Typenliste der Düngemittel und ihrer Eigenschaften (1988 = 140 Typen).
- Zulassung neuer Dünger erst nach Prüfung auf Wirksamkeit und Unbedenklichkeit.

Die Normen der Düngemittelverordnungen bezogen sich in den ersten 70 Jahren nur auf Herstellung und Handel, während die *Anwendung* der (Handels-) Düngemittel dem einzelnen Landwirt überlassen blieb, zumal sachgerechter Einsatz dieser (nicht gerade billigen) Betriebsmittel unterstellt werden konnte.

Neu: Vorschriften für *Anwendung* von Düngern (1989, 1996, 2006):

Die starke Ausweitung der Düngerverbrauchs seit etwa 1970 und die gleichzeitige Zunahme von Nährstoff-bedingten Umweltproblemen, haben Gesetzgeber veranlasst, auch die *Anwendung* von Düngern durch zahlreiche Vorschriften zu reglementieren, erst für Handelsdünger, dann auch Wirtschaftsdünger u.a.

Neueste Düngeverordnung vom Januar 2006; daraus auszugsweise:

Ziel ist weiterhin sachgerechte Düngeranwendung bei weitgehendem Vermeiden von Verlusten.

Regelungen werden auf relevante Nährstoffe beschränkt, d.h. Stickstoff und Phosphat.

Höhe der N-Düngung auf Basis jährlicher (für Phosphat alle 6 Jahre) Bodenuntersuchung (sehr aufwendig); aber auch wesentlich einfacher erlaubt und möglich durch Normwerte, Schätzung.

Ausbringung künftig viel restriktiver: Anwendungsbeschränkungen wie Sperrfristen (vor allem für Gülle) und Verbote, Höchstmengen (für Wirtschaftsdünger < 170 kg/ha N pro Jahr), detaillierte Ausbringungs-Vorschriften, z.B. bezüglich Abständen von Gewässern, Wetterbedingungen.

Pflicht zu Aufzeichnungen und betrieblichen Nährstoffvergleichen (Bilanzen).

Festsetzung von maximal zulässigen Überschüssen, z.B. < 90 kg/ha N (später niedriger).

Viele Verstöße gegen Düngeverordnung sind Ordnungswidrigkeiten (d.h. vorsätzliche oder fahrlässige Rechtsverstöße, die nach dem Opportunitäts-Prinzip mit Geldbußen geahndet werden).

> Düngung dient immer noch vor allem zur Nahrungssicherung (mit aller Unsicherheit der Urproduktion). Um aber Umweltschäden durch Düngung gering zu halten, macht die deutsche Düngeverordnung berechtigte Vorschriften (mit leider vielen realitätsfernen Detail-Regelungen).

8 Düngerbedarf und praktische Düngung

Hauptproblem der Düngung ist die Bemessung der Düngermenge: relativ einfach bei Bodendüngern (Kalk), aber aufwendiger für die optimale Nährstoffversorgung (Bedarf soll gedeckt, aber Überdüngung vermieden werden). Düngung als Teil des umfassenden Nährstoff-Managements.

8.1 Bodenreaktion und Kalkbedarf

Landwirtschaftliche Böden liegen im weiten Bereich von pH 4–8; meist jedoch von 5–7.

Unterhalb von pH 3 praktisch kein Wachstum mehr. Richtige Bemessung des Kalkbedarfs erfordert Kenntnis der optimalen Bodenreaktion (anzustrebendes pH-Ziel) und Ermittlung der dafür notwendigen Kalkmenge.

Optimale Bodenreaktion

Pflanzen natürlicher Standorte an unterschiedliche pH-Bereiche angepasst. Beziehung z.T. so eng, dass einige Pflanzen (Unkräuter) sichere Anzeiger für pH-Bereiche sind, z.B. „Säure-Zeiger“: Spörgel, Knäuel, kleiner Ampfer; „Kalk-Zeiger“ : Ackersenf, Erdrauch, Adonis.

Auch Kulturpflanzen ziehen bestimmten pH-Bereich vor; da aber „säureliebende“ Pflanzen (z.B. Roggen, Kartoffeln) oft auf leichten Böden angebaut werden und „kalkliebende“ Pflanzen (z.B. Gerste, Zuckerrübe) vorzugsweise auf mittleren und schweren Böden, erfolgt Differenzierung des optimalen pH für praktische Zwecke meist nach der Bodenart (Tab. 8.1). Für Grünland etwas niedrigere pH-Werte als auf Mineralböden günstig, weil Bodenstruktur rel. weniger bedeutsam als Nährstoffmobilität (Tab. 8.1).

Für die Ermittlung der optimalen pH-Werte (eigentlich schmale Optimalbereiche) sind nicht so sehr Schäden im Extrembereich entscheidend (z.B. Aluminium-Toxizität unter pH 4,3), als vielmehr pH-Einfluss auf Menge an verfügbaren Nährstoffen und Bodenstruktur im mittleren pH-Bereich (wobei „pH-Einfluss“ meist Einfluss von Faktoren bedeutet, für die pH-Wert ein Indikator ist)

Unterschiedliche Nährstoffverfügbarkeit ist Hauptursache für pH-Ansprüche der Pflanzen, während pH-Wert bzw. H^+-Konzentration als solche weitgehend belanglos (Fig. 8.1.).

Tab. 8.1. Anzustrebende pH-Werte von Acker und Grünland (Anhaltswerte; pH in $CaCl_2$; Abweichungen bis ±0,2 pH zulässig).

Boden		Acker	Grünland
Mineralböden	(< 5 % Humus)		
Sand	(< 15 % Ton)	5,5	5,0
lehmiger Sand	(6–10 % Ton)	6,0	5,5
sandiger Lehm	(11–15 % Ton)	6,5	5,5
Lehm, Ton*	(> 15 % Ton)	7,0	6,0
Humusreiche Böden, z.B.			
lehmiger Sand mit 8–15 % Humus)		5,0	5,0
Niedermooor (kalkhaltig)		6,5	6,5
Hochmoor		4,5	4,5

* neutraler pH-Bereich; möglichst etwa 0,5 % feinverteilter Kalk

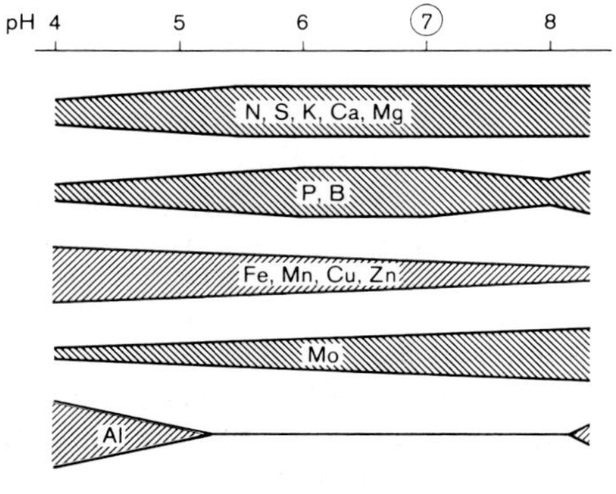

Fig. 8.1. Veränderung der Gehalte an verfügbaren Nährstoffen (und Al) in Abhängigkeit vom pH-Wert.

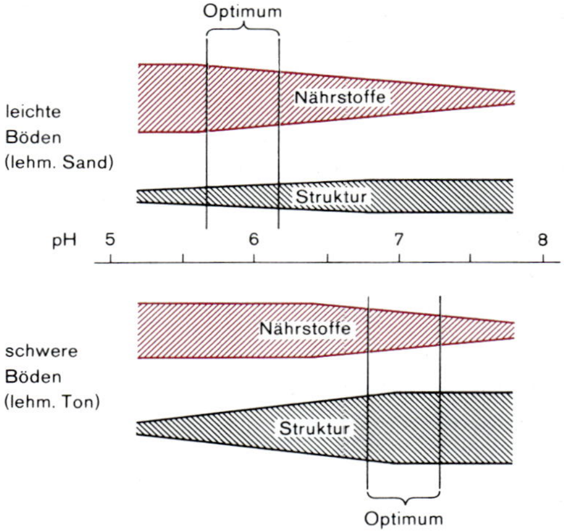

Fig. 8.2. pH-Optimum von Ackerböden als Ergebnis optimaler Kombination chemischer und physikalischer Faktoren.

Optimaler pH-Wert außer von *mineralischen Nährstoffen* auch von *Bodenstruktur* (wegen Wasser- und O_2-Versorgung) bestimmt; da beides oft gegenläufig (Nährstoffversorgung meist günstiger im sauren Bereich, Struktur besser im neutralen Bereich), ist optimaler pH-Wert letztlich ein Kompromiss (Fig. 8.2.).

Ermittlung des Kalkbedarfs

Böden im humiden Klima mit natürlicher Tendenz zur Versauerung benötigen immer wieder Kalkzufuhr zur pH-Erhöhung. Kalkmenge ermittelt an üblichen Bodenproben (Kap. 8.2.3).

Kalkmenge: Der einfach zu bestimmende *pH-Wert* als aktuelle Acidität (Kap. 2.1.1) lässt leider keine Errechnung der notwendigen Kalkmenge zu, weil dafür auch die potentielle Acidität (Gesamtmenge des neutralisierbaren Wasserstoffs, H-Wert) maßgebend ist.

Methoden für Kalkbedarf: Da Standardmethode nach Jensen rel. umständlich, meist Schnellmethode nach Schachtschabel: pH in Ca-Acetat-Suspension als Maß für H-Wert; daraus Kalkmenge für pH 7 direkt abzuleiten (1 mval H/100 g ≈ 8,4 dt CaO/ha). Für das jeweilige pH-Ziel (unter pH 7) wird noch der übliche pH-Wert benötigt; Ableitung der Kalkmenge dann nach Tabellen (Beispiel in Tab. 8.2)

Umrechnung:

$$\text{dt CaO für pH-Ziel} = \frac{\text{Ziel-pH} - \text{pH (KCl)}}{\text{pH 7} - \text{pH (KCl)}} \times \text{dt CaO für pH 7}$$

Tab. 8.2. Ermittlung des Kalkbedarfs
(dt CaO/ha für Oberboden 0–20 cm; pH-Wert mit $CaCl_2$)
Beispiel für Boden mit pH-Ziel 6: rote Ausgangswerte ergeben 12 dt CaO.

pH Acetat	H-Wert mval/100 g	Ziel= pH 7	Ziel = pH 6					Ziel = pH 5			
			Ausgangs-pH des Bodens					Ausgangs-pH des Bodens			
			4,5	5,5	5,3	4,9–4,6	<-4 5	4,7	4,5	4,2–4,1	3,7-3,5
6,8	1,4	12	3	4	5	7	8	2	2	4	5
6,6	2,7	23	5	8	9	13	14	3	5	7	9
6,4	4,3	36	8	12	15	20	23	5	7	11	15
6,2	6,5	55	13	18	22	31	35	7	11	16	23
6,0	11	90	21	30	37	51	57	12	18	27	37
5,8	23	190	44	63	78	107	120	25	38	57	78

Aus Tabellen dieser Art resultiert somit erforderliche Kalkmenge pro Hektar, angegeben als Bezugsbasis CaO. Auswahl zweckmäßiger *Kalkdünger* (Kap. 7.1.6). Kalkbedarfs-Ermittlung ist relativ einfach und zuverlässig, weshalb Kalkung nach „Erfahrung“ (mit Faustzahlen) nicht zu empfehlen ist. (Gewisse Anhaltswerte Kap. 7.1.6).

8.2 Nährstoffbedarf

Für mittlere und insbesondere hohe Erträge ist ausreichende Nährstoffversorgung des Bodens erforderlich; dafür zahlreiche Schätz- und Messverfahren, je nach erforderlicher Genauigkeit.

Falls Boden zu wenig Nährstoffe für die anzubauenden Pflanzen enthält, muss entsprechender Düngerbedarf abgeschätzt werden. Insgesamt haben viele Kulturpflanzen (trotz mancher Besonderheiten) bei hohen Erträgen recht ähnliche Ansprüche.

8.2.1 Methoden im Überblick

a. Düngerbedarf nach Faustzahlen

Landwirt hat gewisse *Erfahrungswerte* für Düngung nach jahrelangem Anbau einer Pflanze, zusätzlich ausgerichtet an mittleren Entzügen und übertragbaren Ergebnissen aus offiziellen Düngungsversuchen. Faustzahlen sind einfach zu handhaben, aber zwangsläufig ungenau; jedoch brauchbar bei mittlerem Ertragsniveau.

b. Düngerbedarf nach Pflanzendiagnose

Visuelle Diagnose von Mangelsymptomen (bzw. Überschuss): Methode qualitativ (Symptome: Kap. 8.2.2) oder semiquantitativ als Stärke des Mangels, z.B. Grad der Grünfärbung von Blättern als Maß für N-Versorgung; feine Farbabstufungen mit (*Munsell-*)Farbtafeln. (Zur Diagnose mit optischen Sensoren s. Kap. 7.2.1).

Düngungs-Schnelltest: Hilfsmittel zur Aufklärung eines visuell nicht identifizierbaren Mangels, z.B. Bespritzung chlorotischer Blätter mit Test-Lösungen, wobei fehlender Nährstoff nach wenigen Tagen Grünfärbung bewirkt.

Gewebe-Schnelltest: semiquantitative Methode via Bestimmung des mobilen Anteils an Nährstoffen in frischem Pflanzenmaterial, insbesondere Nitratgehalt als Maß für N-Versorgung (z.B. Farbreaktion auf Oberflächen abgeschnittener Stengel oder im Presssaft) ermöglicht Abstufung in hohe, mittlere, niedrige N-Versorgung.

Pflanzenanalyse: Nährstoffgehalt der Pflanze zur Ermittlung ihres Versorgungszustandes mit Rückschlüssen auf die Düngung (Kap. 8.2.4).

c. Düngerbedarf nach Bodendiagnose

Indikatorpflanzen (Unkräuter) als Nährstoffanzeiger für „reiche“ oder „arme“ Böden: bestenfalls nur noch bei extensiver Produktion.

Boden-Schnelltest: semiquantitative, grobe Kennzeichnung des Nährstoffgehalts mit Hilfe einfacher „Feldmethoden“; meist schnelle Extraktion des verfügbaren Anteils und Bestimmung mittels Farbreaktion. Ergebnisse als rohen Anhalt für Nährstoffversorgung.

Bodenuntersuchung: verfügbare Nährstoffe im Boden als Basis für Düngermenge (Kap. 8.2.3).

d. Düngerbedarf aus nährstoffabhängiger Ertragsleistung

- *Feld-Düngungsversuch:* Standardmethode, auch zur Eichung anderer Methoden.

  Vorteile: entspricht natürlichen Verhältnissen (Pflanzen, Boden, Klima); eindeutige quantitative Aussage (Höhe des Mehrertrages). In Deutschland Tausende von Versuchen in 120 Jahren.

  Nachteile: in exakter Form sehr aufwendig; Dauer 6–10 Monate; Ergebnisse nur für jeweiligen Boden; Vorhersage für Folgejahr mit Vorbehalt; Höhe des Vorrats nicht ermittelbar.

  Interpretation kann problematisch sein (Problem „falscher" X-Achse) (Finck, 1992).

- *Gefäß-Düngungsversuch:* im Gewächshaus durchgeführt; z.B. in Mitscherlich-Gefäßen.

  Vorteile: einheitlichere Versuchsbedingungen als im Feld; besser kontrollierbar.

  Nachteile: problematische Übertragung der Ergebnisse auf Feldbedingungen; aufwendig.

  Insgesamt sind exakte Feld- und Gefäßdüngungsversuche für Routine-Untersuchungen zu teuer; aber notwendig für wissenschaftliche Studien. (Durchführung s. Anhang A).

- *Tastversuche:* Als praxisnahe Sonderform des Feldversuchs, vor allem in Entwicklungsländern, können informative Tastversuche zur Düngewirkung (vom Landwirt oder Berater) angelegt werden. Dafür eignen sich kleine sog. „Düngefenster" als O-Parzellen (zeigen, was ohne Düngung wächst). Für noch wenig gedüngte Böden kann das einfache fünf-parzellige FAO-Schema (O-Parzelle, NP, NK, PK, NPK) zur Ermittlung des Minimum-Nährstoffs dienen (der dann durch Düngung ergänzt werden muss).

8.2.2 Mangelsymptome

Diagnose von Symptomen oft eindeutig, aber teils schwierig; daher am besten Vergleich mit typischen Farbbildern (z.B. Bergmann 1993).

Mangelerscheinungen als *Chlorosen* oder *Nekrosen* (Kap. 2.3.3). Wichtiges Differentialmerkmal ist, ob Symptom (Merkmal) zuerst an älteren oder jüngeren Blättern auftritt. Typische Symptome sind ferner Randnekrosen, Spitzennekrosen, Interkostalchlorosen (zwischen den

Blattadern). Auch Kombination von mehreren Symptomen bei Komplexschäden, z.B. beim Säureschaden-Syndrom, bedingt teils durch Mangel (P, Mg), teils durch Überschuss (Aluminium, Mangan). Mangelsymptome gelegentlich zu verwechseln mit Klima-, Immissions- oder Krankheits-bedingten Symptomen.

Therapie: bei akutem Mangel zumindest sofortige Blattdüngung erforderlich (Kap. 7.2.1).

Bestimmungsschlüssel für Mangelsymptome (Beispiele)

A. Getreide (Gräser)

I. Symptome an *älteren* Blättern

1. Blätter dunkelgrün und aufrecht (Starrtracht), oft rötliche Verfärbungen auch am Stengel. — P
2. Grüne Blätter am Rand gelb bzw. häufig braun *(Randchlorose* bzw. *Randnekrose),* Blätter schlaff (Welketracht). — K
3. Pflanze hellgrün, Blätter meist von der Spitze her gleichmäßig gelblich *(Spitzenchlorose),* älteste Blätter braun. — N
4. Gelbliche Längsstreifen zwischen den Blattadern *(Streifenchlorose),* Reste des Blattgrüns perlschnurartig aufgereiht. — Mg
5. Hafer: grau-braune streifenförmige Flecke in unterer Blatthälfte, Spitze bleibt noch lange grün (Dörrfleckenkrankheit). — Mn

   Roggen und Weizen: weiße oder graue streifenförmige Flecke vorwiegend in oberer Blatthälfte. — Mn

II. Symptome an *jüngeren* Blättern

1. Gelbgrüne Blätter mit hellgelben Adern, meist ohne Nekrosen. — S
2. Gelbe bis gelbweiße Blätter mit grünen Adern (meist auf kalkhaltigen Böden oder Hochmoor). — Fe
3. Weißliche, fadenförmig verdrehte Blattspitzen (Weißspitzigkeit, Heidemoorkrankheit), vor allem bei Hafer und Gerste. — Cu
4. Gelbliche Blätter und meist *abgestorbene Endknospe.*

   a) oft kombiniert mit sonstigen „Säureschäden", z.B. braunen Flecken. — Ca

   b) auf sauren Böden (sehr selten). — B

B. Betarüben, Kartoffeln, Raps, Kohl

I.	Symptome an *älteren* Blättern	*Mangel*
1.	Blätter dunkelgrün und aufrecht, oft rötlich.	P
2.	Grüne Blätter am Rand gelb bzw. häufig braun, schlaff.	K
3.	Pflanze hellgrün, Blätter von der Spitze her gelblich.	N
4.	Betarüben und Kohl: zwischen Adern gelblich.	Mg
	Kartoffeln: Blatt zwischen Adern fleckig, gelbbraun.	Mg
5.	Betarüben und Kohl: gelbbraune Flecken (Marmorierung).	Mn
II.	Symptome *an jüngeren* Blättern	
1.	Gelbliche Blätter mit hellen Adern.	S
2.	Gelbliche bis gelbweiße Blätter mit grünen Adern.	Fe
3.	Kartoffeln: hellgrüne Blätter mit kleinen schwarzbraunen Punkten, besonders auf der Unterseite.	Mn
4.	Betarüben: Vergilben, Verdrehen und schließlich Absterben der jüngsten Blätter (Herz- und Trockenfäule).	B
5.	Kohlarten: bei Jungpflanzen löffelförmige Blätter; bei älteren verkrüppelte Blattspreiten (Klemmherz bei Blumenkohl).	Mo

C. Leguminosen

I.	Symptome an *älteren* Blättern	*Mangel*
1.	Blätter dunkelgrün und aufrecht, oft rötlich.	P
2.	Randnekrose, Welketracht.	K
3.	Blatt zwischen Adern gelblich.	Mg
II.	Symptome *an jüngeren* Blättern	
1.	Gelbe Blätter mit braunen Flecken.	Mn
2.	Gelbgrüne Blätter mit hellgelben Adern.	S
3.	Gelbe bis gelbweiße Blätter mit grünen Adern.	Fe
4.	Weißlich vertrocknete Blätter.	Cu

Kommentar: Art des Mangels bisher (leider) durch Sensoren kaum erfaßbar. Leichte Chlorose oft N-Mangel, aber längst nicht immer.

8.2.3 Düngerbedarf nach Bodenuntersuchung

Untersuchung des Bodens auf verfügbare Nährstoffe ist verbreitetes Verfahren zur Ermittlung des Düngerbedarfs (wobei die einzelnen Länder bzw. Staaten ihre Standardmethoden favorisieren).

> Mit der *Bodenanalyse* wird der Düngerbedarf (zur Ergänzung des Bodenvorrats) aus dem annähernd bestimmten Gehalt des Bodens an verfügbaren Nährstoffen abgeschätzt.

Vorteile: einfach durchzuführen; billig; Vorhersage möglich; auch Überschüsse erfassbar;

Nachteile: verfügbare Nährstoffe mit einfachen Methoden nur annähernd zu erfassen;

Probenahme

Meist per Hand mit Bohrstock (hohles Stahlrohr); z.B. nach der Ernte, vor der Grunddüngung. Bodenuntersuchung „steht und fällt" mit repräsentativer Probenahme vom Feld (mindestens 1 Probe pro ha). Da repräsentative Probe von 1/2 kg aus 3 Millionen kg der Ackerkrume kaum möglich, eigentliche Testfläche verkleinern (Vorschläge in Fig. 8.4.). *Entnahme*: Mischprobe aus etwa 20 Einzelproben (insgesamt bis 500 g); auf Acker aus 0–20 cm Tiefe (Grünland 0–10 cm bzw. 0–6 cm). *Aufbereitung:* Probe gut mischen, an der Luft trocknen, auf 2 mm absieben (meist im Labor). Dann aus Feinboden mit jeweiligem Extraktionsmittel den löslichen Nährstoffanteil extrahieren und im Filtrat den Nährstoffgehalt mit chemischer Analytik ermitteln (Anhang B).

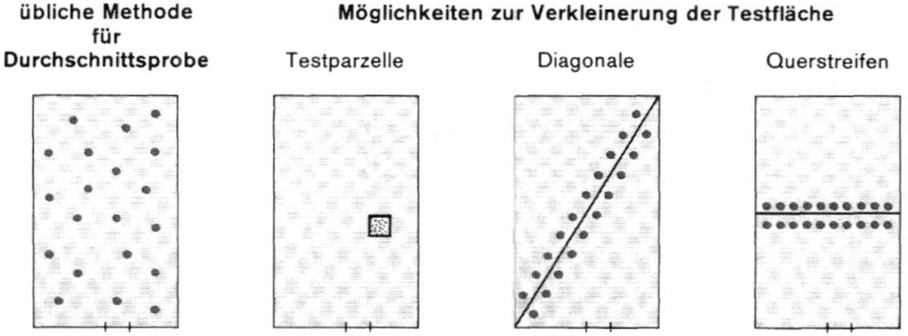

Fig. 8.3. Verfahren der Probenahme (20 Einzelproben von 1–3 ha für Mischprobe).

Methoden zur Extraktion der verfügbaren Nährstoffe

a. *Biotische Methoden:* Extraktion mittels Pilzen *(Aspergillus);* heute kaum noch verwendet.

b. *Biotisch-chemische Methoden:* Extraktion der Nährstoffe mittels Keimpflanzen (-wurzeln); aus Gehalten in Blättern dann Rückschluss auf Versorgung des Bodens (Standardmethode nach NEUBAUER, 1936–40). Da recht aufwendig, heute nur für wissenschaftliche Studien (Anhang B).

c. *Chemische Methoden:* Extraktion der mit speziellen Reagenzien (innerhalb 1 Stunde) löslichen Nährstoffe, dann chemische Analyse des Extrakts (Anhang B). Methoden gegliedert nach Extraktionsmittel:

1. *Wasser:* Nitrat-N (N_{min}); wasserlösl. Phosphat; Heißwasserlösl. B (BERGER, TRUOG).

2. *Austauschlösungen:* Austausch-Kationen: mit NH_4-acetat: K, Mg, Mn; mit $CaCl_2$ für Mg.

3. *Anorg. Säuren:* P in 0,002 n H_2SO_4 + $(NH_4)_2SO_4$ (TRUOG, USA); K in 0,1 n HCl (Niederlande).

4. *Org. Säuren:* P in 1 % Citronensäure; P in 3 % Essigsäure + Acetat (MORGAN, USA); **Lactatmethode***:* P und K in 0,04 n Ca-lactat + HCl bei pH 3,6. Methode EGNÉR-RIEHM (Standard in Deutschland seit 1940).

5. *Komplexbildner:* komplexierbares Cu mit EDTA; DTPA-extrahierbares Zink (LINDSAY, USA).

6. *Laugen:* Alkali-lösliches P in 0,5 m $NaHCO_3$ (OLSON, USA), für Kalkböden.

7. *Reduktionsmittel:* leicht reduzierbares Mn mit 0,2 % Hydrochinon (LEEPER, Australien).

8. *Sonstige Methoden:* Ermittlung von Potentialen; Elektro-Ultrafiltration (EUF nach NÉMETH); auch Verwendung von Isotopen (Anhang C).

Eichung und Auswertung

Schon die Vielzahl der Extraktions-Methoden zeigt, wie schwierig die adäquate Erfassung der verfügbaren Nährstoffe ist. Für Routine-Untersuchungen sind einfache, aber doch zuverlässige Methoden gefragt, die möglichst auch noch mehrere Nährstoffe gleichzeitig erfassen. Diese Forderung bedeutet meist einen Kompromiss (Genauigkeit vs. Preis).

Am Anfang der Bodenuntersuchung um 1900 war besonders die Erfassung mobilisierbarer Nährstoffe wichtig (daher rel. „aggressive" Extraktion), dagegen sind auf hochgedüngten Böden die leicht verfügbaren (wasserlöslichen bzw. sorbierten) Anteile meist bessere Indikatoren der Versorgung. Aus jahrelanger Erprobung haben sich bestimmte Methoden bewährt und sind zu Standardmethoden geworden (jedoch fast in jedem europäischem Land andere). Die Zuverlässigkeit einer Methode kann man durch Eichung testen, und zwar

- am Pflanzenertrag in Düngungsversuchen (aber sehr aufwendig);
- an Nährstoffgehalten von Pflanzen (durch statistischen Vergleich mit Bodenwerten).

Hat man sich auf eine Methode festgelegt, so müssen (mit aufwendigen Untersuchungen) zur sachgerechten Auswertung die Grenzwerte für unterschiedliche Böden und Ertragsniveau festgesetzt werden.

Angabe der Bodenwerte: für Hauptnährstoffe traditionell, z.B. mg P_2O_5 pro 100 g Boden (10 mg/100 g = 0,1‰ = 100 ppm); für Spurennährstoffe z.B. mg/kg Cu (= ppm Cu).

Einheit der Nährstoffe: bei Hauptnährstoffen meist noch traditionell als Bezugsbasis (P_2O_5 , K_2O, MgO); teilweise (bei Spurennährstoffen immer) auf Element-Basis (P, K, Mg; Cu)

Grenzwerte und Grunddüngung

Durch Bodenanalyse ermittelte Nährstoffgehalte werden an Hand von Grenzwerten in Gehaltsklassen (Versorgungsstufen) eingestuft; daraus dann der Düngerbedarf abgeleitet. Früher in ganz Deutschland einheitliche Auswertung, heute für die meisten Bundesländer spezielle Düngungs-Anleitungen (als Normen für die Landwirtschaft). Hier sind lediglich, als Muster für das Prinzip, vereinfachte Beispiele angeführt (Tab. 8.3.).

Zum Weglassen der Düngung bei Klasse E: Bei sehr hoher P-Versorgung kann man Kosten für P-Dünger einsparen. Angebracht ist aber vorher Plausibilitäts-Prüfung (mittels anderer Indikatoren), ob wirklich kein P-Mangel besteht.

Richtwerte für N-Düngung

N-Düngung, da stärker differenziert, wird zwangsläufig anders gehandhabt als Grunddüngung.

Tab. 8.3. Phosphat-Düngung nach Bodenuntersuchung (Vorschlag von KERSCHBERGER, HEGE, JUNGK 1997; vereinfacht).

Boden-Phosphat ($mg\ P_2O_5/100\ g$)	Gehalts-klasse	Düngung	Düngermenge in kg/ha P_2O_5 Getreide, Raps	Rüben, Kartoffeln
< 6	A	200 %-Düngung	130	160
6 – 9	B	150 %-Düngung	100	120
10 – 20	C	Erhaltungsdüngung	65	85
21 – 34	D	50 %-Düngung	20	50
> 34	E	keine Düngung	0	0

(Hinweis: Düngermenge je nach Ertragshöhe für Kl. A und B ± 10 %, für C und D ± 20 %)

Beispiel: Boden mit 15 mg P_2O_5 gehört in Klasse C; Dünger für hohen Rapsertrag daher 65 (+ 13 Zuschlag), also etwa 80 kg/ha P_2O_5.

Tab. 8.4. Kali- und Magnesium-Düngung nach Bodenuntersuchung (für Schleswig-Holstein nach BOYSEN, MATTHEY, 2000; vereinfacht) (gültig für Mineralböden mit < 8 Humus; differenziert n. Bodenart lehmiger Sand – sandiger Lehm).

	Bodengehalte (mg/100g) K	Mg	Gehaltsklasse		Düngermenge in kg/ha K bzw. Mg für Weizen-Ertrag 50 dt/ha	100 dt/ha	für Raps 40 dt/ha
lS:	5–10	6–10	B	K:	100	170	230
sL:	7–13	7–12	B	Mg:	30	50	50
lS:	10–15	11–15	C	K:	60	120	140
sL:	13–20	13–18	C	Mg:	20	30	30
lS:	15–20	16–20	D	K:	20	40	60
sL:	20–27	19–24	D	Mg:	5	10	10

Beispiel: Boden, sandiger Lehm, mit 16 mg K gehört in Klasse C. Düngung für Raps etwa 140 kg/ha K (≈ 170 kg/ha K_2O).

Prinzipiell zwei Möglichkeiten (für N-Düngung):

Düngermenge nach Erfahrungswerten (Faustzahlen) für jeweilige Kulturpflanze; abgestuft nach Ertragsniveau; einfach anzuwenden ohne Diagnose-Aufwand; daher von Mehrzahl der Betriebe verwendet (gut brauchbar, aber nicht optimal).

Düngermenge nach Sollwerten abzüglich gemessenem Bodenvorrat; diagnostische Basis ist Nitratgehalt im Frühjahr, gemessen als N_{min}-Wert in kg/ha N. Sollwerte sind aus Feldversuchen ermittelt (z.B. nach Scharpf und Wehrmann); sie gelten nur für 1. N-Gabe oder für alle (dann Gesamtmenge in 2 –3 Gaben pro Vegetationszeit). N-Sollwerte für hohe Erträge von Brotweizen bzw. Raps etwa 230 kg/ha N pro Vegetationszeit.

Beispiel: Weizen-Sollwert 230 kg/ha N minus N_{min}-Menge von 50 kg/ha N = Düngermenge von 180 kg/ha N, aufgeteilt in 3 Gaben).

Vorteil: genauere Bemessung der 1. bzw. 2. N-Gabe (Einsparung und ggf. höhere Erträge).

Nachteil: aufwendige Bodenuntersuchung zu Vegetationsbeginn (90 bzw. 60 cm tief).

Vorschlag zur Vereinfachung:

Düngermenge zwar nach N_{min}-Konzept, aber Schätzung statt Messung. In Anbetracht des enormen Aufwandes für zuverlässige N_{min}-Werte pro Feld, könnte man vereinfachend den zu berücksichtigenden Nitrat-Vorrat (nach bekannten Indikatoren) als niedrig („normal"), mittel oder hoch einschätzen. Zur Korrektur der N-Düngermenge würden dann mittlere Gehalte von z.B. 30–50 kg mit etwa 40 kg/ha N, hohe Gehalte von 50–70 kg/ha mit etwa 60 kg/ha N vom Sollwert abgezogen (extrem hohe Werte entsprechend).

Bodenuntersuchung auf Spurennährstoffe

Hier nur einige Hinweise auf internat. Methoden (Finck, IFA 1992):

Bor: Heißwasser-Extrakt nach Berger, Truog; gute Versorgung bei Gehalt von 0,5–2,0 ppm (= mg/kg) B (leichte Böden niedrige Werte).

Kupfer: EDTA-Methode; gute Versorgung bei Gehalt von 2–8 ppm Cu.

Zink: DTPA-Methode; gute Versorgung bei Gehalt von 1–5 ppm.

Mangan: leicht reduzierbares oder komplexierbares Mn (insg. weniger zuverlässig als Cu, Zn).

8.2.4 Pflanzenanalyse

Pflanzenanalyse zwar aufwendige, aber recht zuverlässige Methode zur Kennzeichnung des Versorgungszustandes der Pflanzen mit Nährstoffen; ermöglicht Rückschlüsse auf notwendige Düngung. Falls speziell Blätter untersucht, auch als *Blattanalyse* bezeichnet.

Vorteile: Gehalte sind direktes Maß für Nährstoffversorgung der Pflanze; einfache theoretische Basis; gute Interpretationsmöglichkeit, da Grenzwerte (im Gegensatz zur Bodenuntersuchung) weitgehend universell gültig, z.B. für Weizen in Deutschland oder Kanada, für Citrus in USA oder Taiwan.

Nachteile: Absinken der Konzentration im Laufe der Zeit durch Verdünnungseffekt (Kap. 2.3.2), daher Zeitspanne der Probenahme genau einhalten; für Fe muss mobiler Anteil erfasst werden.

Probenahme

Zeitpunkt im Jugendstadium günstig, weil noch Korrektur durch Blattdüngung möglich. *Proben* häufig von Blättern, aber auch von anderen Organen oder allen oberirdischen Teilen. *Menge:* 300–500 g Frischsubstanz für Analyse auf mehrere Elemente (repräsentative Probenahme: Kap. 8.2.3). *Aufbereitung* möglichst am selben Tag (Anhang B).

Grenzwerte der Pflanzenanalyse

Für Interpretation der Analysenwerte sind *Grenzwerte* erforderlich (Kap. 2.3.3). Ihre Ermittlung ist aufwendig, daher teilweise erst vorläufig. Für einige Pflanzen jedoch umfangreiche Angaben (Bergmann 1993; IFA 1992). In Tab. 8.5 (S. 194) sind Anhaltswerte für Grenzwerte und Optimalbereich nach mehreren Quellen zusammengestellt.

> Durch *Pflanzenanalyse* ermittelte Nährelementgehalte sind brauchbares Maß für Nährstoffbedarf, weil Pflanzenwachstum von der Konzentration an Nährelementen im Gewebe (vor allem in Blättern) abhängig ist.

Auswertung für den Düngerbedarf

Neben der Einstufung in Versorgungsbereiche, z.B. ob latenter Mangel oder optimal versorgt, interessieren vor allem die Konsequenzen für die Düngung der untersuchten Haupt- und Spurennährelemente (wobei Stickstoff weitgehend gesondert zu betrachten ist).

Düngungs-Hinweise aus Pflanzenanalyse (für P, K, Mg usw.):

bei latentem Mangel

- sofortige Düngung angebracht (Blattspritzung oder Kopfdüngung),
- für Folgefrucht erhöhte Düngung (gegenüber der jetzigen) erforderlich; bei Gehalten im unteren Optimalbereich ist

  z. Zt. kein Düngerbedarf, ggf. geringe vorbeugende Ergänzung angebracht,

  für Folgefrucht dürfte die bisher gegebene Düngung auch ausreichen; falls ein Nährstoff nicht gedüngt war, so für einige weitere Jahre keine Düngung.

bei Gehalten im oberen Optimalbereich bzw. Luxuskonsum

  keine weitere Düngung der untersuchten Pflanzen erforderlich,

  für Folgefrucht verringerte Düngung (bzw. keine, wenn Nährstoff ungedüngt war).

8.3 Spezielle Düngungsfragen

In der Landwirtschaft mit vielfältigen Klima- und Boden-Einflüssen wachsen Pflanzen selten unter optimalen „Normalbedingungen“. Dies gilt insbesondere in humiden und ariden Tropen, wo „Stress“-Landwirtschaft eher die Norm ist.

8.3.1 Düngung gegen Umwelt-Stress

Umwelt-Stress bedeutet aus globaler Sicht: schädliche biotische Einflüsse, nachteilige Klima-Einflüsse (Sturm, Kälte), Belastung durch Bodenstoffe sowie durch Immissionen. Die Ertragsmenge von Pflanzen am natürlichen Standort resultiert aus Produktion minus Verlusten, die möglichst gering bleiben sollen. Krankheitserreger und Schädlinge zwar bekämpfbar, aber durch angepasste Ernährung kann eine gewisse natürliche Resistenz gefördert werden. Auch extreme Klima-Einflüsse können durch Anbaumaßnahmen abgeschwächt werden, aber spezielle Düngung kann auch die Resistenz gegen Kälte bzw. Kühle erhöhen. Ähnliches gilt für Abmilderung der Schadwirkungen von toxischen Immissionen (Kap. 4.1.6).

Tab. 8.5. Nährelementgehalte der Pflanze als Maß für die Nährstoffversorgung (in Klammern = Schätzwerte; Doppelzahlen = Alternativwerte; rot = Ertrags-Grenzwerte).

A. Hauptnährelemente			Gehalte in ‰ der Trockensubstanz	
Element	Pflanze	Pflanzenteil und Wachstumsstadium	Mangel mit Symptomen	Bereich optimaler Versorgung
N (Stickstoff)	Weizen	oberirdische Teile zu Beginn des Schoßens	(<15)	(30) –(50)
	Zuckerrübe	mittlere, voll ausgebildete Blattspreiten	(<15)	(30) –(40)
	Luzerne	oberirdische Teile bei Blühbeginn		(30) –(60)
	Gras	Blühbeginn (10–15 % Roheiweiß)		25 –(40)
	Gras	Richtwert für Kühe		25 –40
P (Phosphor)	Weizen	wie bei N	(<1,5)	3–5
	Zuckerrübe	wie bei N	(<2)	3–(6)
	Luzerne	wie bei N	<2	3–(6)
	Gras	wie bei N	(<2)	3,5–(7)
	Gras	Richtwert für Kühe		(3,5) 4–(8)
S (Schwefel)	Luzerne	wie bei N	(<1,5)	2,5– 4
	Weizen	wie bei N } Bestim-		(2)–(4)
	Zuckerrübe	wie bei N } mung des		(0,5)–(10)
	Raps	Grünraps } Sulfat–S		(4)–(8)
	Gras	Richtwert für Kühe		(2)–(4)
K (Kalium)	Weizen	wie bei N	(<12)	25–40
	Zuckerrübe	wie bei N	(<10)	25–60
	Luzerne	wie bei N	(<12)	20–40
	Raps	Grünraps (20–30 cm)		(30)–(50)
	Gras	wie bei N	(<12)	20–(40)
	Gras	Richtwert für Kühe		(20)–(30)
Ca (Calcium)	Weizen	wie bei N		(5)–(20)
	Luzerne	wie bei N	(<12)	(10)–(30)
	Gras	Richtwert für Kühe		(5) (6)–(20)
Mg (Magnesium)	Weizen	wie bei N	(<1)	(1,5) (2)–(4)
	Zuckerrübe	wie bei N	(<1)	2,5–(10)
	Luzerne	wie bei N	(<2)	3–(10)
	Mais	oberird. Teile (15 cm)	(<1)	3–(5)
	Kartoffel	ältere Blätter z. Blüte	<2	2,5–(10)
	Gras	wie bei N		(1,5) (2)–(5)
	Gras	Richtwert für Kühe	(<1)	(2)–(5)

B. Spurennährelemente (ohne Cl)			Gehalte in ppm der Trockensubstanz		
Element	Pflanze	Pflanzenteil und Wachstumsstadium	Mangel mit Symptomen	Bereich optimaler Versorgung	Toxizität
Fe (Eisen)	Hafer	wie bei N		(50)–(200)	
	Luzerne	wie bei N		(30) 40–(200)	
	Gras	wie bei N		(40) (50)–(200)	
	Gras	Richtwert für Kühe		(50)–(200)	
Mn (Mangan)	Weizen	wie bei N		(35)–(100)	
	Hafer	oberirdische Teile, 15–30 cm hoch	<20	(30) 40–(200)	>1000
	Betarübe	Blattspreiten von etwa 25 cm hohen Pflanzen	<30	40–(200)	
	Luzerne	wie bei N	(<20)	(30) 40–(200)	(> 500)
	Gras	wie bei N	(<20)	(40)–(200)	
	Gras	Richtwert für Kühe		(40) (80)–(200)	(>400)
Zn (Zink)	Hafer	Blätter junger Pflanzen	(<15)	(20)–(50)	(>400)
	Zuckerrübe	wie bei N	<10	15–50	
	Luzerne	wie bei N	(<15)	30–(90)	
	Kartoffel	Blätter bei Blühbeginn	(<15)	(20) 30–(90)	(>200)
	Gras	Richtwert für Kühe		(30) (50)–(100)	(>300)
Cu (Kupfer)	Hafer	wie bei N	<3	(5)–(10)	(>20)
	Rotklee	Blätter junger Pflanzen	<3	(8)–(10)	(>18)
	Luzerne	wie bei N		(8)–(15)	
	Gras	wie bei N		(5)–(10)	
	Gras	Richtwert für Kühe	(<4)	(5) (10)–(15)	(>20)
B (Bor)	Weizen	wie bei N	(<2)	(3)–(20)	(>50)
	Zuckerrübe	wie bei N	(<20)	30–(100)	(>300)
	Luzerne	wie bei N	(<20)	30–(100)	(> 200)
	Gras	wie bei N		(3) (5)–(20)	
		Richtwert für Kühe		(<3)	
Mo (Molybdän)	Weizen	wie bei N	(<0,15)	(0,3) (0,4)–(3)	
	Zuckerrübe	wie bei N	<0,15	0,3–(3)	
	Luzerne	wie bei N	(<0,2)	0,5–(5)	
	Rotklee	wie bei N		(0,3)–(3)	
	Gras	wie bei N		(0,3)–(2)	
	Gras	Richtwert für Kühe	(<0,05	(0,3) (0,5)–(2)	> (5) (10)

> *Resistenz der Pflanze:* natürliche, durch gezielte Düngung verstärkbare Widerstandskraft gegen Krankheiten, Schädlinge, extreme Klima- und Bodenbedingungen sowie Immissionen.

Resistenz gegen biotische Einflüsse

Ungenügende oder „unharmonische" Ernährung der Pflanze kann (bei gleichem Infektionsdruck) Auftreten bestimmter Krankheiten fördern, z.B. durch übermäßige N-Düngung stärkerer Befall mit Mehltau, bei latentem Mangel an P und K stärkerer Befall mit Rostpilzen, in unfruchtbaren Böden mit geringen Gehalten an Antibiotika möglicherweise verstärktes Auftreten von „Schwächeparasiten".

Dagegen kann durch richtige Düngung (Ernährung) der Pflanze eine gewisse Resistenz erzeugt werden:

- optimale Ausbildung der natürlichen Schutzmechanismen (dicke, feste Zellwände bei guter K-Versorgung; Verkieselung der Epidermis, Blatthärchen);
- optimaler Ablauf des Stoffwechsels ohne Anreicherung von Zwischenprodukten, die evtl. von Parasiten bevorzugt werden (Zuckeranreicherung im Blatt bei K-Mangel fördert Befall mit Blattläusen);
- zusätzliche Anreicherung mit Schutz- und Abwehrstoffen (Antibiotika durch org. Dünger, z.B. Kompost);
- verstärktes, zügiges Wachstum verringert Ausmaß des Schadens (Scheinresistenz, da Schaden schneller „verwächst").

Insgesamt dürfte richtige, vollwertige Ernährung der Pflanze den Befall mit manchen Bakterien- und Pilzkrankheiten sowie tierischen Schädlingen zumindest mildern und das Ausmaß des Schadens verringern. Solange noch keine völlig resistenten Pflanzen gezüchtet sind, ist optimale Ernährung auch bezüglich Resistenz bedeutsam.

Resistenz gegen klimatische Einflüsse

Vor allem Sturm, Dürre, Frost und Kühle können zu erheblichen Ertragsausfällen führen. Gegen *Sturmschäden* bis zu gewissem Grade Vorbeugung möglich durch Düngung, die die Standfestigkeit erhöht, da „Lagerkorn" Ertragsverluste verursacht; vor allem bei Getreide wichtig (reichliche K-Düngung, keine einseitige N-Düngung, Silikat-Zugaben zu Reis; Halmverkürzer Kap. 6.1.2).

Gegen *Dürreschäden:* bessere Resistenz gegen Austrocknung durch stärkere Bindung des Wassers in der Pflanze mittels erhöhter K-Düngung; ferner durch reichliche P-Düngung zur Förderung früher Wurzelentwicklung, was in Trockengebieten entscheidend für Überleben der Pflanzen sein kann (weil Wurzeln schneller in tiefere Lagen vordringen).

Gegen *Frostschäden* helfen ebenfalls Düngungsmaßnahmen, die Wasserhaltekraft der Pflanze verbessern (innerer Frostschutz), z.B. K-Düngung erhöht Zellsaftkonzentration und senkt damit Gefrierpunkt; Winterweizen um so weniger frostgefährdet, je mehr Phosphat im frühen Jugendstadium aufgenommen wurde; Hafer frostanfälliger bei latentem Cu-Mangel. Kälte kann bei Tropenpflanzen auch schon als „Kühle" (bei 1–10° C) in empfindlichen Wachstumsperioden erhebliche Schäden anrichten, wogegen ähnlich wie bei Frost vorgegangen werden kann.

Bessere Verträglichkeit von extremen Bodeneinflüssen

Falls man mit einem gewissen erhöhten Salzgehalt wirtschaften muss, so kann dessen negative Auswirkung durch entsprechende Düngung zumindest abgemildert werden (Kap. 5.3.5).

Wenn auf extrem sauren Böden (z.B. „acid sulphate soils") die Schadfaktoren (Al-Toxizität u.a.) aus ökonomischen Gründen nicht völlig zu beseitigen sind, so kann eine höhere Düngung mit Rohphosphat (möglichst auch Kalk), wenn auch auf niedrigem Niveau, deutliche Ertragssteigerung bewirken.

Bessere Verträglichkeit von Immissionen (Hinweise s. Kap. 4.1.6)

8.3.2 Eingeschränkte Düngung im Bio/Öko-Landbau

Verbraucherwünsche bezüglich Nahrungsqualität führten zu Sonderformen des Landbaus mit keiner oder stark restriktiver Mineraldüngung (ferner ohne „chemischen" Pflanzenschutz). Der Bio/Öko-Landbau (engl. *Organic Farming, Ecofarming*) basiert hinsichtlich Pflanzenernährung auf traditionellen Verfahren des Nährstoff-Kreislaufs, nämlich Verwendung von Stallmist, Kompost usw. sowie Erwerb zusätzlichen Stickstoffs durch Leguminosen.

Der Bio/Öko-Landbau basiert auf einem umfassenden Konzept, von dem hier aber nur Besonderheiten der Düngung behandelt werden. Innerhalb dieser (staatlich geförderten) Gruppe, die bisher 2–3 % der landwirtschaftlichen Fläche bewirtschaftet (in Europa noch über 98 % im konventionellen Landbau), gibt es unterschiedliche Formen, wovon vor allem zwei repräsentativ sind:

Biologisch-dynamischer Landbau:

Dies (älteste) Verfahren wurde 1924 von Rudolf Steiner , dem Begründer der Anthroposophie, propagiert. Danach sollte die Nährstoffzufuhr weitgehend (wie seit Jahrhunderten) durch betriebliche organische Dünger erfolgen. Verboten sind sog. „Kunstdünger“, d.h. synthetische Mineraldünger, weil z. B. Nitrat-Dünger angeblich die Produktqualität schädigt. Als mineralische Dünger zugelassen sind nur sehr langsam wirkenden Produkte wie Urgesteinsmehl usw. Für Verbesserung von Wachstum und Produktqualität werden ferner speziell zubereitete *biologisch-dynamische* Präparate zur Aktivierung kosmischer Kräfte eingesetzt (deren Wirkung allerdings bisher nicht nachgewiesen ist). Die mit diesem Düngungssystem (sowie ohne „chemischen“ Pflanzenschutz) erzeugten Produkte werden unter dem Namen *Demeter* mit einem Aufpreis für besondere Qualität verkauft.

Organisch-biologischer Landbau (Bioland):

Diese (größte) Gruppe, 1971 von Dr. Müller (Schweiz) konzipiert (von Dr. Rusch ergänzt), basiert bei der Düngung ebenfalls weitgehend auf organischen Düngern. Trotz Vorbehalten gegen „Kunstdünger“ ist aber bei Nährstoffmangel (zwangsläufig) eine Zusatzdüngung mit Mineraldüngern erlaubt, jedoch nur in natürlich vorkommenden Formen (Rohphosphat, Kali-Rohsalze usw., ferner allerdings auch synthetische Mikronährstoffdünger). Verboten sind aber ebenfalls wasserlösliche synthetische N-Dünger (also Nitrat und Harnstoff). Diese restriktive Art der Düngung entspricht der EU-Norm in der Verordnung über ökologischen Landbau. Die Produkte werden unter dem Namen *Bioland* vermarktet.

Kommentar: Das Ziel ist, die Ernährung der Pflanzen vor allem aus fruchtbarem Boden, mittels Nährstoff-Kreislauf möglichst ohne „Input“, zu gewährleisten. Dies führt zwar teilweise zu einem Versorgungsgrad im unteren optimalen Bereich (was sinnvoll ist), aber bei manchen Nährstoffen teilweise auch im latenten Mangel – wodurch insgesamt meist nur mittlerer Ertrag erzielt wird (und teils „suboptimale“ Qualität).

Der Hauptunterschied der Düngung zwischen Bio/Öko-Produktion und konventionellem Landbau besteht neben dem verringerten Einsatz von Mineraldüngern vor allem im Verbot wasserlöslicher N-Dünger. Letzteres hat keine wissenschaftlichen, sondern ideologische Gründe – zumal sich auch die Pflanzen im Bio/Öko-Landbau überwiegend von wasserlöslichem Nitrat des Bodens ernähren. Empfehlenswert wäre, wenn man schon mögliche Gefahren einer Überdüngung vermeiden will, sich nicht durch Ablehnung, sondern durch einen nur mäßigen Einsatz dieser Mineraldünger vom konventionellen Landbau abzuheben.

Bio/Öko-Landbau führt zwei Vorteile der besonderen Düngung an:

Bessere Nahrungsqualität (höherer Nährwert) wegen sog. „natürlicher“ Produktionsbedingungen, u.a. keine Belastung der Nahrung mit möglicherweise nachteiligen Bestandteilen von Mineraldüngern. Diese Behauptung trifft jedoch nicht zu, weil keine signifikanten Qualitätsunterschiede zum sachgerecht düngenden konventionellen Landbau bestehen (Kap. 9.2.3).

Umweltschonender: Vom Ziel her sollte wegen Nichtanwendung wasserlöslicher Dünger weniger Nitrat (sowie Phosphat) durch Auswaschung usw. in die Gewässer gelangen, wodurch sowohl deren Eutrophierung als auch überhöhte Nitratgehalte im Grundwasser (und damit Trinkwasser) vermieden würden. Aber auch diese (scheinbar einleuchtende) Behauptung trifft nicht zu. Zwar ist der Nitrat-Austrag im Ökolandbau pro Fläche oft geringer, aber da etwa die doppelte Fläche benötigt wird, ist der Nitrat-Verlust pro erzeugter Produktmenge (was die entscheidende Größe darstellt) etwa ähnlich wie im sachgerecht düngenden konventionellen Landbau. Auch im Biolandbau gilt: „Wo gehobelt wird, da fallen Späne“ – aber dies kann auch bei andern Düngungssystemen in einem umweltverträglichen Rahmen gehalten werden.

> Bio/Öko-Landbau erzeugt durch eine restriktive Düngung und Ablehnung bestimmter Mineraldünger bei mittleren Erträgen im Gruppenvergleich weder Produkte mit höherem Nährwert noch sind die unerwünschten N-Verluste an die Gewässer pro Produkteinheit niedriger als beim konventionellen Landbau.

8.4 Praktische Düngung von Kulturpflanzen

Die Vielfalt der Kulturpflanzen, der Böden und des Klimas sowie ökonomischer Rahmenbedingungen macht die praktische Düngeranwendung (erst recht aus globaler Sicht) zu einem „weiten Feld“. Entsprechend gibt es über sachgerechte Düngung von Kulturpflanzen viele gebietsbezogene Anleitungen. Weltweit umfassend sind: „World Fertilizer Use Manual“ (IFA, 1992) sowie „Guide for Integrated Nutrient Management“ (FAO, 2006).

Hier kann die praktische Düngung nur in Kurzform an Beispielen erläutert werden. Die angegebenen Düngermengen dienen als allgemeiner Anhalt; maßgebend sind die für die jeweiligen Regionen geltenden speziellen Anleitungen.

Sachgerechte Nährstoffversorgung ist für alle Pflanzen erforderlich:

- Weltweit dominieren die Getreide (vor allem *Weizen*, Reis, Mais) im Anbau.
- Von Ölpflanzen steht in Deutschland der *Raps* an erster Stelle, weltweit die Ölpalme.
- *Kartoffeln* als Grundnahrungsmittel, *Zuckerrübe* als wichtige Zuckerpflanze.
- *Grünland* stellt besondere Anforderungen zur Futtererzeugung für Weidetiere.
- Düngung von Leguminosen, Faserpflanzen, Stimulantien u.a. (siehe Literatur).

Begriffe zur Nährstoff-Versorgung
(bei Düngung oft *Nährstoff/Nährelement synonym*):

- *Bedarf*: Erforderliche Gesamtmenge an einem Nährstoff für bestimmten Ertrag; maximaler Bedarf liegt einige Zeit vor der Ernte und ist höher als Entzug.
- Aufgenommene Menge: Gesamtmenge an Nährstoffen in allen Pflanzenteilen (ist bei reichlichem Angebot höher als der Bedarf).
- *Entzug*: Nährstoffmenge, die mit der Ernte vom Feld entfernt wird, z.B. nur Korn oder Korn + Stroh (auch als „Abfuhr" bezeichnet).
- *Notwendige Düngermenge*: Aus errechnetem Bedarf (für bestimmten Ertrag) und geschätzter Menge an verfügbaren Nährstoffen im Boden ermittelte Nährstoffmenge, die unter Berücksichtigung der Ausnutzung ergänzt (gedüngt) werden muss.
- *Grunddüngung*: Düngermenge (bzw. Anwendung) für Grundbedarf des Bodens an P, K, Mg, worauf dann die variable N-Düngung sowie Ergänzungsdüngung aufbaut.
- *Nährstoff-Bilanz*: Gegenüberstellung von Vorrat/Zufuhr vs. Abfuhr/Verlust (Bilanz für Feld, Betrieb oder Gebiet; Interpretation oft lückenhaft).

Typische Düngungsfehler

Sachgerechte, zu hohen Erträgen führende Düngung ist leichter gesagt als getan, weil manche Einflussgrößen nicht oder kaum bekannt. Daher sind gewisse Abschätzungsfehler in der Praxis unvermeidlich; diese können aber in tolerierbaren Grenzen gehalten werden. Häufige Fehler z.B. durch:

- unbeabsichtigten Mangel an Nährstoffen wegen
  zu geringer Düngergaben von Hauptnährstoffen („Einsparungs-Tendenz");
  vernachlässigter Zufuhr von Nährstoffen „jenseits von N, P, K" (einseitige Düngung);
  verzögerter Wirkung einer Boden-Düngung (z.B. wegen untypischer Trockenheit);
  behinderter Aufnahme von Nährstoffen (z.B. durch Strukturschäden im Boden);
  ungleichmäßiger Verteilung von Dünger (z.B. „Streifigkeit" durch Streufehler);
- überschüssige Nährstoffversorgung wegen
  Düngung für unrealistisch hohes Ertragsziel (unnötige Kosten; zu viel Verluste);
  Tendenz zur „vorbeugenden" erhöhten Düngung („Versicherungs-Düngung");
  Fehldüngung wegen unzutreffender Diagnose eines Mangels, z.B. N-Düngung bei Vorliegen eines S- oder Mg-Mangels (Dünger-Verschwendung).

Düngung mit unterschiedlichen Strategien

Düngung kann auf unterschiedlichem Niveau sinnvoll sein, z.B.

Hohe Düngung bei umfassenden Nährstoff-Management; typisch für intensiven Landbau bei ausreichender Wasserversorgung.

Geringe Düngung bei niedrigem Ertragsniveau zur teilweisen Beseitigung von Minimumfaktoren, z.B. durch Ertragssteigerung von 1 auf 2 t/ha Getreide.

8.4.1 Weizen, Getreide

Weltweit dominieren beim Getreide (engl. *Cereal Crops*) Weizen (für Brot), Reis (als Kochspeise) und Mais (als Futter). Als Beispiel ist Winterweizen für Brotkorn in Westeuropa gewählt; ähnlich zu düngen sind andere Getreide wie Roggen, Gerste und Hafer. Gesonderte Hinweise für Mais, ferner für Hirse im Trockengebiet sowie bewässerten Reis.- Soweit Produkte zur Ernährung bestimmt, ist hoher und hochwertiger

Eiweißanteil wichtig. Zur Produktion von Energie via Getreidekorn sollte möglichst viel Stärke (zur Nutzung ganzer Pflanzen auch viel Cellulose), aber möglichst wenig Eiweiß enthalten sein (was mit Düngung gesteuert werden kann).

Früher war Hafer „Energie“-Pflanze für Pferdekraft.

Weizen als Brotweizen

Ziel: hohe Kornerträge 80 – >100 dt/ha mit hohem Nährwert und hoher Backqualität (Eiweißgehalt, Kleberanteil, Stärkequalität).

Bodenfruchtbarkeit

Tiefgründige Ackerkrume; Bodenreaktion: pH 6–7.

Organische Düngung: günstig für Bodenlockerung.

Grunddüngung (P, K, Mg)

Zeitpunkt: vor der Saat im Herbst, evtl. Nachdüngung im Frühjahr. *Düngermenge* für Böden mittlerer Versorgung am Entzug von Korn und z.T. Stroh orientiert; z.B. bezogen auf hohe Ernte von 100 dt/ha Korn:

Phosphat: etwa 90 kg/ha P_2O_5, Düngerform weitgehend beliebig.

Kali: etwa 180 kg/ha K_2O (als Chlorid möglich).

Magnesium: etwa 25 kg/ha Mg (als Chlorid oder Sulfast).

N-Düngung

Menge: nach dem Bedarf ausgerichtet, aber Versorgung aus dem Boden zu berücksichtigen. Bei 100 dt/ha Ertrag mit 13 % Eiweißgehalt sind allein für Entzug mit Korn 230 kg/ha N erforderlich, insgesamt Bedarf von etwa 300 kg/ha N. Abzüglich dem von fruchtbaren Böden gelieferten Anteil (teilweise durch N_{min} erfassbar), verbleibt z.B. eine erforderliche Zufuhr von 200–250 kg/ha N.

Diese hohe Menge muss auf mehrere Gaben verteilt werden (kg/ha):

Im Herbst zur Saat: 20–30 N (weniger, falls höherer Überhang von Vorfrucht).

Im Frühjahr zu Vegetationsbeginn: etwa 80–100 N (N_{min}-Sollwert 120 N).

Zum Schoßen: etwa 30–50 N.

Spätdüngung zum Ährenschieben (ggf. Spritzung): etwa 40–60 N.

N-Form: beliebig, aber für Frühjahrsdüngung Nitrat-Anteil für schnelle Wirkung.

Ergänzungsdüngung

Bei Bedarf vorbeugend mit S (Sulfat), Mg, Mn.

Bei Auftreten leichter Chlorose, Ursache finden und entsprechend düngen, z.B. zusätzliche N-Gabe, Mg-Gabe oder Mangan-Spritzung.

Mais

Hohe Erträge von 10–12 t/ha Korn erfordern optimale Pflanzenzahl und genügend Wasser.

Entzüge (für 10 t Korn mit Stroh; in kg/ha): 200 N, 90 P_2O_5, 240 K_2O, 45 Mg.

P- und K-Düngung weitgehend nach Entzug düngen.

N-Düngung für Ziel von 12 t: 250–300 kg/ha N, in 3 Gaben, z.B. 70 + 90 + 120.

Hirse

Weit verbreitet im Trockengebiet der Welt; gut angepasst an Trockenheit und arme Böden.

Ernte entsprechend variabel: 1–8 t/ha. Düngung etwa nach Entzug (Kali weniger); in kg/ha: 0–200 N; 0–80 P_2O_5 , 0–150 K_2O.

Sumpfreis (engl. *paddy*)

Die Interaktion Bewässerung/Düngung hat erhebliche Auswirkung auf die effiziente N-Versorgung. Wegen des nassen, reduzierenden Substrats, N-Düngung nur als Ammonium oder Harnstoff. Nitrat würde weitgehend denitrifiziert (Verluste als N_2 oder N_2O, Lachgas). Aber Verluste ohnehin noch erheblich. N-Ausnutzung nur etwa 40 % (verglichen mit 70 % bei Weizen). Verbesserung der N-Ausnutzung daher wichtiges Anliegen der Forschung. N-Versorgung von Sumpfreis kann aber durch natürliche N-Bindung mit *Azolla* deutlich verbessert werden. Dieser kleine Farn schwimmt auf dem Wasser und enthält N-bindende Cyanophyceen (*Anabaena*) mit Jahresleistung von 200–300 kg/ha N. Davon wird bereits der wachsende Reis teilweise versorgt, vor allem aber die Nachfrucht.

8.4.2 Raps, Ölpflanzen

Ölpflanzen erzeugen Öle (bzw. Fette). Höchste Erträge bei hoher Einstrahlung in warmen Gebieten. Wichtige Ölpflanzen: in Mitteleuropa Raps; südliches Europa Sonnenblumen und Oliven; in USA, Brasilien viel Soja, Erdnuss (Leguminosen), in Tropen Ölpalme, Kokosnuss.

Raps

Ziel: Hohe Kornerträge (40-50 dt/ha) mit 42 % Öl von Erucasäure-freien und Glucosinolat-armen sog. „00-Sorten".

Öl-Ertrag bei Ernte von 45 dt fast 20 dt/ha (2300 Liter) Öl (für Speise oder Treibstoff), ferner etwa 9 dt/ha Eiweiß (≈ 140 kg N) mit Pressrückstand als Futter.

Bodenfruchtbarkeit

Tiefgründige Ackerkrume; gute Krümelstruktur, unverdichteter Unterboden.

Bodenreaktion: pH 6-7 (Sand, Lehm 6,5); Kalkung vor der Saat mit Mg-Kalk.

Organische Düngung: Stallmist günstig für Lockerung; Gülle für N und K.

Nährstoffbedarf für Ernte von 45 dt/ha Korn (orientiert an aufgenommenen Mengen in kg/ha; Entzugswerte für Korn + Stroh; ferner Blatt-Grenzwert zum Schossen in ‰):

N:	Aufnahme	~ 300 N,	Entzug 200	(Grenzwert ~ 35 N)
P:	Aufnahme	~ 120 P_2O_5,	Entzug 100	(Grenzwert ~ 3,5 P)
K:	Aufnahme	~ 300 K_2O,	Entzug 220	(Grenzwert ~ 25 K)
Mg:	Aufnahme	~ 40 Mg,	Entzug 25	(Grenzwert ~ 2,5 Mg)
S:	Aufnahme	~ 80 S,	Entzug 50	(Grenzwert ~ 5 S)

Hauptnährstoffaufnahme in Streckungsphase bis zur Blüte.

Grunddüngung (bei Böden mit mittlerer Versorgung etwa nach Entzug Korn + Stroh)

Phosphat: 100 kg/ha P_2O_5 (P-Form beliebig; im Herbst).

Kali: 220 kg/ha K_2O (K bei S-Bedarf als Sulfat; im Herbst).

Magnesium: etwa 25 kg/ha Mg (als Sulfat).

N-Düngung

Form: Raps zwar „Nitratpflanze", aber N-Form weitgehend beliebig. Menge (kg/ha): im Herbst 30-40 N (abhängig vom Rest-N von Vorfrucht); im Frühjahr: Bedarf in Hauptvegetationszeit 180–250 N.

1. Gabe zu Vegetationsbeginn 80–100 N (bei N_{min} 30–50).
2. Gabe zur Streckungsphase 60–80 N (ggf. Nachdüngung durch Spritzung).

Schwefel und Spurennährstoffe

Schwefel: 20–50 kg/ha S (hauptsächlich im Frühjahr). Bor-Bedarf relativ hoch; Düngung 0,2–1 kg/ha B. Mangan-Versorgung durch versauernde N-Düngung verbessert; ggf. zusätzliche Spritzung. Molybdän-Versorgung: Raps benötigt 0,4 mg/kg Mo im Blatt (T.S.); ggf. düngen. Umwelt-Aspekte: Raps nimmt vor Winter N-Restbestände der Vorfrucht auf (verringert somit Verluste), aber kann (muss nicht) erhebliche N-Mengen hinterlassen (z.B. 50 kg/ha N_{min} + 50 N in Ernterückständen); diese sollten von der Nachfrucht genutzt werden.

Sonnenblumen (Helianthus)

Hohe Erträge von 60 dt/ha Korn erreichbar, aber oft nur 30 erreicht. Etwa 50 % Öl in T.S.

Düngung orientiert am Entzug, z.B. für 40 dt in kg/ha: 150 N, 50 P_2O_5, 150 K_2O, 20 Mg.

Ölpalme (Elaeis)

In Plantagen mit 140 Bäumen pro ha, bis zu 30 Jahren ökonomisch nutzbar. Hohe Ölproduktion: Palmöl im Fruchtfleisch, etwa 22 %, und in Kernen (50 %, Palmkernöl). Leistungsfähigste Ölpflanze; hohe Erträge von 20–30 t/ha frische Fruchtbündel (FFB) ergeben etwa 5–6 t/ha rohes Palmöl (noch > 8 t möglich). Düngung für hohe Erträge pro Baum und Jahr: 1 kg N; 0,7 kg P_2O_5 ; 2 kg K_2O; 0,3 kg Mg.

8.4.3 Kartoffel und Zuckerrübe

Wichtigste Wurzelfrucht für Speisezwecke ist Kartoffel, in Tropen entsprechend Cassava. Für Zuckerproduktion vor allem Zuckerrohr und Zuckerrübe.

Kartoffel

Ziel: Hoher Knollenertrag von 400–500 dt/ha mit hohem Speisewert für Speisekartoffeln bzw. hohem Stärkegehalt für Futterkartoffeln (80 % in T.S.) bzw. zur Alkoholgewinnung. Bodenfruchtbarkeit: lockerer Boden, mäßig bis schwach sauer; Kalkung mit Mg-Kalk.

Grunddüngung (hoher Bedarf, speziell K und Mg)

Mengen orientiert am Entzug durch Knollen: je 100 dt Erntegut in kg/ha: 10–15 P_2O_5, 50–60 K_2O, etwa 4 Mg. Anwendung im Frühjahr vor dem Pflanzen.

Düngermenge bei gut versorgten Böden für Ertrag von 400 dt/ha:

Phosphat: 50–70 kg/ha P_2O_5 (P-Form schnellwirkend).

Kali 250–300 kg/ha K_2O (da Cl-empfindlich, möglichst als Sulfat).

Magnesium 30–40 kg/ha Mg (als Sulfat; z.B. mit Kali kombiniert).

N-Düngung

Für Ertrag von 400 dt/ha etwa 150 kg/ha N; etwa Hälfte zum Pflanzen und Rest zum Schließen des Bestandes. Sauer wirkende N-Dünger angebracht (ergibt bessere Mn-Anlieferung). N-Überversorgung vermeiden, da übermäßig Blattmasse und unerwünschte Amid-Anreicherung in der Knolle (schlechter Geruch beim Kochen).

Spurennährstoffe: gute Mn-Versorgung gegen Schorfigkeit, Cu gegen Blaufleckigkeit.

Cassava (Maniok, Tapioka, *Manihot*)

Verbreitete Knollenfrucht in Tropen; relativ Säure-tolerant (ab pH 4,5) und Trockenheits-resistent. 1–3 Pflanzen/m^2. Erträge entsprechend Klima- und Bodenbedingungen; von 10–70 t/ha. Knollen, d.h. verdickte Wurzeln mit 15–30 % Stärke in Frischsubstanz. Empfohlene Düngung für mittlere Erträge in kg/ha: 100 N, 30–50 P_2O_5, 100 K_2O, 25 Mg.

Zuckerpflanzen

Zuckerrübe wichtigste Zuckerpflanze in Europa; global dominiert Zuckerrohr. *Zuckerrübe:* halbes Jahr Vegetationszeit; jährlich Neusaat erforderlich; Zucker in Wurzel. *Zuckerrohr:* ganzjährig; mehrere Jahre lang abzuernten; Zucker im Stengel.

Zuckerrübe

Ziel: Hoher Ertrag von 500–700 dt/ha Rüben mit hohem Zuckergehalt (15–19 %); ergibt bei Ausbeute von 85 % eine Zuckermenge von 8–10 t/ha. Ansprüche an Boden:

Tiefgründige Ackerkrume; keine Verdichtungen im Unterboden.

Bodenreaktion 6–7; evtl. Zusatz-Kalkung gegen Oberflächen-Verkrustung vor Saat.

Organische Düngung: Stallmist gut verwertet (bessere Bodenstruktur).

Grunddüngung

Auf Basis von Entzügen (kg/ha): je 100 dt Rübe + Blatt: 15–20 P_2O_5, 60–90 K_2O, 6 Mg.

Grunddüngung (für 500 dt/ha Rübenertrag):

Phosphat: 80 kg/ha P_2O_5 (schnellwirkende P-Form).

Kali: 250–300 kg/ha K_2O (günstig als Chlorid, möglichst mit Mg).

Magnesium: etwa 50 kg/ha Mg.

N-Düngung

Versorgung sollte anfangs reichlich, später eher knapp sein (um keinen „schädlichen" Stickstoff in der Rübe anzureichern); N-Form weitgehend beliebig (obwohl Zuckerrübe Nitratpflanze).

Für Ertrag von 500 dt/ha: 120–140 kg/ha N (je nach Boden-N). Gesamtmenge zur Saat (wenn < 120), sonst 2 Gaben, z.B. 80 + 40.

Sonstige Nährstoffe

Natrium: nützlich; geringe Zufuhr mit z.B. K-Düngern. Bor: relativ hoher Bedarf, z.B. 0,5 kg/ha B, am besten kombiniert mit Phosphat. Mangan: bei Bedarf Spritzung am wirksamsten.

Düngung und Qualität der Rüben

Zucker-Ausbeute (aus dem Presssaft) um so besser, je geringer Gehalt an sog. „schädlichem N" (Amide usw.) und „Salzen" (K + Na). Daher möglichst kein Luxuskonsum an N bzw. K.

Zuckerrohr (Saccharum)

Mehrjährige Pflanze im tropischen Klima; etwa 1 Ernte pro Jahr; hoher Wasserbedarf. Erträge: 40–100–150 t/ha; 11–13 % Zucker, z.B. bei 12 t/ha netto etwa 12 t Zucker. Entzug je 10 t Stengel (in kg/ha): 10 N, 7 P_2O_5, 25 K_2O, 5 Mg. Düngung: 1,5 kg N je t Ertrag; also 100–200 kg/ha N; Phosphat und Kali nach Entzug.

8.4.4 Grünland (Wiesen und Weiden)

Grünland (engl. *grassland*) bedeckt große Teile der Landoberfläche; von minimalen Erträgen in Trockengebieten bis sehr hohen in warmem Feuchtklima (T.S.-Erträge von 1–15 t/ha). Pflanzenbestand teilweise nur Gräser, oft aber zusätzlich mit Kräutern wie Leguminosen usw. Während weite Flächen mit extensiver Nutzung überhaupt keinen Dünger erhalten, erreicht Grünland-Düngung extreme Werte bis 1000 kg/ha N pro Jahr.

Bodenreaktion: allgemein 0,5–1 pH-Wert tiefer als für Acker: Kalkung möglichst mit Mg.

Ziele der Düngung auf intensivem Grünland

Ausreichende Versorgung der Pflanzen für hohe Erträge (mit viel Kohlenhydraten als Energieträgern sowie reichlich Protein, ferner Vitamine, Mineralstoffe). Zusätzliche Versorgung der Pflanzen wegen höherer Ansprüche der Weidetiere bei hoher Milchleistung. Vergleich von notwendigen Gehalten für Bedarf der Pflanzen vs. Erfordernis für Kühe mit 20 l Milch/Tag: 3 vs. 4‰ P; 1,5 vs. 2,5‰ Mg; 40 vs. 60 mg/kg Mn; 5 vs. 8 mg/kg Cu.

Nährstoffaufnahme der Pflanzen in gemäßigtem Klima bei 10 t/ha T.S.-Erträgen (in kg/ha): 300 N, 80 P_2O_5, 300 K_2O, 25 Mg.

Düngung

Auf Wiesen mit mehrfachen Schnitten pro Jahr (hoher Entzug), muss die Düngung diese Werte erreichen ggf. noch übertreffen. Auf Weiden bleibt ein Großteil der Nährstoffe mit den Ausscheidungen auf dem Feld, daher gegenüber dem Bedarf stark verminderte Düngung (Entzug durch Milch gering).

Grunddüngung für 10 t/ha T.S.:

Phosphat (P_2O_5): für Weiden 10–40 kg/ha, Wiesen 80–100 kg/ha.

Kali (K_2O): für Weiden 20–40 kg/ha, für Wiesen 200–300 kg/ha.

Magnesium (Mg): für Weiden 3–5 kg/ha , für Wiesen 30–40 kg/ha.

N-Düngung variiert generell von < 50 – > 500 kg/ha N. Leguminosen im Bestand liefern 100 N (gemäßigtes Klima) bis 200 N (Tropen). Typische N-Düngung zu Weiden: 150–200 kg/ha N, aufgeteilt in vier Gaben. N zu Wiesen (8–10 t/ha Ertrag T.S.): 250–300 kg/ha N, aufgeteilt z.B. 100 + 80 + 60 + 40.

Spurennährstoffe: für hohe Milchleistung notwendige Gehalte im Futter anstreben (s. oben).

Sonstige Mineralstoffe: Natrium: angestrebter Gehalt im Futter etwa 2 mg/kg T.S. (ohne Zufütterung). Falls Mangel, auch Kobalt, Selen u.a. bei Düngung berücksichtigen (Kap. 5.3.3).

Organische Düngung: Grünland erhält oft Gülle; wirkt als N- und K-Dünger. Nach Gülle-Zufuhr ist Sperre der Beweidung für mehrere Wochen gefordert.

9 Nährstoffversorgung – Ertrag, Qualität, Welternährung

9.1 Menge des Ertrages

Wachstum und Ertragsbildung gehen offenbar nach bestimmten Regeln vor sich; daher zahlreiche Versuche der mathematischen Formulierung eines „Gesetzes“:

Wachstumsgesetze: Wachstum (Nettoproduktion) als Funktion der Zeit verläuft allgemein in Form einer S-Kurve (Fig. 2.13); formelmäßige Erfassung jedoch schwierig, vor allem da Zeit als physikalische Einheit für Pflanzen sehr unterschiedliche Bedeutung haben kann (Wachstum anders ob Sonnen- oder Regentag, warmer oder kalter Tag).

Ertragsgesetze: Ertrag oder Wachstum als Funktion der Wachstumsfaktoren; Gesetze meist für einfachen Fall der Abhängigkeit von einem Faktor.

Zum *Begriff des Ertrages:* meist interessiert die Menge an verwertbarer org. Substanz. Der bei Fotosynthese anfallende Sauerstoff gilt als Abfallprodukt, gewinnt aber für Umweltbilanzen stärker an Bedeutung und dürfte in kleinen Ökosystemen (z.B. Mond-Station) wichtige Ertragskomponente sein.

9.1.1 Ertragsgesetze

Seit langem ist für Pflanzenproduktion bekannt, dass mit steigendem Aufwand zwar Ertrag steigt, aber Zuwachs an Ertrag immer geringer wird; zuerst formuliert von Turgot (Ökonom, französischer Minister, 1766) als Gesetz vom abnehmenden Bodenertrag (-zuwachs). Zitat v. Thünen (1842): „Jedes mehr hinzugefügte Fuder Dung liefert einen immer geringeren Zuwachs an Ertrag“.

Minimumfaktor und Ertrag

Ansätze zur quantitativen Erfassung des Einflusses von Wachstumsfaktoren seit den Anfängen der Agrikulturchemie. Ziel: Vorausberechnung von Maßnahmen zur Steigerung des Ertrages. Ausgangssituation: im vorigen Jh. Böden an vielen Nährstoffen verarmt; Düngung brachte erhebliche, oft lineare Ertragssteigerungen, vor allem, wenn andere Wachstumsfaktoren außer dem zu untersuchenden (begrenzender Wachstumsfaktor, Minimumfaktor) optimal gestaltet (Fig. 9.1.).

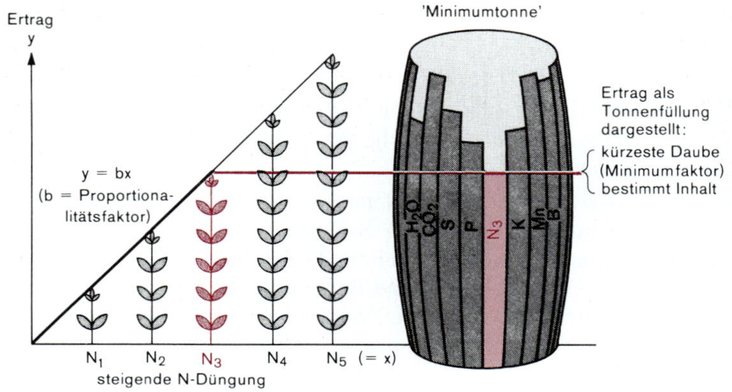

Fig. 9.1. Schematische Darstellung des Minimumgesetzes.

> *Gesetz des Minimums:* Der Ertrag wird vom Minimumfaktor begrenzt, d.h. von dem in ungenügender Menge vorhandenen Faktor (LIEBIG, 1855).

Minimumgesetz in Annäherung gültig für Anfang der Ertragskurve (etwa linearer Anstieg), aber sonst unzureichend. Anschauliches Bild der *„Minimumtonne"* mit hölzernen Dauben als Symbol der Wachstumsfaktoren. Besseres Bild wäre allerdings Tonne aus Gummidauben, bei welcher Verlängerung einer hohen Daube durch Ziehen über elastische Verbindung auch kürzeste Daube verlängert (z.B. bei Wassermangel Ertragserhöhung außer durch Bewässerung auch durch bessere Mineralstoffversorgung).

Minimumgesetz daher modifiziert zum *Optimumgesetz* (LIEBSCHER, 1895): Minimumfaktor um so stärker ertragswirksam, je mehr die anderen Faktoren im Optimum.

Wirkungsgesetz der Wachstumsfaktoren

Ertrag (E) als Funktion (f) eines Wachstumsfaktors (x_1) bei Optimalgestaltung der übrigen Faktoren:

$$E = f(x_1), x_2, x_3 \ldots x_n.$$

Mit steigender Düngeranwendung durch zahlreiche Versuche frühere Erfahrung bestätigt, dass Ertragskurve nicht linear, sondern gekrümmt verläuft. Ziel: Anpassung einer mathematischen Kurve an den experimentell gefundenen Punkteschwarm; dafür mehrere mathematische Möglichkeiten: logarithmische, hyperbolische Kurven, Polynome (MITSCHERLICH; SPILLMANN u.a.) (Beispiel für logarithmische Kurve: Fig. 9.2.).

> *Gesetz vom abnehmenden Ertragszuwachs:* Steigerung eines Wachstumsfaktors erhöht Pflanzenertrag (in logarithmischer Kurve) proportional dem am Höchstertrag fehlenden Ertrag, d.h. gibt einen immer geringeren Ertragszuwachs (MITSCHERLICH, 1906).

Formel: $\lg (A-y) = \lg A - c \cdot x$

A = Höchstertrag (wenn Testfaktor, z.B. Nährstoff, optimal)
y = erzielter Ertrag (Testfaktor suboptimal)
x = Menge des Testfaktors, z.B. Nährstoff
c = Wirkungsfaktor (Wirkungswert) als Konstante für betreffenden Nährstoff.

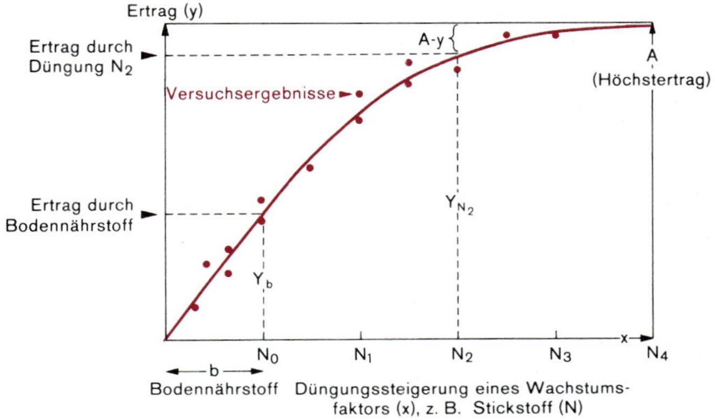

Fig. 9.2. Ertrag als Funktion eines Wachstumsfaktors.

Gesetz ständig erweitert:

Berücksichtigung der verfügbaren Bodennährstoffe (b):

$$\lg (A-y) - \lg A - c\,(b+x)$$

Formel benutzt zur Ermittlung des Düngerbedarfs durch Bestimmung von b.

Düngerausnutzung berücksichtigt durch: α = Ausnutzungskoeffizient (für x).

Ferner kann Schädigungsfaktor (bei Überschusswirkung) berücksichtigt werden.

Aussagen und Problematik des Ertragsgesetzes:

Gesetz umfassend, da nicht nur für Minimumfaktor, sondern für alle gültig (Verbesserung jedes Faktors kann Ertrag erhöhen);

Einfluss des jeweiligen Faktors auf Ertrag wird formal annähernd gekennzeichnet, allerdings mehr im Sinne einer statistischen Regel als eines physikalischen Gesetzes.

Faktoren wirken in unterschiedlicher Intensität auf den Ertrag; *Wirkungsfaktoren*: N = 0,2; K (K_2O) = 0,4; P (P_2O_5) = 0,6; Mg = 2; Cu = 100.

Gültigkeit des Gesetzes erfordert Konstanz der Wirkungsfaktoren; dies aber nur unter Standardbedingungen zutreffend, nicht immer im Freiland (z.B. Wirkungsfaktor für Wasser variabel je nach Gehalt an mineralischen Nährstoffen; Ausnutzung des CO_2 steigt mit Belichtung). Gültigkeitsbereich ist daher zu beachten.

Ertrag als Funktion mehrerer Faktoren

Je mehr der Minimumfaktor durch Düngung optimal gestaltet, desto deutlicher wird Abhängigkeit des Ertrages von zahlreichen (allen) Wachstumsfaktoren:

$$E = f\,(x_1, x_2, x_3 \ldots x_n)$$

Mehrere Ansätze, mittels multifaktorieller statistischer Analyse den Einfluss der jeweils wichtigsten Faktoren auf den Ertrag quantitativ zu bestimmen (Analyse der Ertragskomponenten: einzeln und kombiniert). Anwendung: Analyse faktorieller Versuche mit gleichzeitiger Steigerung mehrerer Nährstoffe; Produktivitätsstudien über Einfluss von Bodenfaktoren auf den Ertrag, z.B. für Ertragsvorausschätzung bei Auswahl von geeigneten Feldflächen bei Neukultivierungen oder bodenverändernden Meliorationen.

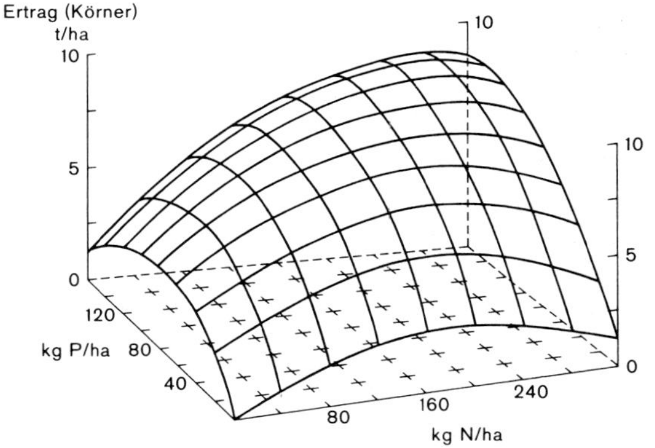

Fig. 9.3. Maisertrag in Abhängigkeit von N- und P-Düngung (Munson & Doll, 1959).

Mit Hilfe von Computern sind heute ohne weiteres zahlreiche Faktoren in Berechnungen einzubeziehen (bildliche Darstellung allerdings nur für zwei Faktoren als Ertragsoberfläche möglich) (Fig. 9.3).

Allerdings sind und bleiben Erträge von Düngungsversuchen leider nur annähernd berechenbar. Dies gilt auch für das ökonomische Optimum der Düngung. In einer auf Rentabilität ausgerichteten Ackerproduktion interessiert letztlich weniger der (mit viel Aufwand) erreichbare Maximalertrag als vielmehr das schon vorher erreichte ökonomische Optimum der Düngung. Die Rentabilitäts-Grenze der Düngung liegt um so weiter unter dem Maximum, je geringer z.B. der Weizenpreis und je teurer der Dünger (Kap. 7.2.2).

Ein wesentliches Ziel von Ertragsgesetzen, nämlich aufwendige Düngungsversuche durch Kalkulationen zu ersetzen und Erträge vorher zu berechnen, wurde bisher nicht erreicht und dürfte überhaupt nur in grober Annäherung zu erreichen sein. Mathematische Modellierung trägt aber zum Verständnis der Ertragsbildung bei.

9.1.2 Ertragsmöglichkeiten (Höchsterträge)

Trotz gewisser Beschränkung der Produktion durch Rentabilitätszwänge interessiert doch die mögliche Obergrenze, also der letztlich erzielbare Maximalertrag. Aus physiologischer Sicht erscheinen dafür Versuche in Klimakammern ideal, da sie auch eine Optimierung der klimatischen Wachstumsfaktoren ermöglichen; diese erlauben jedoch keine realistischen Rückschlüsse auf die übliche Produktion.

Mit *Maximalertrags*-Versuchen im Freiland will man der Obergrenze unter günstigen klimatischen Bedingungen zumindest nahe kommen. Dies erfordert möglichst „ideale“ Bodenfruchtbarkeit sowie optimale Nährstoffversorgung (dazu umfassenden Pflanzenschutz).

Unter Maximalertrag zur Kennzeichnung des Ertragspotentials sollen hier wirklich erzielbare Erträge von Feldern (Flächen ab einigen ha) verstanden werden (nicht etwa aus Miniparzellen extrapolierte Hektar-Erträge).

Vorhersagen von Obergrenzen zwar immer wieder überholt (lange Zeit galten 10 t/ha Weizenkorn als Fernziel). Aber Ertrag nicht beliebig steigerbar, weil immer mehr Minimumfaktoren „bremsend“ einwirken.

Für Weizen dürften (unter derzeitigen Produktionsbedingungen) etwa 15 t/ha Korn, für Raps 6 t/ha, für Baumwolle 2,5 t/ha Faser schwer zu erreichende Obergrenzen darstellen.

Weiterer Ansätze zur Abschätzung von Ertragsmöglichkeiten bieten Vergleiche von Durchschnitts-Ernten mit solchen von guten oder „Rekord“-Feldern (Abb. 9.4).

9.2 Qualität des Ertrages

In Ländern mit hohem Nahrungs-Angebot, aber auch gerade bei knapper Nahrung, spielt die Qualität der pflanzlichen Produkte eine immer größere Rolle. Qualität der Nahrung ist komplexer Begriff: umfasst Aussehen, Lagerfähigkeit, typischen Geschmack und Geruch, wertvolle Inhaltsstoffe, Abwesenheit von Schadstoffen.

Unterteilung vor allem nach:

Handelsqualität (Wert als Handelsprodukt): Bewertung vor äußerer Beschaffenheit, Geschmack oder Gebrauchswert für Spezialzwecke der Verarbeitungsindustrie, Hauswirtschaft etc. (Einteilung in Handelsklassen für Preis).

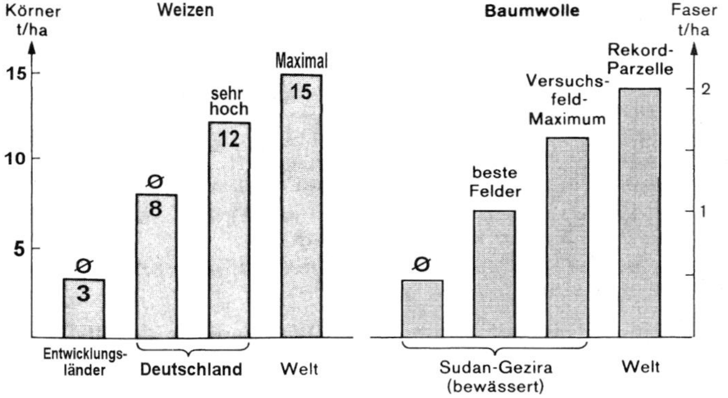

Fig. 9.4. Erträge und Ertragsmöglichkeiten (Weizen in Entwicklungsländern, Deutschland und „maximal" (für 2000); Baumwolle im Sudan und „maximal" (Finck, 1960).

Nahrungsqualität (Nährwert als Nahrungs- bzw. Futtermittel): Bewertung nach kalorischen und essentiellen Inhaltsstoffen, die Nährwert und Bekömmlichkeit beeinflussen (biotischer Wert; auch *biologischer* Wert genannt).

Qualität sowohl sortentypisch als auch umweltabhängig, d.h. beeinflussbar durch Wachstumsfaktoren, z.B. Lichtversorgung durch Anbaumaßnahmen, Mineralstoffversorgung durch Düngung. Problem der Qualitätsbeeinflussung: Handels- und Nahrungsqualität werden zwar oft gleichsinnig beeinflusst, z.T. aber auch gegenläufig.

9.2.1 Handelsqualität

Qualität des Weizens

Mahlqualität: Weizenkörner sollen hohe Mehlausbeute geben, daher werden große Körner mit relativ viel stärkehaltigem Endosperm bevorzugt; hoher Stärkegehalt wichtig für Weizen als Energiequelle. Erreicht durch Fotosynthese-steigernde Düngung.

Backqualität: Eiweißanteil (Kleberqualität und -gehalt) des Mehlkörpers entscheidend; dieser ist stark durch N-Düngung beeinflussbar; Klebergehalt lässt sich vor allem durch zusätzliche späte N-Düngung (beim Ährenschieben) erhöhen, dadurch bessere Backeigenschaften, z.B. größeres Brotvolumen.

Qualität der Gerste

Futterqualität: hoher Eiweißgehalt wichtig; wird erreicht durch starke N-Düngung im Rahmen einer harmonischen Gesamternährung.

Brauqualität: niedriger Eiweißgehalt erwünscht (maximal 11 %), u.a. weil Eiweiß Extraktausbeute beim Vermälzen verringert; N-Düngung daher relativ gering halten, ansonsten ausreichende Nährstoffversorgung für hohe Enzymgehalte.

Qualität der Kartoffel

Speisekartoffel: wichtig sind Geschmack, Kocheigenschaften, Haltbarkeit, etc.; günstig beeinflussbar durch Düngung mit P, K (als Sulfat), auch N, sofern nicht im Überschuss. Schorfbefall und damit Verschlechterung der äußeren Beschaffenheit werden durch Anwendung physiologisch saurer Düngemittel und Vermeiden frisch gekalkter Felder verringert (bessere Mn-Versorgung).

Saatkartoffel: Triebkraft wird durch harmonische Ernährung erhöht (besonders P-Düngung günstig), Gesundheitszustand (Virusresistenz) durch einseitige N-Düngung verschlechtert, durch P-Düngung verbessert.

Qualität der Zuckerrübe

Zuckerausbeute um so höher, je geringer Anteil an Melassebildnern (Salze, „schädliche" N-Verbindungen: freie Aminosäuren, Amide). K- und P-Düngung fördern bei guter Versorgung mit N und den übrigen Mineralstoffen Zuckerertrag und -ausbeute; aber einseitige Stickstoffdüngung erhöht Anteil an „schädlichem" N (Kap. 8.4.3).

9.2.2 Nahrungsqualität (Nährwert)

Ernährung der Pflanze und somit Düngung ist von erheblichem Einfluss auf Gehalt an wertbestimmenden Inhaltsstoffen: essentielle Aminosäuren und Fettsäuren, Vitamine, mineralische Nährelemente, schädliche Stoffe. Meist deutliche Erhöhung der wertvollen Inhaltsstoffe mit verbesserter Nährstoffversorgung (verglichen mit Mangelbereich). Bei Auswertung von Qualitätsversuchen ist daher stets zu prüfen, ob untersuchter Nährstoff im Mangel war; wenn ja, dann bedeutet Zufuhr dieses Nährstoffs zunächst Anhebung der Qualität auf „Normalniveau".

Höchste Nahrungsqualität (hoher Gehalt an wertbestimmenden Inhaltsstoffen) wird meist durch optimale und harmonisch abgestimmte Versorgung mit allen Nährstoffen erzielt – wozu sachgerechte Düngung erheblich beitragen kann.

Durch einzelne Nährstoffe kann spezifische Veränderung der Qualität erzielt werden. Für Auswertung von Qualitätsversuchen ist zu unterscheiden zwischen Einfluss der Düngung auf Gehalte (*Konzentration*) an Inhaltsstoffen im Ernteprodukt (z.B. Vitamingehalt kann wegen Verdünnungseffektes evtl. absinken: wichtig für Verbraucher bei reichlichem Nahrungsangebot) und Einfluss auf *Gesamtmenge* pro Hektar (z.B. Vitaminmenge steigt meist wegen höheren Ertrages an: wichtig in Zeiten der Nahrungsknappheit).

Qualität der erzeugten und der verzehrten Nahrung oft sehr unterschiedlich: Steigerung der Qualität erzeugter Nahrung zwecklos, wenn Verbraucher nur die weniger wertvollen Teile verzehrt (wertvollste Eiweißstoffe des Weizenkorns zwar im Vollkornbrot, aber nicht im Feinbrot verwendet; Eiweiß- und Vitamingehalt der Kartoffel vor allem in und unter der Schale, die oft als Abfall verworfen wird) (Kap. 9.2.3).

Entscheidend für Beurteilung der *Futterqualität* ist Verwendungszweck, z.B. für Milchproduktion andere Anforderungen als für Rindermast.

Protein und essentielle Aminosäuren

Getreide: Haupteinfluss durch N-Düngung; späte N-Düngung erhöht zwar Proteingehalt, aber biotische Wertigkeit vor allem des Endosperm-Eiweißes wird gesenkt, da Anteil an Lysin und Tryptophan geringer (in menschlicher Nahrung am ehesten im Mangel. P-Düngung erhöht Proteingehalt in geringerem Maße als N, allerdings meist ohne Senkung der Wertigkeit. K-Düngung steigert besonders Kohlenhydratanteil auf Kosten des Proteinanteils. Spurenelementdüngung (bei Mangel) erhöht häufig biotischen Wert.

Kartoffel: Eiweißgehalt steigt mit N-Düngung, zunächst steigt auch biotischer Wert, der aber bei höheren N-Gaben z.T. wieder sinkt (Zunahme von nicht essentiellem Glutamin und Asparagin). K-Düngung verringert Gehalt an Tyrosin, dadurch wird unerwünschte Melaninbildung vermieden (Melaninbildung verursacht Schwarzfleckigkeit nach dem Kochen infolge hohen Gehalts an Tyrosin).

Leguminosen: wichtige Eiweißlieferanten (Bohnen, Erbsen) mit eigener N-Versorgung, daher ist Proteingehalt durch N-Düngung nur unwesentlich beeinflussbar.

Vitamine

Vitamine und Enzyme durch Düngung merklich zu beeinflussen. Vitamine als essentielle Nahrungsbestandteile von größerem Interesse, vor allem die häufig in menschlicher Nahrung im Mangel befindlichen, z.B. Vitamin A, B_1, C.

Vit. A (bzw. Provitamin Carotin): bei grünen Pflanzenteilen (Gemüse, Gras) enge Korrelation zum N-Gehalt, daher durch N-Düngung auch über den Ertrags-Grenzwert hinaus Steigerung der Gehalte bis über das Doppelte; ferner auch Anstieg durch Düngung mit P, Mn. Hohe Carotingehalte im Weidegras ergeben hohe Gehalte an Vit. A in der Milch.

Vit. B_1: bei Getreide als wichtigstem B_1-Lieferanten Anstieg mit N-Düngung (auch noch bei hohen Gaben), sofern harmonische Ernährung der Pflanze gewährleistet.

Vit. C: bei Kartoffeln (wichtiger Lieferant von Vit. C) vor allem durch K-Düngung gesteigert; höchste Gehalte durch harmonische Ernährung. Bei Obst als wichtigstem Lieferanten von Vit. C durch N-Überschuss gesenkt, durch optimale K-Versorgung erhöht.

Mineralische Nährelemente

Gehalte der Pflanzen an mineralischen Nährelementen variieren je nach Ernährungsbedingungen in weiten Grenzen, entsprechend unterschiedlicher Nährwerte, z.B. Fe-reicher Spinat mit 2000 ppm Fe für Blutbildung beim Menschen erwartungsgemäß wirksamer als Fe-armer mit nur 20 ppm (Fig. 9.5.).

Regeln für *Einfluss der Düngung* auf Gehalte an mineralischen Nährelementen :

a. Düngung bewirkt im *Mangelbereich* zwar höhere Mengen an betr. Element in der Ernte, die Konzentration (Gehalt) kann, muss aber nicht ansteigen (gewisser „Verdünnungseffekt").

b. Düngung bewirkt bei *ausreichender Versorgung* Erhöhung der Gehalte an betr. Nährelement, z.B. Phosphatdüngung erhöht P-Gehalt, Cu-Düngung erhöht Cu-Gehalt.

c. Düngung mit *einem Nährstoff* kann Gehalte an anderen Elementen senken, z.B. N-Düngung senkt Spurenelementgehalte durch Verdünnungseffekt, K-Düngung senkt Mg-Gehalte.

d. Starke Steigerung des Wachstums durch *NPK-Düngung* senkt bei Böden mit geringen Gehalten an verfügbaren Nährstoffen (über

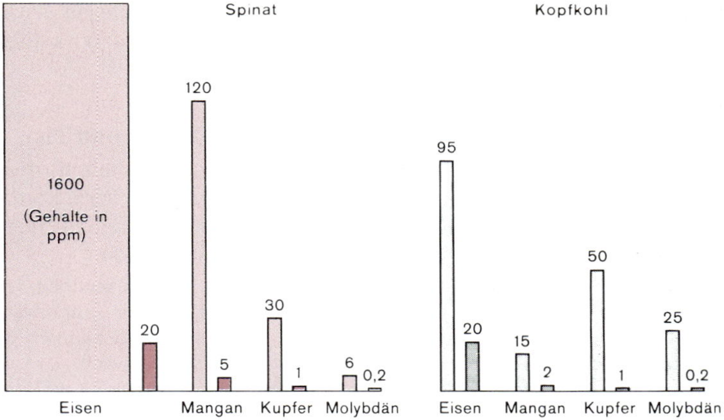

Fig. 9.5. Schwankungsbreite der Spurenelement-Gehalte von Gemüse (ppm; Werte für die USA nach Bear, 1949).

Verdünnungseffekt) Spurenelement-Gehalte, aber erhöht diese z.T. bei reichlichem Bodenvorrat.

e. Starke Düngung mit *Nährstoffen hoher Mobilität* im Boden kann leicht zu überhöhten Gehalten mit z.T. nachteiligen Folgen führen, z.B. Nitrat-Überschuss in stark mit Stickstoff gedüngtem Gemüse (Spinat) für menschliche Ernährung zwar relativ harmlos, aber durch vorübergehenden Luftabschluss bei dichter Lagerung Umwandlung zu Nitrit möglich. Durch Nitrit wird Hämoglobin des Blutes in Methämoglobin umgewandelt, dadurch z. B. Zyanose bei Säuglingen (Blaufärbung infolge Atemnot). Nitrit ferner gefährlich wegen möglicher Umwandlung zu Nitrosaminen (z.T. cancerogen). Weiteres Beispiel: Kaliumüberschuss in sehr stark gedüngtem Weidegras (Kap. 8.4.4).

Schädliche Stoffe in Nahrung oder Futter unerwünscht: z.B. Oxalsäure im Rübenblatt nachteilig für Kühe und über Milch auch für Menschen; Steigerung des Ca-Gehaltes durch Düngung bedingt auch Steigerung des Oxalsäuregehaltes; Nitrat-N steigert Oxalsäure stärker als Ammonium-N; K-Düngung wirkt über Verringerung des Ca-Gehaltes günstig.

Hinweis auf senkenden Einfluss der Düngung auf Gehalte an schädlichen Alkaloiden (z.B. Nikotin im Tabak), unerwünschte Wirkstoffe, Glykoside usw.

9.2.3 Nahrungsqualität und Gesundheit von Mensch und Tier

Gesundheit ist ein hohes Gut. Da die Hälfte aller Krankheiten offenbar durch falsche oder mangelhafte Ernährung verursacht wird, kommt dem „Gesundheitswert" der Nahrung große Bedeutung zu. Gesteigerte Mengenproduktion darf nicht auf Kosten der Qualität gehen.

Leider ist Zusammenhang zwischen Nahrungsqualität und Gesundheit sehr komplex. Außer den Nährstoff-Funktionen geht es zusätzlich um (durch Nährstoffe direkt oder indirekt) erhöhte Krankheits-Resistenz. Wird nämlich das Immunsystem durch Mangel an essentiellen Nährstoffen geschwächt, so kann es z.B. seiner Aufgabe zur Abwehr von Erregern bzw. Beseitigung maligner Neoplasmen nur ungenügend nachkommen.

Ziel der Pflanzenernährung (außer hohen Erträgen) sind daher pflanzliche Produkte mit hochwertiger Nahrungs- bzw. Futterqualität. Dabei sind nicht nur Inhaltsstoffe zu berücksichtigen, sondern ist der Gesundheitswert der Nahrung als Ganzes zu testen. In diesem Zusammenhang bildet die „große Neuerung" in der Produktion, nämlich die Mineraldüngung, oft Zielscheibe kritischer Betrachtungen. Viele Zusammenhänge sind übrigens bei Haustieren besser untersucht als beim Menschen.

Beobachtungen und Hypothesen

In der Anfangszeit der Mineraldüngung wurde (mangels besserer Kenntnis) hypothetisch nach Antworten zum Problem des Einflusses „künstlicher" Dünger auf die Produktqualität gesucht.

So wurden aus statistischen Vergleichen vermutet, dass mit zunehmender „Chemisierung" der Agrarproduktion (Mineraldüngung usw.) bestimmte Krankheiten bei Mensch und Haustier zugenommen hätten, dass die Fruchtbarkeit der Kühe zurückgehe usw. Zu Beginn der Mineraldüngung in der Tat manchmal Qualitäts-Beeinträchtigungen durch übermäßigen Einsatz von Düngern, z.B. „schlechten Geschmack" beim Kochen von Gemüse (übermäßige N-Düngung) oder Weide-Tetanie (Muskelkrämpfe) bei Rindern durch Mg-Mangel (wegen übermäßiger K-Düngung).

Viel ausgeprägter sind jedoch dramatische Abnahmen von Krankheiten seit Einführung der Mineraldüngung zu verzeichnen, z.B. bei Rindern das Verschwinden der früher häufigen rachitischen Erscheinungen (Knochenweiche) nach längerer Phosphatdüngung oder selteneres

Auftreten von Milchfieber nach besserer Ca-Versorgung (Kalkung) der Weiden.

Besonders eindrucksvoll ist die Abnahme der Lungentuberkulose (TB), früher in Europa eine große Volksseuche. Beispiel England (Finck, 1992): Um 1850 starben jährlich etwa 3000 Menschen an TB. Zwar wurden 1882 die Tuberkel-Bakterien durch Robert Koch entdeckt, aber eine wirksame Chemotherapie konnte erst um 1940 entwickelt werden. Erstaunlicherweise verringerte sich aber in England die TB-Todesrate in der Zeit 1850–1940 von 3000 auf „nur" noch 500 pro Jahr. Für diesen signifikanten Rückgang gibt es zwar keine sichere, aber eine plausible Erklärung. Der Rückgang der TB ging nämlich (neben besseren hygienischen Bedingungen) mit zunehmend besserer Ernährung der Menschen einher – bedingt durch die beginnende, ständig steigende Mineraldüngung. Damit wurde (nach heutiger Rekonstruktion der Sachlage, auch unter Einbeziehung von Beobachtungen in Entwicklungsländern) zunehmend die Versorgung mit vorher nur mangelhaft zugeführten essentiellen Mineralstoffen und Vitaminen verbessert (und damit das angeborene Immunsystem für die Abwehr von Krankheits-Erregern verstärkt). Offenbar ist also die TB mehr durch bessere Ernährung (via verbesserter Düngung) als durch medizinische Maßnahmen stark eingedämmt worden – Landwirtschaft als Hüterin der Gesundheit.

Besondere Spekulationen über Nahrungsqualität im Bio/Öko-Landbau

Hier seien einige Ansichten kurz kommentiert, die meist überholt wären, wenn sie nicht noch heute eine Rolle spielten.

a. Bessere Nahrung durch organische Düngung: Jahrhundertelang galt Humus als natürliche „Nahrung" der Pflanzen (Kap. 1.2.1). Mit organischen Düngern erzeugte Produkte galten daher als natürliche, gesunde Nahrung. Entsprechend ist nach Ansicht des Anthroposophen Rudolf Steiner (1924) eine mit „künstlichen" Düngern erzeugte Nahrung als weniger „gesund" einzustufen. Aus philosophischer Sicht könnte man dazu noch die Güterethik heranziehen: „Gut ist, was natürlich ist, schlecht ist, was unnatürlich ist". Dieser Vergleich hinkt allerdings erheblich, weil man damit dem konventionellen Landbau „unnatürliche" Produktion unterstellte. Jedenfalls lehnt die biologisch-dynamische Wirtschaftsweise die Mineraldüngung ab (gesamter Bio/Öko-Landbau verwendet sie nur sehr restriktiv, Kap. 8.3.2).

b. Höhere Produktqualität durch besondere Kräfte: STEINER glaubte, durch besondere, mit kosmischen Kräften aufgeladene Präparate (z.B. Hornmist) das Pflanzenwachstum fördern zu können (Ersatz für „Kunstdünger“). Dabei ging es nicht um Nutzung bekannter Energie, z.B. Sonnenstrahlen, sondern um noch unbekannte sonstige relevante Kräfte. Ob es nun solche Kräfte gibt oder nicht, eine wachstumsfördernde Aktivierung besonderer Kräfte mit bestimmten Präparaten (Akkumulatoren) ist noch auf keinem Feld nachgewiesen. Ähnlich zu beurteilen ist die (gelegentlich behauptete) Wachstumsförderung einer Saat bei Vollmond gegenüber Neumond, wofür auf eindrucksvolle Versuche hingewiesen wird, die jedoch überhaupt nicht beweiskräftig sind.

c. Zur Wirkung kleinster Mengen: Die auf das Pflanzenwachstum angewandte Potenzlehre (aus der Homöopathie des Doktor HAHNEMANN um 1800 entlehnt) besagt u.a., dass hochverdünnte Lösungen oft besser wirken als konzentrierte. Zutreffend ist die optimale Wirkung mancher Mineralstoffe oder Wirkstoffe in stark verdünnter Form. Sehr starkes Verdünnen (weit über 1:10, also in jeweils 10facher Potenz) führt jedoch in den Bereich der Wirkungslosigkeit. Bei 23facher Dezimale (D-23) ist ohnehin die Grenze erreicht (und praktisch schon lange vorher nicht mehr sinnvoll). Die Homöopathie mag beim Menschen mit Lösungen über D-30 durchaus noch therapeutische Erfolge erzielen, aber bei Pflanzen ist dies weder anzunehmen noch nachgewiesen.

d. Zur Ablehnung des Nitrats für die Düngung: Obwohl sich auch die Pflanzen im Bio-Landbau weitgehend von Nitrat ernähren, wird jegliche Nitrat-Düngung (selbst bei Mangel) abgelehnt; Nitrat-Zufuhr gilt prinzipiell (und nicht nur im Übermaß) als nachteilig. Dabei ist mit keinem Verfahren ein Unterschied zwischen Nitrat aus dem Humusabbau und dem Nitrat aus synthetischem Dünger erkennbar.

   Auch Hinweis, dass einige Düngemittel lediglich aufgearbeitete Naturprodukte sind (aus Knochen, Meeresablagerungen), macht ihren Einsatz nur in „gemäßigten“ Formen des „Bio-Öko-Landbaus“ akzeptabel.

e. Insgesamt bringen weder Spekulationen noch eigens zum Beweis dafür entwickelte besondere Methoden (z. B. besondere Kristallisationsbilder) den Beweis für einen höheren Gesundheitswert der mit organischen Düngern erzeugten Bio/Öko-Nahrung.

> Der Bio-Landbau betont vor allem den traditionellen Nährstoffkreislauf, basiert aber auch (unnötigerweise) auf einigen unzutreffenden Annahmen zum Pflanzenwachstum. Aus ideologischen Gründen unterlassene Düngung kann ebenso Qualitätsverlust bedeuten wie unsachgerechte Überdüngung.

Untersuchungen über Nahrungsqualität

Der Einfluss der Mineraldüngung auf den Nährwert kann letztlich nur durch nachprüfbare Untersuchungen geklärt werden. Dafür sind neben Analysen über Inhaltsstoffe (Kap. 9.2.2) vor allem Ernährungs- bzw. Fütterungsversuche notwendig.

Übliche Versuchsanstellung: Vergleich von Nahrung/Futter aus konventionell mit Mineraldünger + Stallmist gedüngten Feldern mit Nahrung von nur mit Stallmist gedüngten Feldern. Ergebnisse, z.B.:

- Fütterungsversuche bei Ratten (SCHEUNERT, 1934): Tiere über sechs Generationen bei „Mineraldünger-Nahrung" etwas gesünder, fruchtbarer, langlebiger; zumindest keine ungünstige Auswirkung der Mineraldüngung.
- Ernährungsversuche bei Menschen (SCHUPHAN, WENDT, 1941; CATEL, 1949): Bei Erwachsenen praktisch keine Unterschiede; bei Kleinkindern (vor allem Säuglingen) durch „Mineraldünger-Nahrung" bessere Gewichtszunahme, Blutbildung, mehr Vitamin A und höhere Widerstandskraft gegen leichte allgemeine Erkrankungen.
- Im Gegensatz dazu gibt es neuere Versuche, z.B. mit Kaninchen, die auf mindere Qualität einer „Mineraldünger"-Nahrung deuten (zit. von VOGTMANN, 1985); allerdings sind dabei wesentliche Voraussetzungen für solche Vergleichsversuche außer Acht gelassen (Futter von ungleichen Böden usw.).

Ernährungsversuche dieser Art sind zugegebenermaßen nicht einfach durchzuführen und daher oftmals angreifbar. Aber sofern nach wissenschaftlichen Prinzipien durchgeführt, bestätigen sie die plausible Folgerung: der Gehalt an wertbestimmenden Inhaltsstoffen und Nährwert im Hinblick auf Gesundheit gehen etwa parallel (wobei ggf. Schadstoffe gesondert zu berücksichtigen sind).

Immerhin ist nunmehr ein differenziertes sicheres Urteil über Einfluss der Düngung auf den Nahrungswert möglich: Ohne jede Mineraldüngung produzierte Nahrung (wie z. B. in Teilen von Entwicklungsländern) enthält auf nährstoffarmen Böden häufig weniger Eiweiß, Vitamine und mineralische Elemente als diejenige von sachgerecht gedüngten Pflanzen. Sogar „natürlicherweise“ wachsendes Futter kann qualitativ minderwertig sein, z.B. Kühe verhungern auf bestimmten Böden mit üppigen Graswuchs, weil ein bestimmtes Element, etwa Kobalt, fehlt.

Im Rahmen der Epidemiologie wird versucht, kausale Zusammenhänge zwischen Nährstoffversorgung des Bodens, Gehalte in pflanzlichen Produkten und Gesundheitsschäden aufzuzeigen.

Als Beispiel einer Wirkungskette sei der Zusammenhang zwischen Molybdän-Ernährung und Kariesbefall aus Neuseeland angeführt (Ludwig, 1960). Von zwei benachbarten Städten waren die Zähne der Schulkinder in Napier fast alle gesund, in Hastings dagegen stark mit Karies (Zahnfäule) befallen. Die Ursachenforschung konnte zunächst den Einfluss des Fluor-Gehalts von Wasser oder Nahrung ausschließen. Auch die Analyse des Gemüses in den Gärten (als wichtiger Nahrungsquelle) zeigte keine signifikanten Unterschiede, abgesehen vom Molybdän, das in Hastings (wegen daran armer Böden) nur sehr wenig vorhanden war. Anschließende Tierversuche bestätigten Mo-Mangel als wesentliche Ursache für das verstärkte Auftreten von Karies (Mo notwendig für richtige Fluor-Einlagerung).

Die Anwendung organ. oder mineral. Dünger (sofern dadurch der Ernährungszustand der Pflanze verbessert wird) erhöht meist über den gesteigerten Gehalt an wertbestimmenden Inhaltsstoffen die Nahrungs- bzw. Futterqualität der pflanzlichen Erzeugnisse.

Nahrungsqualität ist oft gering wegen mangelnder mineral. Düngung, gelegentlich gering wegen einseitiger oder überhöhter Düngung.

Vollwertige Nahrung für Mensch und Tier

Menschen bzw. Haustiere benötigen etwa 50 Nährstoffe (außer Wasser, Sauerstoff und Energieträgern): etwa 9 essentielle Aminosäuren (Kap. 3.2.3), 3 essentielle Fettsäuren, etwa 15 Vitamine und 20 mineralische Nährelemente in bestimmten, z.T. noch nicht genau bekannten Mengen. Außerdem sind eine Reihe von Stoffen zusätzlich nützlich für die Gesundheit.

Nahrung in ihrer Gesamtheit sollte alle notwendigen und möglichst auch die nützlichen Stoffe in ausreichender Menge (ohne schädliche

Überschüsse) enthalten. Viele Nährstoffe stammen aus einer „Nährstoffkette“, die vom Boden über Pflanzen und z.T. weiter über das Tier führt. Teilweise aus dem Bodenvorrat, aber bei Bedarf ergänzt durch sachgerechte Düngung, ernährte Pflanzen ergeben hochwertige Produkte als Basis für die Gesunderhaltung von Mensch und Tier. Dies ist allerdings meist nicht offensichtlich, da Gesundheitsschäden durch qualitativ unzureichende Nahrung anfänglich kaum erkennbar; gravierende Folgen zeigen sich meist erst mit großer Verzögerung.

Wo liegt die Lösung vieler Widersprüche?

Die ganze Diskussion um Produktionsweisen und Gesundheit zielt in die falsche Richtung. Entscheidend für die Gesundheit ist nicht die erzeugte, sondern die gegessene Nahrung. Die Aufbereitung bzw. Verarbeitung der pflanzlichen Produkte hat nämlich einen viel größeren Einfluss als die Produktionsweise.

Beispiel einer typischen Behauptung: „Bio-Brötchen“ schmecken besser und sind gesünder!“ Abgesehen davon, dass es heißen muss „schmecken mir besser“, ist die Aussage richtig, aber auch irreführend. In der Tat sind Brötchen aus Vollkornmehl (hier „Bio-Brötchen“) gesünder als „übliche“ Brötchen aus stark ausgemahlenem Feinmehl – aber dabei ist es belanglos, ob der Weizen aus „Bio-“ oder konventionellem Anbau stammt.

Leider werden vielfach (wegen eingefahrener Essgewohnheiten oder aus geschmacklichen Gründen) den vom Landbau gelieferten hochwertigen Produkten bei der Aufbereitung ein wesentlicher Teil der qualitätsbestimmenden Mineralstoffe und Vitamine entzogen (bei Feinmehl-Bereitung, Kartoffelschälen usw.). Der Bio/Öko-Landbau legt allerdings bezüglich der Verarbeitung von Lebensmitteln verstärkten Wert auf die Erhaltung von „Qualitäts-Substanzen“.

Zusammenfassender Kommentar: Wenn auch die Urproduktion nicht leicht zu optimieren ist, so erzeugt der moderne Landbau doch mit viel Sachverstand hochwertige Nahrung zu günstigen Preisen. Der sog. „Bio-“ Landbau produziert, im Gruppenvergleich beurteilt, Nahrung im etwa gleichen Qualitätsbereich wie im konventionellen (Einzelprodukte können jedoch am oberen oder unteren Ende des Qualitäts-Spektrums liegen). Die von der gesamten Landwirtschaft erzeugten hochwertigen Produkte werden von vielen Verbrauchern allerdings nur ungenügend genutzt, teilweise sogar im Wert vermindert. Oder etwas freier formuliert: „Die Ernährungs-*Sünden* der Verbraucher sind weit größer als die vermeintlichen (z.B. durch Mineraldüngung verursachten) *Sünden* der Landwirtschaft“.

9.3 Düngung zur Ernährung der Weltbevölkerung

Wegen der in Entwicklungsländern stark wachsenden Bevölkerung steht der Landbau global vor gewaltigen Aufgaben. Die Weltbevölkerung hat sich in den letzten 40 Jahren verdoppelt und wird weiter steigen:

1960 = **3** Milliarden; 2000 = **6**; 2020 = **7,5**; 2050 = **9** Milliarden

In 20 Jahren müssen 1.500 Millionen Menschen mehr ernährt werden – eine schwer vorstellbare hohe Anzahl. Später dürfte sich bei etwa 10 Milliarden ein Gleichgewicht einstellen. Jedenfalls werden 2050 nahezu 8 Milliarden (85 %) in Entwicklungsländern leben, davon 5 Mrd. Städter (meist in großen Städten).

Ferner stark differenzierte regionale Verteilung (Anstieg von 2000 auf 2020): Asien (Ost, Südost, Süd) von 3.000 auf 4.000 Millionen, Chinesen und Inder z.Zt. 2.300 Millionen; SSA (Afrika südlich der Sahara) von 500 auf 950 Millionen; NENA (*Near East, North Africa*) von 400 auf 600 Millionen; Lateinamerika von 500 auf 700 Millionen. Dagegen bleiben „entwickelte“ Länder insgesamt etwa bei 1.200 Millionen.

Die globale Nahrungsversorgung zeichnet sich dadurch aus, dass Überschüsse in Industrieländern einer Knappheit in vielen Entwicklungsländern gegenüber stehen. Etwa 800 Millionen Menschen haben (nach Menge und Qualität) eine ungenügende Nahrungsversorgung, was Mangelkrankheiten mit akuten Störungen und Spätfolgen bedeutet. Aus dem *Elends-Dreieck* von Hunger – Krankheiten – Armut resultieren leicht Aggressionen, Gewalttaten, Kriege, vermutlich künftig auch große Migrationen. Primäre Ursachen des Terrorismus sind vielfach eben nicht religiöser Art, sondern beruhen auf harten Fakten: Hunger, Elend, Krankheit als Basis für Hoffnungslosigkeit und Verzweiflung.

Die aus der verbreiteten Unterernährung resultierende Herausforderung hat Nobelpreisträger N. Borlaug (1993) formuliert: *„Feeding a fertile population from infertile soils in a fragile world“*, – oder erweitert ausgedrückt: Ziel ist die Ernährung einer sich stark vermehrenden Bevölkerung, von meist wenig fruchtbaren Böden, bei oft ungünstigem Klima, in einer ökonomisch und politisch zerbrechlichen, unsicheren Welt.

Was sind die *Hauptprobleme* der globalen Nahrungsproduktion?

Das verfügbare Ackerland als Hauptträger der Produktion mit 12 % der Landfläche ist maximal bestenfalls auf 15 % auszudehnen (z. Zt. 1.500 Millionen ha, also durchschnittlich 4 Menschen pro Hektar, allerdings regional sehr unterschiedlich von 2 – < 10). Extensives Weideland in Trockengebieten trägt trotz großer Fläche relativ wenig zur Versorgung bei.

Der Nahrungsbedarf, z.B. gemessen an Getreide für Nahrung plus Futter, beträgt in Entwicklungsländern mindestens 270 kg pro Kopf und Jahr (was einer Tagesration von 0,75 kg entspricht bei 2800 kcal/Tag).

Die Böden in tropischen Entwicklungsländern sind jedoch überwiegend nicht besonders fruchtbar und oft noch degradiert, d.h. in mehrfacher Hinsicht verschlechtert. Felder mit verarmten Böden bringen geringe Erträge, zumal wenn sie wenig gedüngt werden, haben aber hohe Verluste bei mangelndem Pflanzenschutz; oft besteht Wassermangel, ferner stört gelegentlich extreme Witterung. Hinzu kommen ökonomische und sonstige Probleme, vor allem geringe Preise für Nahrungsmittel, Störungen durch globale Marktkräfte bis hin zu dysfunktionaler Volkswirtschaft, politischen Unruhen oder gar Bürgerkrieg.

Die Getreide-Erträge betragen z. B. in Afrika südlich der Sahara (SSA) durchschnittlich nur etwa 10 dt/ha, in Asien auch nur 20–40 dt/ha, in Westeuropa dagegen etwa 70 dt/ha. Insgesamt liefern die Getreidepflanzen Weizen, Reis und Mais etwa 2/3 der pflanzlichen Nahrung vom Acker, wobei Mais (als Futter) wegen zunehmenden Fleischverbrauchs bald an erster Stelle steht.

Die zur Ertragsteigerung notwendigen Methoden sind vorhanden, kommen aber oft nicht zum Zuge. So beträgt der durchschnittliche Düngereinsatz auf der Welt zwar 100 kg/ha (Summe aus $N + P_2O_5 + K_2O$) , aber in Afrika südlich der Sahara nur 10 kg/ha, in hochentwickelten Ländern dagegen 250–500 kg/ha.

Dabei bedeutet Dünger letztlich Brot. 1 Liter Öl entspricht etwa 1 kg N-Dünger (Stickstoff), und dieser erzeugt (je nach Düngerausnutzung) 15–25 kg Brot.

Nahrung für 6 Milliarden Menschen wird erzeugt (um 2000):

- Zur Hälfte durch Nährstoff-Recycling (Nährstoffe im Betriebskreislauf).
- Zur Hälfte durch Nährstoff-Input, also Mineraldünger.

Ohne Mineraldünger hätten 2–3 Milliarden Menschen in wenigen Jahren keine Nahrungsbasis mehr. Somit ist ein „Bio/Öko-Landbau“ (ohne wesentlichen Input) als Modell für die globale Nahrungsproduktion ungeeignet. Dabei muss die moderne Nahrungsproduktion selbstverständlich ökologische Prinzipien beachten, wie z.B. im tropischen *Eco-Farming*.

Eine moderne Landwirtschaft könnte auf der Welt durchaus 10 Milliarden Menschen ernähren (also 7 Personen pro Hektar, statt jetzt 4) – oder sogar noch mehr, wenn dem Landbau entsprechende Priorität gegeben, d. h. wenn er mehr gefördert und weniger gestört würde.

Unter den aktuellen politischen Bedingungen streben die meisten Staaten zwangsläufig nach Nahrungs-Autarkie. Die UNO propagiert zwar für jedermann ein *„Recht auf Nahrung"*, aber leider hat das „Sattwerden" der Bevölkerung nicht überall hohe Priorität. Die FAO als Landwirtschafts-Organisation der UNO bemüht sich mit hohem Einsatz um mehr Nahrungssicherheit in Entwicklungsländern. Dabei ist die Maßnahme einer stärkeren und besseren Düngung im Rahmen eines effektiven Nährstoff-Managements ein machtvolles Instrument zur Steigerung der Erträge (FAO 2006).

Dies sei an drei Regionen erläutert, nämlich SSA (Afrika südlich der Sahara), Indien und Deutschland von 1950 bis 2000; angegeben sind Einwohner in Millionen, mineralische Stickstoffdüngung in kg/ha N (als Index für die gesamte Düngung) und Ertrag in dt/ha:

SSA:	Einw. 250 → 900 Mill.; Düngung 5 → 10 kg/ha; Getreide 7 → 10 dt/ha.
Indien:	Einw. 300 → 1.000 Mill.; Düngung 5 → 65 kg/ha; Reis 7 → 30 dt/ha.
Deutschland:	Einw. 70 → 80 Mill.; Düngung 25 → 120 kg/ha; Weizen 25 → 75 dt/ha.

Obwohl sich in SSA die Bevölkerung fast vervierfacht hat, blieb die Düngung auf sehr niedrigem Niveau, entsprechend auch der Getreide-Ertrag. Indien dagegen kann mit enormen Anstrengungen der Agrarwissenschaft jetzt sogar die dreifache Bevölkerung ernähren, u.a. weil die Düngermenge mehr als verzehnfacht wurde (wodurch die Ernten über 4fach stiegen). Die Daten für Deutschland zeigen bei nur geringer Zunahme der Bevölkerung einen 5fachen Anstieg der Düngung und 3fach höhere Erträge.

Grenzen des Wachstums

Der Planet Erde kann mehr Menschen (mit ihren Haustieren) ernähren als „ertragen". Umweltschäden und Knappheit an Ressourcen werden nämlich engere Grenzen ziehen. Aktuell ist Mangel an Süßwasser für Bewässerung, dramatischer aber in etwa 150 Jahren die endgültige Knappheit an Rohstoffen für Phosphatdünger.

Künftig ist daher weniger die Frage der maximal zu ernährenden Bevölkerung relevant, sondern die für diesen Planeten *optimale* Anzahl von Menschen, die nachhaltig auf lange Zeit ausreichend ernährt werden kann und im Gleichgewicht mit ihrer Umwelt lebt (diese Zahl ist schwer zu schätzen, dürfte aber kaum über 6 Milliarden liegen).

> Die Weltbevölkerung von 7.500 Millionen (2020, überwiegend in Entwicklungsländern) kann künftig nur durch Intensivierung der Ackerproduktion ernährt werden. Dies erfordert leistungsfähige Pflanzen mit verbesserten Anbauverfahren, mehr Bewässerung, vor allem aber steigende sachgerechte Versorgung mit Nährstoffen durch Düngung, ferner guten Pflanzenschutz.
>
> Da die Welt mehr Menschen ernähren als „ertragen" kann, sollte künftig eine *optimale* Bevölkerungszahl angestrebt werden.

Konsequenzen und Trends für die künftige Ackerproduktion

1. Menschheit wird noch weiter wachsen und mehr Nahrung/Futter benötigen.
2. Bisher brachten vor allem leistungsfähige Pflanzen auf fruchtbaren Böden bei guter Nährstoff-Versorgung hohe Erträge („Grüne Revolution").
3. Künftig muss der Ackerbau zunehmend auf „Problemböden" (Grenzstandorte) ausgedehnt werden, deren Fruchtbarkeit vorläufig kaum zu optimieren ist.
4. Durch gentechnische Veränderungen können Pflanzen gezielt an widrige Umweltverhältnisse angepasst werden – zumindest für mittlerer Erträge:
   - Bessere Nutzung von Nährstoffvorräten armer oder fixierender Böden, z.B. höhere Phosphat- oder Zink-Gehalte in Pflanzen auf Mangelböden,
   - Ausschluss (oder „Neutralisierung") von toxischen Stoffen, z.B. Al oder Mn in extrem sauren Böden, Salze in Salzböden, Schwermetalle bei Belastung,
   - bessere Wasseraufnahme auf Trockenböden bzw. in Trockenperioden,
   - bessere Verträglichkeit klimatischer Nachteile (Kälte, Kühle, Sturm).

5. Durch genetische Verbesserungen, auch bei Hochleistungspflanzen, sind noch höhere Erträge (z.B. via optimierter Fotosynthese bzw. Translokation) oder Veränderungen am Ertrag möglich (z.B. mehr bzw. besseres Öl, Protein), ferner geringerer Krankheitsbefall durch bessere Resistenz-Mechanismen.
6. Da eine in jeder Hinsicht ideale Pflanze (Sorte) kaum zu züchten ist, wird ein Sortiment mit jeweils Zweck-orientierten Eigenschaften angestrebt.
7. Auch die beste genetische Basis einer Kulturpflanze kann nur bei adäquater Ernährung der Pflanzen zufriedenstellende Erträge liefern.

Anhang

Forschungsmethoden

A. Vegetationsversuche

Zahlreiche Möglichkeiten zum Studium des Einflusses von Wachstumsfaktoren:

im Gewächshaus: *Gefäßversuche* auf flüssigem Substrat *(Wasserkultur),* auf festem Substrat (*Bodenkultur, Sandkultur,* etc.);

im Freiland: *Feldversuche* auf Substrat Boden.

Wasserkultur (Hydrokultur)

Vorteil genau definierter Ernährungsbedingungen (Kap. 2.1.1); für zahlreiche Fragestellungen weitgehend modifizierbar.

Versuchsanordnung (in einfachster Form): Gefäß aus Glas (von außen abdunkeln) oder Kunststoff mit durchlöchertem Deckel (aus Pappe, Kunststoff) und möglichst mit Belüftungsmöglichkeit; bepflanzt mit vorgekeimten Pflanzen (Fig. A.l).

Nährlösung: unterschiedliche Zusammensetzung je nach Fragestellung; Erneuerung nach Bedarf; Konzentration l-5‰ Salz mit osmotischem Druck von 0,5-2,5 at. Salze sollten besonders „rein" sein (*pro analysi*).

Für einfache Versuche zur Kultivierung vieler Pflanzenarten bewährte HOAGLAND-Lösung (Tab. A.l) geeignet; speziell für Ansatz mit Leitungswasser GERICKE-Lösung: K (70 Teile); N (30 T.); Ca, S (je 10 T.); Mg, P (je 8 T.); Fe (1 T.) plus Zusatz übriger Nährelemente.

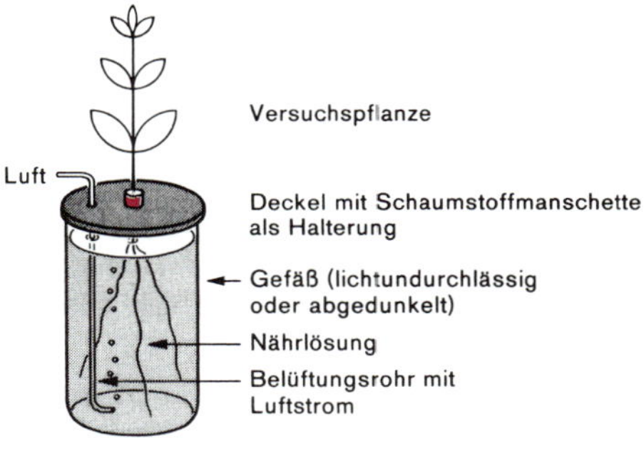

Fig. A.1. Wasserkulturversuch.

Tab. A.1. Zusammensetzung einer Standard-Nährlösung (nach Hoagland, Arnon; zit. bei Hewitt, 1966)

Element	Konzentration des Elements		Beispiel für Ansatz eines Liters Nährlösung (mit destilliertem Wasser)
	ppm	mval/Liter	
N P S	210 31 64	15 3 4	} als Anion mit K, Ca, Mg
K Ca Mg	234 200 48	6 10 4	5 ml n KNO_3, 1 ml n KH_2PO_4 10 ml n $Ca(NO_3)_2$ 4 ml n $MgSO_4$
Fe Mn Zn Cu	(0,6) 0,5 0,05 0,02		1 ml 0,5 % Fe-Tartrat alle 3 Tage 1,8 ml n/100 $MnSO_4$ 1,5 ml n/1000 $ZnSO_4$ 0,6 ml n/1000 $CuSO_4$
B Mo	0,5 0,01		2,4 ml n/100 H_3BO_3 0,6 ml n/1000 $(NH_4)_6Mo_7O_{24}$

Anmerkungen: Anfangs-pH = 4,5; Konzentration = 1,7‰ (Jungpflanzen zunächst in halbkonzentrierte Lösung); Nährelement Cl nicht extra hinzugefügt, da in Spuren genügend vorhanden.

Kontrolle: Konzentration (Messung über elektrische Leitfähigkeit) darf durch Verdunstung nicht zu stark ansteigen (Wasser nachfüllen); pH-Wert sollte im mäßig sauren Bereich bleiben (evt. mit H_2SO_4 einstellen); Eisenversorgung infolge Ausfällung am ehesten im Minimum (evt. wiederholte Zugabe von komplexen Fe-Verbindungen, z.B. Fe-EDTA).

Wasserkultur als *Methode zur Ermittlung der Notwendigkeit (Essentialität) eines Elements* durch Ansatz einer Nährlösung ohne das zu prüfende Element; falls normales Wachstum erzielt wird, ist Element entweder nicht notwendig oder in genügender Menge vorhanden gewesen; dann erneuter Ansatz zur Beseitigung der *Fehlerquellen:*

- destilliertes Wasser ist nicht völlig salzfrei, dann mehrfach destillieren,
- Nährsalze (obwohl analyt. Reinheitsgrad) sind noch verunreinigt, dann mehrfach umkristallisieren oder „hochreine“ Reagenzien verwenden.

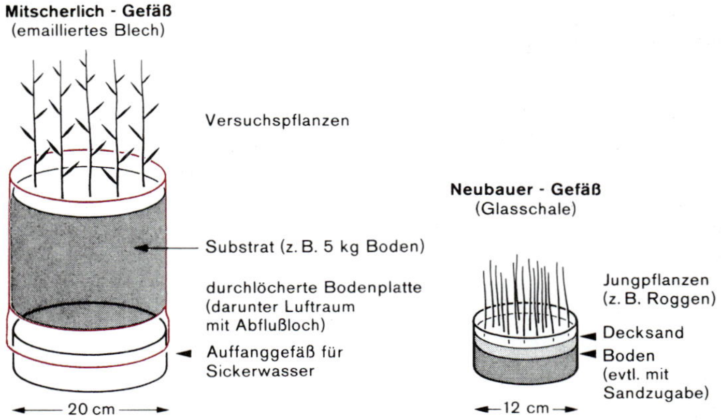

Fig. A.2. Gefäßversuche mit festem Substrat.

- Gefäß gibt Nährstoffe ab (z.B. B-haltiges Glas), dann geeignetes Gefäßmaterial verwenden,
- Zufuhr von Nährstoffen mit der Luft, dann physikalische (Staub) und chemische (Gase) Reinigung erforderlich,
- Zufuhr von Nährstoffen aus dem Saatkorn, ist bei Spurenelementen schwer zu beseitigende Fehlerquelle; Ausschaltung nur in Annäherung durch wiederholte Anzucht mehrerer Generationen (allmähliche Verarmung).

Anwendung der Wasserkultur: zahlreiche Möglichkeiten von einfachem Wassergefäß für Blumen bis zu Großanlagen mit automatischer Nährlösungszufuhr für Gartenbau oder Algenkulturen für Raumstationen. Pflanzen entweder direkt in Nährlösung (Tankkultur) oder zur besseren Halterung in nährstofffreiem, festem Material kultiviert (Kies, Toff, Kunststoffkörner).

Gefäßversuche mit Boden und anderen Substraten

Pflanzen in Gefäßen mit festem Nährsubstrat werden kultiviert, um unter kontrollierten Versuchsbedingungen im Gewächshaus Einfluß einzelner Wachstumsfaktoren zu klären: Bodenkultur (WAGNER-Methode), Sandkultur (HELLRIEGEL-Methode) etc.

Arten von Versuchen: *Mangelversuche* (ein Nährstoff im Minimum gehalten); *Düngungssteigerungsversuche:* z.B. ein Nährstoff wird gesteigert (Differenzdüngung) bei optimaler Versorgung mit übrigen Nährstoffen (Grunddüngung); für Ermittlung verfügbarer Nährstoffe; u.a.

Gefäße: Glas (NEUBAUER-Schale) für kleine Substratmenge; Emailleblech (rundes, unten durchlöchertes MITSCHERLICH-Gefäß für 5-6 kg Boden; rechteckiges, unten geschlossenes AHR-Gefäß) oder Kunststoff (z.B. Gefäße nach KICK/ GROSSE-BRAUCKMANN oder Plastikeimer); Beton für große Vegetationskästen. Durchlüftung bei unten offenen Gefäßen selbsttätig, bei unten geschlossenen Gefäßen durch Luftraum am Boden des Gefäßes (evt. mit grobem Material gefüllt) und Luftrohr zur Oberfläche (ohne künstlichen Luftstrom) (Fig. A.2). *Substrat:* Bei *Sand* für theoretische Fragestellungen hohe Reinheit wichtig (reiner Quarzsand); Nachteil der geringen Wasser- und Nährstoffhaltekraft durch Zusätze ausgleichen, z.B. 5 Gewichts-% Torf, Tonsubstanz („künstliche Böden"). Vom *Boden* meist Feinboden (< 2 mm) verwendet mit z.T. Grobsand-Zusätzen zwecks Verbesserung der physikalischen Substrateigenschaften (speziell für schwere Böden).

Durchführung üblicher Gefäßversuche: Ansatz: vier Parallelen zur Sicherung der Unterschiede.

Düngung: stärker als bei entsprechenden Gaben im Feld, z.B. je 1 kg Sand oder Boden 100-200 mg N, 50 mg P, 120 mg K, ferner Kalk und übrige Nährstoffe in ausreichender Menge.

Saat: z.B. 20 Haferpflanzen oder 5 Maispflanzen bei 5 kg Gefäßen (doppelte Körnerzahl säen, dann vereinzeln).

Bewässerung: Gleichmäßigkeit der Wasserversorgung ist großer Vorteil des Gefäßversuchs gegenüber Feldversuch; optimaler täglicher Wasserzusatz entsprechend dem Verdunstungsverlust; am einfachsten nach MITSCHERLICH auf Durchlauf gießen; bei geschlossenen Gefäßen nach Gewicht, z.B. auf 50 % der Wasserkapazität des Substrats.

Standort: Aufstellung im Kalthaus, Warmhaus, Klimakammer, Phytotron (Großklimakammer mit vielen Regelmechanismen); innerhalb eines Versuchs Standort wechseln, damit gleiche Lichtverhältnisse.

Besonderheiten für NEUBAUER- *(Keimpflanzen-) Methode:*

Bereits im Keimlingsstadium abgeerntete Pflanzen für Methode zur Bestimmung des Düngerbedarfs (Kap. 8.2.3): 100 g Boden mit 50 g Sand vermischt in NEUBAUER-Schale + 30 ml Wasser; darüber 250 g Sand + 40 ml Wasser; 100 Roggenkörner gepflanzt; nach 17 Tagen bei 20 °C oberirdische Teile geerntet und Mineralstoffgehalte ermittelt. Keimpflanzen extrahieren in starkem Maße den zu untersuchenden Boden auf „natürliche" Weise; für Ermittlung des Düngerbedarfs Schwierigkeit der Übertragung auf Feldbedingungen, Methode daher chemischen Methoden nicht generell überlegen; Versuchsanstellung aber für viele wissenschaftliche Fragestellungen geeignet.

Anwendung der Gefäßkulturen: wichtige Forschungsmethode der Pflanzenernährungslehre und große Bedeutung im praktischen Gartenbau.

Feldversuche

Zahlreiche Arten von Düngungsversuchen (mit genetisch einheitlichem Pflanzenmaterial); als einjährige oder Dauerversuche (älteste über 100 Jahre).

Einfache Mangelversuche: zum Auffinden des im Mangel befindlichen Nährstoffs, z.B. 5 Versuchsglieder für Kernnährstoffe: 0 (Kontrolle ohne Düngung), PK, NK, NP, NPK.

Düngungssteigerungsversuche:

Steigerung eines Nährstoffs, z.B. P_0, P_1, P_2, P_3 (je Stufe 20 kg P); Anlage der Parzellen z.B. in Reihen mit 4 Wiederholungen (= Blöcken) und zufälliger Verteilung :

P_0	P_1	P_2	P_3	P_2	P_0	P_3	P_1	P_3	P_2	P_0	P_1	P_1	P_3	P_0	P_2
Block I				Block II				Block III				Block IV			

Steigerung mehrerer Nährstoffe: komplexe, faktorielle Versuche mit wesentlich besserer Aussagekraft (vor allem auch über Wechselwirkungen).

Aufbau eines Versuches mit 3 Nährstoffen und 2 Düngungsstufen (Kontrolle und 50 kg des Nährelements pro Stufe erfordert 8 Parzellen:

	K_0		K_1	
	P_0	P_1	P_0	P_1
	Nr. der Parzelle			
N_0	1	2	3	4
N_1	5	6	7	8

Anlage z.B. als „lateinisches Rechteck" mit zufälliger Verteilung:

1	2	3	4	5	6	7	8	Block I
4	7	1	2	6	8	3	5	Block II
6	3	8	5	7	1	4	2	Block III
5	6	2	7	8	4	1	3	Block IV

Mit ähnlicher Anlage auch *sonstige Düngungsversuche* über Düngeform, Nachwirkung; Standardversuche zur Eichung der Bodenuntersuchung → Kap.8.2.3.

Vorbedingung: einheitlicher Boden, einheitliche Vorfrucht, ausreichende Parzellengröße (meist 10–50 m^2, für Getreide z.B. 2×5 m).

Auswertung: einfacher Vergleich der Mittelwerte aus den Wiederholungen nicht ausreichend; am besten Varianzanalyse zur statistischen Absicherung von Unterschieden.

B. Analytische Methoden

Analyse pflanzlichen Materials hat besondere Schwierigkeiten, da im komplexen Gemisch unbekannter Zusammensetzung leicht störende Einflüsse auf die Bestimmung des zu untersuchenden Elements vorhanden; Proben ferner häufig relativ uneinheitlich. Extreme Genauigkeit der chemischen Bestimmung unnötig: für Pflanzen und Böden Fehlergrenze von ± 5 % ausreichend; das erlaubt oft Anwendung vereinfachter Methoden.

Pflanzenanalyse

Anorganische Analyse (Gehalt an mineralischen Elementen)

Aufbereitung: frische, feuchte Pflanzensubstanz zur Beseitigung von anhaftentem Staub gründlch waschen (zuerst mit Leitungswasser, dann möglichst mit destilliertem Wasser); umgehend erst bei 50–60 °C, zum Schluss bei 105 °C trocknen; T.S. fein mahlen, pulverförmige T.S. als fertige Probe verwenden.

Veraschung: Trocken durch einstündiges Erhitzen auf 500 °C; Asche in verdünnter HCl lösen, Kieselsäure abfiltrieren oder für genaue Analysen mit HF abrauchen – ergibt wässrige, klare Lösung;

Nasse Veraschung durch Kochen mit Gemisch aus konzentrierten oxidierenden Säuren (HNO_3, $HClO_4$, H_2SO_4); Kieselsäure mit HF abrauchen – ergibt wässrige, klare Lösung. Vorteil der nassen Veraschung: keine Verluste durch flüchtige Verbindungen (wie z. T. bei der Verbrennung); Nachteil: gefährliches Hantieren mit stark ätzenden, z.T. explosiven Säuren.

Chemische Bestimmung: häufig Fotometrie (Lichtmessung) mit *Flammenfotometer* (Emissions-Fotometer), d.h. Messung der Intensität der Flammenfärbung. Zahlreiche Elemente geben in heißer Flamme typische Flammenfärbung; Lichtintensität des zu untersuchenden Elementes (nach Abfiltern der übrigen Strahlen) wird mit Fotozellen gemessen. Auswertung über Eichkurve mit Lösungen bekannter Konzentration. Gutes Verfahren zur Bestimmung von K, Na, Ca, Mg.

Absorptionsfotometer (Fotometer, Kolorimeter): Messung der Farbstärke, nachdem zu untersuchende farblose Verbindung vorher durch Zugabe von Spezialreagenzien in gefärbte Verbindung übergeführt wurde. Gefärbte Lösung wird vom Licht der Komplementärfarbe bestrahlt, dabei je nach Farbintensität teilweise Extinktion (Auslöschung) des durchfallenden Lichtes; Restlicht wird mittels Fotozelle gemessen. Auswertung über Eichkurve. Wichtige Farbreaktionen:

P Blaufärbung durch reduzierte Phosphor-Molybdänsäure,
Gelbfärbung durch Phosphorvanadin-Molybdänsäure,
Mg Gelbfärbung mit Titangelb,
Fe Rotfärbung mit Phenanthrolin,
Mn Rotfärbung durch Oxidation zu Permanganat,
Zn Rotfärbung mit Dithizon,
Cu Gelbbraunfärbung mit Carbamat,
B Blaufärbung mit Chinalizarin,
Mo Grünfärbung mit Dithiol,
Co Rotfärbung mit Nitroso-R-Salz.

Atomabsorptions-Spektralfotometer: modernes Gerät für einfache Bestimmung der meisten in Agrikulturchemie wichtigen Elemente mit rel. geringer Störanfälligkeit durch Begleitstoffe. Prinzip: zu untersuchender Stoff wird in Flamme gesprüht und dort durch Hitze in atomaren Zustand übergeführt; aus einer Hohlkathode fällt Licht des entsprechenden Elements durch die Flamme, wovon angeregte Atome je nach Konzentration einen Teil absorbieren; Reststrahlung wird durch Fotozelle gemessen.

Spezielle Methoden wie Spektroskopie usw. siehe Literatur.

Organische Analyse (org. Inhaltsstoffe)

Aufbereitung: für manche Untersuchungen Verwendung der Frischsubstanz erforderlich, da Anwelken oder gar Trocknen (50-60 °C) bereits Veränderung einiger Inhaltsstoffe bewirkt; falls Trocknung notwendig, dann möglichst schonend. Optimal: *Gefriertrocknung* der frischen Substanz unmittelbar nach der Probenahme, schnelle Abkühlung auf -20 bis -30 °C (durch Austrocknung beim Gefrieren wird Enzymtätigkeit schnell unterbunden).

Extraktion und Fraktionierung: Veränderungen während der Aufbereitung möglichst gering halten (z.B. unter Ausschluß von Sauerstoff); meist erst Zerkleinerung (Homogenisierung) des zu untersuchenden Pflanzenteils, dabei unvermeidbare Veränderungen (wird vermieden bei mikroskopischer Gewebeuntersuchung mit Färbetests; aber nur begrenzt anwendbar).

Fraktionierung nach morphologischen Komponenten (Zellkern, Chlorophyllkörner) oder *chemischen Fraktionen:* frische Pflanzensubstanz z.B. zuerst mit Alkohol (entwässert gleichzeitig; löst z.B. Zucker), dann mit Fettlösungsmitteln (Äther, Chloroform) und anderen Lösungsmitteln extrahiert; unlöslicher Rest durch Hydrolyse (Säurebehandlung) aufgeschlossen, wobei z.B. Eiweiß zu Aminosäuren abgebaut, d. h. weiter fraktioniert wird.

Fraktionierung von Gemischen organischer Stoffe durch Zentrifugieren oder spezielle Trennverfahren, z.B. durch Ausschütteln mit bestimmtem Lösungsmittel oder *Chromatographie,* z.B. Adsorptionschromatographie: Lösungsgemisch wird über Adsorptionssäule aus Al_2O_3 gegeben, wobei die einzelnen

Verbindungen unterschiedlich weit wandern und dadurch getrennt werden; farblose Verbindungen durch Anfärbung identifiziert; *Papierchromatographie* für kleine Mengen: zu untersuchendes Gemisch steigt im Papierstreifen auf, wobei einzelne Komponenten unterschiedlich weit transportiert werden; *Gas-Chromatographie* für Gasgemische.

Chemische Bestimmung: übliche fotometrische Methode (s. anorg. Analyse); *Infrarotspektroskopie* (bei Wellenlängen 1-350 µ): Infrarot-Absorptionsspektren der org. Moleküle werden zur qualitativen und quantitativen Analyse verwendet (zusätzlich zum Gerät ist Katalog der Absorptionsspektren erforderlich); *Fluoreszenzanalyse, Polarimetrie* (Bestimmung optisch aktiver Zucker über Drehungsvermögen polarisierten Lichtes); *biotische Tests:* da für winzige Mengen mancher Stoffe (Vitamine, Wuchsstoffe) chemischer Test fehlt, wird Einfluß auf empfindliches lebendes Testsubjekt (Pflanze, Mikroben) gemessen.

Bodenanalyse auf Nährstoffgehalte

Meist mit lufttrockenem Feinboden (< 2 mm); Bestimmung des Gesamtgehaltes an Nährstoffen durch völligen Aufschluß der anorg. und org. Reserven mittels Säuren relativ unproblematisch; wesentlich wichtiger jedoch Ermittlung einzelner Fraktionen, dabei problematische Wahl des Extraktionsmittels.

Extraktion: Boden wird mit geeignetem Extraktionsmittel (Kap. 8.2.3) in bestimmtem Verhältnis (1:10, 1:25) versetzt und in Schüttelflaschen bestimmte Zeit (z.B. 1 Stunde) maschinell geschüttelt, Suspension dann filtriert und klares Filtrat (Gleichgewichtslösung) analysiert; weitere Extraktionsmöglichkeit mittels Auswaschverfahren (Verdrängungslösung); stärkere Extraktion bei erhöhter Temperatur (z.B. 100 °C).

Chemische Bestimmung: s. Pflanzenanalyse

Düngemittelanalyse: Proben aus Düngerbehälter werden direkt zur Analyse verwendet: Gesamtaufschluß oder Extraktion des bewerteten Anteils (Kap. 7.1), Suspension wird filtriert und klares Filtrat verwendet; für exakte Untersuchungen der Düngerkontrolle Analyse nach gravimetrischen Standardverfahren (Ausfällung einer schwerlöslichen Verbindung und Wägen: P- und K-Dünger) oder nach titrimetrischer Methode (N-Dünger).

C. Isotopen-Methoden

Isotope: Atome des gleichen Elements (und daher gleicher Protonenzahl im Atomkern), die sich durch die Zahl der Neutronen und damit durch ihre Massen unterscheiden (griech. *iso topos* am gleichen Platz).

Isotope stabil oder instabil (radioaktiv); Strahlung oder Massenunterschied bietet Möglichkeit der Markierung von Untersuchungssubstanzen als Basis für umfangreiche neuere Forschungsmethodik.

Grundlagen der Isotopen-Methoden

Strahlung: Radioaktive Isotope können α-, β-, γ-Strahlen aussenden. Maß für emittierte Strahlung (Radioaktivität) ist 1 Ci (Curie) = $3{,}7 \cdot 10^{10}$ Zerfälle/Sek.; spezifische Aktivität: Ci/g Substanz, z.B. bei Gefäßversuchen mit Phosphat etwa 1 mCi (Milli-Curie)/g Dünger-P.

Radioaktive Isotope gefährlich, daher meist stark verdünnt angewendet, d.h. unter der für Menschen zulässigen Dosis von 0,3 R/Woche (R = Röntgen, früheres Maß für absorbierte Strahlung, heute Sv = Sievert). Radioisotope von unterschiedlicher Lebensdauer, angegeben als Halbwertszeit (Zerfall von 50 % der Kerne).

Tab. A.1. Wichtige Isotope und ihre Eigenschaften (rot: radioaktiv).

Element	Isotop und Masse	Häufigkeit	Halbwertszeit	Strahlung	Bemerkung
C	^{12}C	98,9	stabil	–	
	^{13}C	1,1	stabil	–	
	^{14}C	sehr gering	5600 Jahre	β	natürliches Isotop
N	^{14}N	99,6	stabil	–	
	^{15}N	0,4	stabil	–	für Markierung benutzt
P	^{31}P	100	stabil	–	
	^{32}P	künstlich	14,3 Tage	β	mäßig gefährlich
K	^{39}K	93,1	stabil	–	
	^{40}K	0,01	$1{,}4 \cdot 10^9$ Jahre	β, γ	} natürliche Isotope
	^{41}K	6,9	stabil	–	
	^{42}K	künstlich	12,4 Std.	β, γ	mäßig gefährlich
Ca	^{40}Ca	97	stabil	–	
	^{45}Ca	künstlich	152 Tage	β,	stark gefährlich
Fe	^{56}Fe	91,7	stabil	–	
	^{59}Fe	künstlich	45 Tage	β	mäßig gefährlich

Strahlungsmessung:

Autoradiographie (Fotographie): Schwärzung der Foto-Emulsion als Maß für Strahlungsstärke.

Zählrohr (nach GEIGER-MÜLLER): Strahlung erzeugt im gasgefüllten Zählrohr mit hoher Spannung Ionisation und dadurch Elektronenfluß, der durch hohen Widerstand gleich wieder unterbrochen wird; Impulse werden dadurch elektronisch registriert. Zählrohr kann noch mehrere 1000 Impulse/Sek. auflösen. Zahlreiche Arten von Zählrohren je nach Meßtechnik und Strahlung für Flüssigkeiten und Gase.

Szintillationszähler: Strahlung erzeugt in bestimmten Kristallen (NaJ, ZnS) oder Emulsionen kleine Lichtblitze, die über Vervielfältiger in Stromimpulse umgewandelt und elektronisch registriert werden. Vorteile: energieärmere γ-Strahlung besser erfaßt, Ausmessung kleiner Strahlungsquellen möglich, bessere Differenzierung unterschiedlicher Strahlung, längere Lebensdauer.

Auswertung: aus registrierter Strahlungsstärke (Impulse/Zeiteinheit) wird Gehalt an radioaktiver Substanz errechnet, unter Berücksichtigung diverser Faktoren.

Meßmethoden für stabile Isotope:

Massenspektrometer: magnetische Ablenkung der Ionen je nach Masse (z.B. Trennung von ^{14}N und ^{15}N); einfacher ist spektroskopische ^{15}N-Analyse.

Anwendung von Isotopen in der Pflanzenernährungsforschung

Analytisches Hilfsmittel (Aktivierungsanalyse): Bestimmung kleinster Mengen auf Grund einer induzierten Strahlung.

Indikatormethode: mit „markierten" Nährstoffen Studien über Geschwindigkeit der Nährstoffaufnahme, über Wege und Verteilung der Mineralstoffe in der Pflanze, Ausscheidung von Nährstoffen; Möglichkeit der Differenzierung zwischen bodeneigenen und gedüngten Nährstoffen.

Isotopenverdünnungsmethode: Zugabe von Isotopen zu einer bestimmten Nährstofffraktion, wodurch Isotop entsprechend der Menge der Fraktion „verdünnt" wird (Abnahme der spezifischen Aktivität wird gemessen), z.B. für Bestimmung der mobilen Nährstoffe im Boden:

E-Wert: austauschbare (engl. *exchangeable)* Nährstoffe; Ermittlung an Bodenproben im Labor,

A-Wert (engl. *available)* nach FRIED und DEAN für Bestimmung der Menge an verfügbaren Nährstoffen im Boden (ähnlich ist *L-Wert* nach LARSEN). Ziel ist die Bestimmung verfügbarer Nährstoffe im Boden durch Zugabe markierten Düngers in Vegetationsversuchen. Verhältnis radioaktiven Nährstoffs zu inaktivem Nährstoff (spezifische Aktivität) in der Pflanze erlaubt Rückschluß auf Gehalt an verfügbaren Bodennährstoffen.

Isotopenmethoden zur Bestimmung verfügbarer Nährstoffe theoretisch zwar vielversprechend, aber den chemischen Methoden nicht prinzipiell überlegen.

Literatur

(vor allem zusammenfassende Literatur ab 1990 in deutsch und englisch; viele Einzelpublikationen zitiert in Allgemeiner Literatur)

Allgemeine Literatur

Pflanzenernährung einschl. Düngung

AMBERGER, A. (1996): Pflanzenernährung. – Ulmer Verlag, Stuttgart.

FAO (ROY, R.N., FINCK, A., BLAIR, G.J., TANDON, H.L.S.) (2006): Plant Nutrition for Food Security – a Guide for Integr. Nutrient Management. Rome.

FINCK, A. (1992): Dünger und Düngung. – VCH Verlag, Weinheim.

HONCAMP, F. (Hrsg.,1931): Handbuch der Pflanzenernährung und Düngerlehre, 2 Bände. – Springer, Berlin.

MARSCHNER, H. (1995): Mineral Nutrition of Higher Plants. – Academic Press, London (3500 Literaturzitate)

MENGEL, K. & Kirkby, E.A. (2001): Principles of Plant Nutrition. – Kluwer, D.

SCHARRER, K. & LINSER, H. (1965-72): Handbuch der Pflanzenernährung und Düngung, Bd. I. Pflanzenernährung; Bd. II. Boden und Düngemittel; Bd. III. Düngung der Kulturpflanzen. – Springer Verlag, Wien, New York.

SCHILLING, G. mit KERSCHBERGER, M., KUMMER, K.F. & PESCHKE, H. (2000): Pflanzenernährung und Düngung. – UTB, Ulmer Verlag, Stuttgart.

TISDALE, S.L., NELSON, W.L. & BEATON, J.D. (1985): Soil Fertility and Fertilizers. – MacMillan, New York.

WILD, A. (ed., 1988): RUSSELL's Soil Conditions and Plant Growth. – Longmans, London.

* Publ. des Int. Plant Nutrition Colloquium, z.B. Springer 2001 (eds: HORST, W., SCHENK, M., BÜRKERT, A., CLAASSEN, N., FLESSA, H., FROMMER, W., GOLDBACH, H., OLFS, H., RÖMHELD, W., SATELLMACHER, B., SCHMIDHALTER, U., SCHUBERT, S., V. WIRÉN, N. & WITTENMAYER, L.).

Zeitschriften (Auswahl):

Zeitschr. f. Pflanzenernährung u. Bodenkunde (Journal of Plant Nutrition and Soil Sci.). – Wiley VCH, Weinheim

Journal of Plant Nutrition. – Dekker, New York

Landw. Forschung (Agrobiological Research). – VDLUFA, Darmstadt

Plant and Soil. – Fertilizer Research. – Kluwer, Dordrecht

Advances in Agronomy. – Elsevier, Amsterdam

Advances in Plant Nutrition. – Praeger, New York

Advances in Soil Science. – Springer, New York

Annual Review of Plant Physiology (Biology). – Palo Alto, California

Nutrient Cycling in Agroecosystems. – Kluwer, Dordrecht

Commun. in Soil Sci. and Plant Analysis. – Dekker, New York

Abstracts: Soils and Fertilizers. – CAB Internat., Wallingford, UK.

Angrenzende Fachgebiete/Grundlagen

Chemie, Botanik, Bodenkunde, Pflanzenbau, Pfl.-schutz, Tierernährung

BLUME, H.-P. (Hrsg., 1992): Handbuch d. Bodenschutzes. Ecomed, Landsberg.

BLUME, H.-P. et al. (1996f.): Handbuch der Bodenkunde. Ecomed, Landsberg.

BÖRNER, H. (1997): Pflanzenkrankheiten und Pflanzenschutz. UTB 16/17. – Ulmer Verlag, Stuttgart.

FRANKE, W. (1992): Nutzpflanzenkunde. – Thieme Verlag, Stuttgart.

Handb. d. Landw. u. Ernährung in Entwicklungsländern (BLANCKENBURG/CREMER). – Ulmer Verlag, Stuttgart 1971.

HEß, D. (1999): Pflanzenphysiologie. – Ulmer Verlag, Stuttgart.

HEYLAND, K.U. (1996): Allgemeiner Pflanzenbau. – Ulmer Verlag, Stuttgart.

HOFFMANN, G. & SCHMUTTERER, H. (1999): Parasitäre Krankheiten und Schädlinge an landwirtschaftlichen Nutzpflanzen. – Ulmer Verlag, Stuttgart.

KIRCHGEßNER, M. (2004): Tierernährung. – DLG-Verlag, Frankfurt.

KTBL (2005): Faustzahlen für die Landwirtschaft. – KTBL, Darmstadt.

Lexikon der Biochemie (2004): – Spektrum Verlag, Heidelberg.

MORTIMER, C.E. & MÜLLER, U. (2003): Das Basiswissen der Chemie. – Thieme Verlag, Stuttgart.

NULTSCH, W. (2001): Allgemeine Botanik. – Thieme Verlag, Stuttgart.

RAUEN, H.M. (1964): Biochem. Taschenbuch. – Springer Verlag, Heidelberg.

SCHEFFER, F. & SCHACHTSCHABEL, P. (2002): Lehrbuch der Bodenkunde. Neu von BLUME, H.-P., BRÜMMER, G.W., HORN, R. et al. – Spektrum Verlag, Heidelberg.

SCHROEDER, D. & BLUM, W. (1992): Bodenkunde in Stichworten. – Borntraeger Verlag, Stuttgart.

SITTE, P. et al. (2002): Strasburger Lehrbuch der Botanik. – Spektrum Verlag, Heidelberg.

WILD, A. (1995): Umweltorientierte Bodenkunde. – Spekt. Verlag, Heidelberg.

Spezielle Literatur

Kapitel 1-4

ARNON, D.I. (1950): Criteria of essentiality of inorg. micronutrients for plants. – Loytsia **3**: 31-38.

BARBER, S.A.(1984): Soil Nutrient Bioavailability. – Wiley, New York.

BASSIRIRAD, H. (ed., 2005): Nutrient Acquisition by Plants. – Springer, Berlin.

BEAR, F.E. (1950): Soils and fertilizers. – Wiley, New York.

BOUSSINGAULT, J.-B. (1843): Economie rurale consid. dans les rapports avec la chimie. – Bechet J., Paris.

BROADLEY, M.R. & White, P.J. (ed., 2005): Plant Nutritional Genomics. – Blackwell, Oxford.

Broyer, T.C. et al. (1954): Chlorine – a micronutrient element for higher plants. – Plant Physiol. **29**: 526-532.

Engels, C. & Neumann, G. (2000): Assessment of ability of roots for nutrient acquisition. – In: Root Research, Springer Verlag, Berlin.

Finck, A. (1999): Nahrung für Europa. – Stiftung F.V.S., Hamburg.

Finck, A. (2006): Soil Nutrient Management for Plant Growth. – In: Warkentin, B. (ed.), Footprints in Soil. – Elsevier.

Frey-Wyssling, A. (1949): Stoffwechsel der Pflanzen. – Büchergilde Gutenberg, Zürich.

Jungk, A. & Claassen, N. (1997): Ion diffusion in the Soil-Root System. – Advanc. Agron. **61**: 53-110.

Liebig, J. (1840): Die Chemie in ihrer Anwendung auf Agrikultur und Physiologie. – Vieweg, Braunschweig.

Lundegardh, H. (1954): Klima und Boden. – Fischer Verlag, Jena.

Merbach, W. et al. (1999): Release of C and N compounds by plant roots. – J. Pl. Nutr. Soil Sci. **162:** 373-383.

Sattelmacher, B. (2001): The apoplast and its significance for plant mineral nutrition. – New Phytol. **149**: 167–192.

Thaer, A. (1809): Grundsätze der rationellen Landwirtschaft. – Real.-Buchh., Berlin.

Sprengel, C. (1828): Von den Substanzen der Ackerkrume. – Erdm. J. f. techn. u. ökon. Chemie. Bd. II.

Statisches Jahrbuch – Ernährung, Landwirtschaft, Forsten. – Landwirtschaftsverlag, Münster-Hiltrup, 1962f.

Kapitel 5–6

Bergmann; W. (1993): Ernährungsstörungen bei Kulturpflanzen. – Fischer Verlag, Jena.

FAO (1985): Water Quality for Agriculture. Irrigation and Drainage Paper 29, Rome.

Gerendás, J. et al. (1999): Significance of nickel for plant growth and metabol. – Z. Pflanzenernährung **162**: 241-256.

Horst, W.J. et al. (1993): Genotypic differences in phosphorus efficiency of wheat. In: Barrow, N.J.: Plant Nutrition. Kluwer, Dordrecht.

Körschens, M. et al. (2003): Landwirtschaftliche Bodennutzung und Nutztierhaltung. – Deutscher Fachverlag, Frankfurt.

Läuchli, A. & Bieleski, R.L. (1983): Inorganic Plant Nutrition. – Encyclopedia of Plant Physiology, Vol. **15A+B**. Springer Verlag, Berlin.

Leigh, G.J. (2004): The World's Greatest Fix (History of Nitrogen). – Oxford University Press.

LI, C.J. et al. (eds, 2005): Plant nutrition for food security, human health and environment protection. – 15. Int. Plant Nutr. Colloqium. Tsinghua Univ. Press, Beijing.

MORTVEDT, J. J. et al. (eds, 1991): Micronutrients in Agriculture. – Soil Sci. Society Amer., Madison.

RICHTER, Chr. (2005): Agrikulturchemie und Pflanzenernährung. – Markgraf-Publ., Weikersheim.

RÖMHELD, V. & MARSCHNER, H. (1991): Functions of Micronutrients in Plants. – In: MORDVEDT, J.J. (eds.), Micronutrients in Agriculture. SSSA.

SCHUBERT, S. & LÄUCHLI, A. (1990): Sodium exclusion mechanism at root surface. – Plant Soil **123**: 205–209.

THOMÉ-KOZMIENSKY, K.J. (2001): Verantwortungsbewusste Klärschlammverwertung. – Thomé-Verlag, Neuruppin.

VDLUFA: Sekundärrohstoffe im Stoffkreislauf der Landwirtschaft. Kongreßband, 1996.

WIESLER, F. (1997): Agronomical and physiological aspects of ammonium and nitrate nutrition. – Z. für Pflanzenernähr., Bodenkunde **160**: 127-138.

Kapitel 7–8

BACON, P.E. (ed., 1995): Nitrogen Fertilization in the Environment. – Dekker, New York.

BEER, K., KORIATH, H. & POIDLESACK, W. (1990): Organ. und mineral. Düngung. – Dt. Landw.-Verl., Berlin.

BERGMANN, W. (engl. mit SHORROCKS, V.) (1992): Nutritional Disorders of Plants. – Fischer, Jena.

BMELV (2006): Düngeverordnung (z. Gesetz): Anwendung von Düngemitteln nach guter fachlicher Praxis.

BØKMAN, O.C. & KAARSTAD, O. (1991): Pflanzenernährung und Landwirtschaft. – Norsk Hydro, Oslo.

BOYSEN, P. & MATTHEY, J. (2000): Richtwerte für die Düngung. – LWK Schl-Holstein, Kiel.

BREUER, J. et al. (2003): Die Pflanzenanalyse zur Diagnose des Ernährungszustandes von Kulturpflanzen. – AgriMedia, Bergen.

EDWARDS, C.A. et al. (1990): Sustainable agricultural systems. – Soil and Water Conservation Society, Ankeny, Iowa, USA.

FINCK, A. (1991): Düngung. – Ulmer Verlag, Stuttgart.

IFA (Int. Fertilizer Industry Assoc.) (1992): IFA World Fertilizer Use Manual. – IFA, Paris.

ISERMANN, R. & ISERMANN, K. (2005): Impacts of EU and National Legislation on Nutrient Dynamics. – In: LI, C.J. et al. (eds): Plant nutrition.

JENKS, M.A. & HASEWGAWA, P.M. (eds, 2005): Plant abiotic stress. – Blackwell, Oxford.

KERSCHBERGER, M., HEGE, U. & JUNGK, A. (1997): Phosphordüngung nach Bodenuntersuchung und Pflanzenbedarf. – VDLUFA-Standpunkt, Darmstadt.
KLUGE, G. & EMBERT, G. (1996): Das Düngemittelrecht. – Landwirtschaftsverlag, Münster.
KNITTEL, H. & ALBERT, E. (ed., 2003): Praxishandbuch Dünger und Düngung. – AgriMedia, Bergen.
RACHCIGL, J.E. (ed., 1995): Soil Amendments and Environmental Quality. – Lewis, Boca Raton, USA.
REUTER, D.J. & ROBINSON, J.B. (ed., 1988): Plant Analysis. – Inkata Press, Melbourne.
RÖMER, W. & SAMIE, I.F. (2002): Phosphordüngewirkung eisenhaltiger Klärschlämme. – J. Pl. Nutr. Soil Sci. **165**: 83-91.
SCHARPF, H.-C. & WEHRMANN, J. (1991): Fachgerechte Stickstoffdüngung. – AID 1017. Bonn.
STURM, H., BUCHNER, A. & ZERULLA, W. (1994): Gezielter düngen. – DLG-Verlag, Frankfurt.
TRENKEL, M.E. (1997): Improving Fertilizer Use Efficiency. IFA, Paris.
UNIDO, IFDC (1998): Fertilizer Manual. Kluwer, Dordrecht.
WERNER, W. (2005): Stoff- und Energieflüsse in Ökosystemen. – In: Handb. Umweltwiss. IV-2.
WESTERMAN, R.L. (ed., 1990): Soil Testing and Plant Analysis. – Soil Sci. Soc. Amer., Madison.

Kapitel 9

BEAR, F.E. et al. (1949): Variation in mineral composition of vegetable. – Soil Sci. Soc. Am. Proc. **13**: 380-384.
BORLAUG, N.E. & DOWSWELL, C. (1993): Fertilizer: to nourish the infertile soil that feeds a fertile population. – IFA Ann. Conf., Paris.
DGE (1995): Empfehlungen für die Nährstoffzufuhr (Dt. Gesell. f. Ernährung). Umschau-Verlag, Frankfurt.
KRAUT, H. & WIRTHS, W. (1965): Bedeutung der Düngung für die menschliche Ernährung. – In: Handbuch der Pflanzenernährung III/2.
KÜBLER, W. (1986): Ernährungsprobleme. – Die Kapsel, Scherer GmbH, Eberbach.
LUDWIG, T.G. (1962): Dental caries prevalence in specific soil areas. – Int. Soil Sci. Soc., New Zealand, 895f.
MITSCHERLICH, E.A.: Bodenkunde. – Niemeyer, Halle 1949; Parey, Berlin 1954.
MUNSON, R.D. & DOLL, J.P. (1959): The economics of fertilizer use in crop production. – Adv. Agron. **11:** 133-169.
PREUSS, A. & ERBERSDOBLER, H. (Hrsg., 2001): Funktionelle Lebensmittel - Lebensmittel der Zukunft. – Behr's Verlag, Hamburg.
SCHLIEPER, C.A. (1998): Grundfragen der Ernährung. – Büchner, Hamburg.

Schuphan, W. (1976): Mensch und Nahrungspflanze. – Jung, Den Haag.
Steiner, R. (1929): Geisteswissenschaftliche Grundlagen zum Gedeihen der Landwirtschaft (Vortrag 1924). – Rudolf Steiner Verlag, Dornach.
Vogtmann, H. et al. (1985): Ökologischer Landbau. – Pro Natur Verlag, Stuttgart.
Voisin, A. (1966): Grundgesetze der Düngung. – Bayer. Landwirtschaftsverlag, München.
Welch, R.M. (2005): Harvesting health – the future of agriculture. – In: Li, C.J. et al. (eds): Plant nutrition for food security. – Beijing.
WHO (2002): The World Health Report. – World Health Organisation. Geneva.

Anhang

Hewitt, E.J. (1996): Sand and water culture methods used in the study of plant nutrition. – Commonwealth Agricultural Bureau, Farnham Royal.
Jackson, M. L. (1964): Soil Chemical Analysis. – Prentice-Hall, Englewood Cliffs.
Linser, H. & Kaindl, K. (1960): Isotope in der Landwirtschaft. – Parey, Hamburg.
Methodenbuch (VDLUFA): Bd. I: Böden (1991 f.); Bd. II/1: Düngemittel (1995 f.); Bd. II/2: Sekundärrohstoffdünger (2000); Bd. IX: Gefäßversuch (1954); Bd. X: Feldversuch (1961).
Schuster, W.H. & Lochow, J.v. (1979): Anlage und Auswertung von Feldversuchen. – DLG-Verlag, Frankfurt.
Walinga, I. et al. (1995f.): Plant Analysis Manual. – Kluwer, Dordrecht.

Register

Hauptabhandlungen sind durch halbfette Ziffern gekennzeichnet